材料科學與工程系列教材 研究生用書

宏觀材料學導論

INTRODUCTIVE OF MACRO-MATERIALOGY

（增訂版）

肖紀美　著

序

作爲學生是没有資格爲先生的書作序的,但我有幸成爲《宏觀材料學導論》這本書的第一個讀者,讀后頓覺豁然開朗,遂以此文抒發感想并致敬意。

《宏觀材料學導論》的結構完全不同于傳統的材料學專著,有着鮮明的時代特色。在我看來,這部著作映射着肖先生長期教學和科研成果的結晶,是60余年知識和智慧的沉澱。將材料學的原理和應用、理論和實際緊密結合,是肖先生的治學體會,更是材料學的治學方法論。從中我們可以領悟到肖先生强烈的敬業精神、嚴謹的治學態度、精湛的學術造詣,以及在材料科學的發展和材料科學的教育事業中做出的巨大貢獻。

數十年來,肖先生博覽中外古今群書,博采衆家之長,將宏觀與微觀結合、自然科學與社會科學結合,創建了别具一格的學術體系。《宏觀材料學導論》就是其中的一部力作。《宏觀材料學導論》以方法論爲主綫,精辟地論述了材料學中的邏輯思想方法、系統思維方法、簡易材料論的分析方法與歸納方法。此外,又以個論的形式,論述了宏觀材料學的結構及系統的分析方法,内容涉及生態材料、材料經濟、材料科研、材料教育、科技法律及材料的應用。

本書主要特色在于,體系新穎,思路獨特。在理論和應用,乃至經濟學和哲學等多方面都有獨到的論述和創見。理論概念嚴謹清楚,深入淺出,可讀性强。豐富的應用事例,學用結合,爲讀者提供了一條學習和研究材料的高效方法。多學科的交叉與滲透是本書的又一大特色。肖先生運用了多種學科的原理,提出了各種材料問題的分析方法及共性通則,讀后大有余味未盡之感,確實是一部難得的具有創新體系的科學著作。

我相信,肖先生的這部新作,將給予材料學界和科學界的專家學者以啓發。我同樣相信,本書一定會强有力地推進中國的研究生教育事業的發展,并成爲當代材料學科類研究生"宏觀材料學"的入門教材。

衷心祝福肖先生健康長壽。

才鴻年

前　　言

“學然后知不足，教然后知困。知不足然后能自反也，知困然后能自强也。故曰：教學相長也。”（[C1]p1521）

1943 年，著者在唐山交通大學礦冶工程系畢業后，在高中任數理化教師及鋼廠技術員。1948 年 1 月赴美留學，1950 年 8 月獲美國密蘇里大學冶金學博士，在冶金及機械廠的研究部門工作 7 年后歸國。1957 年至今，在北京科技大學任材料物理教授。一生都在“學”，大部分時間都任“教”；真是“知不足”、“知困”，期望“教學相長也”。

在長期教學與科研實踐的基礎上，編著出版了 19 部著作（見參考文獻 A），深感人生總會有幾次改行，爲了適應 21 世紀的發展需要，必須借助于廣泛的“類比交叉”。1986 年，我在編著的關于材料科學與工程的 20 小時電視教材——《材料的應用與發展》（[A8]）中，提出“材料學”及“宏觀材料學”、“微觀材料學”，并發表了 60 余篇材料宏觀問題方面的論文（見參考文獻 B）。

簡單回顧人類認知“材料”的歷程，大致可分爲如下五個階段：

[Ⅰ]微觀材料學	
(1)性能的測試	P(性能)
(2)相關法——P 與 S 的相關關系	$P \leftrightarrow S$(結構)
(3)過程法——從 Z 去理解和控制 P	e(環境)→S→Z(過程)→P
(4)能量法——E 是控制因數 （説明見正文）	$e \to S \to Z \to P$，e、S、Z、P 均與 E 相連 **（能量）**
[Ⅱ]宏觀材料學	
(5)在社會環境中，“經濟”是控制因數	

撰著本書是一種新的嘗試，資料也采用新的方式組織。在“前言”之后，分 3 篇，共 13 章。

第Ⅰ篇總論，計 4 章。前三章依次運用“分析方法”——歷史、邏輯、系統，從整體上論述“宏觀材料學”的來龍去脉，明確它的定義和劃分，了解它的各部分和各部分之間的關系，期望讀者不僅學到宏觀材料學的基本内容，而且能初步理解分析問題的科學方法；第 4 章嘗試遵循《易傳》所雲的“簡易、變易、不易”三義，總結“微觀材料學”中性能、結構、環境、過程、能量五個命題的 18 種方法，提出“微觀材料學”的兩個基本方程：

$$P = f(e, S)$$

$$S = \{E, R\}$$

式中，P、e、S 依次爲材料的性能、環境和結構，而 E 是材料中“組元（Element）”的集合，R 是組元之間“關系（Relationship）”的集合。這一章名曰“簡易材料論”，與前三章合并，稱爲“材料學的方法論”，運用它，不僅可認識材料這類“物”，推而廣之，還有助于分析其他的物、人、事，故稱之爲本書的“總論”。

第Ⅱ篇分論，從第 5 至第 12 章，計 8 章。第 5 章在我國 1996 至 2010 年的 15 年大局的兩個基本戰略的指引下，簡介隨后七章之間的關系；第 6 章以生態材料爲例，闡明可持續發展戰略的實施；第 7 章討論宏觀材料學的核心問題——材料經濟，第 8 章簡述材料經濟活動的保證——科技法律；第 9 章的材料科研及第 10 章的材料教育涉及落實我國第二個戰略——“科教興國”；第 11 章材料選用及第 12 章材料展望分別論述材料的現時及未來的問題。

第Ⅲ篇結論，僅含第 13 章，分 3 節。本章簡單小結前面 12 章的主要內容之后，依次介紹和平發展時期的處事三論：算計論，生態論，適中論。

全書的圖、表以篇計數，如圖Ⅰ.4 爲第Ⅰ篇第 4 圖，表Ⅱ.2 爲第Ⅱ篇第 2 表，余類推。方程式、引語、韵言則合并以章計數，如（7.3）爲第 7 章第 3 式（或引語，或韵言）。注意，不加括號的 7.3 表示第 7 章第 3 節。

爲了有助于閱讀、選讀、查閱、查核，本書試采用下列方式：

（1）用較詳細的正文、圖、表目録，替代索引；

（2）在每章之首，以斜體字選警句，供重視；

（3）在每頁書眉，以短句標明本頁重點；

（4）提供較詳細的參考文獻目録，以便查核或進一步閱覽。

成稿時，回憶 70 余年學海拾貝往事，如有所獲，要特別感謝師友們的指點和幫助，老伴洪鏡純在國内外的風雨同舟。

本書初探，如有謬誤，敬請批評指正。

肖紀美

于北京科技大學

目　　錄

第Ⅰ篇　總　論

——實踐認知材料和材料學——

本篇共四章,前三章將依次運用歷史、邏輯和系統方法,通過學習和工作實踐,認知材料和材料學;第 4 章爲簡易材料論,總結材料學中簡易的、不易的、變易的規律。

第 1 章　歷史分析

"史鑒使人明智。"([C6]p180)　(1.1)

"史者何? 記述人類社會賡續活動之體相,校其總成績,求得其因果關系,以爲現代一般人活動之資鑒者也。"([C7]p1)　(1.2)

"事物的秘密,只有從它的形成過程去理解。"　(1.3)

材料學是一門技術科學,它是在社會需求的推動和基礎科學的牽引下發展的。著者將參考如下資料,論述材料和材料學的歷史。

(1)愛因斯坦與英費爾德,《物理學的進化》(1938)([C4]),從結構的觀點考察物理學的進化,即從組元之間的關系來認識物理學的發展。

(2)赫胥黎,《進化論與倫理學》(1894)([C5]),從競爭與協調的觀點分析生物的進化與人類社會的演化。

(3)系統論——從整體來推論部分比從部分來求解整體要容易得多。

(4)邏輯學——希望做到概念明確,判斷恰當,推理正確。

(5)生態學的要求——遵循生態學的要求,學會人類與自然和社會的協調發展,不再强調人定勝天、征服自然。

在下面兩節,先討論兩個問題:

(1)材料與人類社會;

(2)材料學的進化。

1 材料與人類社會

1.1 人類超越其他動物的歷史

在地球表面,人類賴以生存和生活的有物質、能量和知識。這三方面,人類與其他動物都有很大的區别。雖然所有的動物都是由物質組成的,并且都需要食物來維持生命,但是:

"人是能制造和使用生產工具的動物。" (1.4)

人"屬"于動物,人與其他種動物之間的差异——"種差",便是上述語句中的定語。制造工具時,需要物質;不是所有的物質都是材料,從這些概念,可以定義材料:

"材料是能爲人類制造有用器件(或物品)的物質。" (1.5)

同理,材料"屬"于物質,而上述語句中的定語便是"種差"。

自從人類社會采用私有財産制以后,"經濟"因素進入材料領域,材料的定義必須考慮經濟:

"材料是能爲人類社會經濟地制造有用器件(或物品)的物質。" (1.6)

材料的生產和使用對于人類社會又帶來越來越多的環境污染,材料的定義也應隨着改變。對于"能爲人類社會"也可采用更確切的叙述,因而現代的材料定義是:

"材料是人類社會所能接受地、經濟地制造有用器件(或物品)的物質。" (1.7)

1.2 新技術革命與材料科技

人類與其他動物之間的第一個差别在于物質的利用。

歷史學家曾用"材料"來劃分時代,例如石器時代、陶器時代、銅器時代、鐵器時代等。原始的人類,逐漸使用天然材料,如石頭、骨骼、木材、獸皮等,來制造工具、武器、住所、衣服、用品等,這個時代叫做石器時代。隨后,人類發現可塑性好的粘土加熱變硬,制備了陶器,進入了陶器時代。在人類進化史上,這是一個里程碑,因爲人類的智慧發展到將天然材料改造爲人工材料。耗費更大的能量,人類將銅礦石及鐵礦石分别還原爲銅及鐵,因而分别進入銅器時代及鐵器時代。

人類與其他動物的第二個重要區别在于能量的利用。原始的人類與陸上的許多動物一樣,采用穴居來利用貯存的太陽能。火的發現,是人類利用能源的一個躍進，人類已不再僅僅直接地依賴太陽能，而且能將生物的化學能轉變爲熱能。人類用火來燒林、開荒、烹煮食物，用火來加熱燧石使之易于成形爲工具，加熱使粘土器皿變成陶器，加熱及用還原劑使礦石變爲金屬。火這個能源的利用，促進了材料及人類文明的發展。因此，古代社會十分重視火的重要作用：古希臘神話中，將火描寫爲普羅米修斯從天神那里偷來而送給人類的寶貝；亞里士多德將火與空氣、水、土合稱爲四個基本元素；我國古代的五行學説將水、火、木、金、土稱爲五行，是構成各種物質的基本元素；許多宗教儀式將火稱爲聖火。

在另一方面，保存和利用能量，一點也離不開材料。遠古人類住在洞穴里，依賴天然材料貯存太陽能；火的利用，離不開木料及其他燃料，若將定義(1.5)的"器件"擴大爲"物品"，則燃料也是廣義的材料，而燃料的砍伐和采掘，當然需要材料；現代的先進能源轉換技術中，如發電機、汽輪機、燃氣輪機、核反應堆、磁流體發電、煤的氣化和液化、太陽能的轉換、高能密度電池、燃料電池等，爲了實現能量轉換，爲了提高效率、安全性、經濟性，都依賴于材料的改進和新材料的發現。材料的生産和利用，也需要能量，今天的社會，材料與能源是相互依靠的。爲了强調這種關系，也可將能源的開發、轉換、運輸、貯存所需的材料，統稱爲能源材料。順便指出，"能源"是屬于"能量"的：

"自然界中的能量，可爲人類經濟地利用的，叫做能源。" (1.8)

人類與其他動物之間的第三個重要區别在于信息的傳播和保存。"知識"與"信息"之間是難于區别的，類比于(1.8)，可以認爲：

"人類社會中的知識，需要利用和傳播的，叫做信息。" (1.9)

遠古的人類同其他動物相似，用姿勢、表情和簡單的語言來傳遞信息。隨后，人類不僅發展了有别于其他動物的高級語言，更重要的是創造了文字，并且發明了印刷術，使文化能够積累和保存，信息在空間及時間的多維坐標系内廣爲傳播。古代的人類用簡單的材料——石片、龜甲、蘆葦葉、竹片、粘土板、布片等記録知識。我國的夏商時代，在銅鼎、竹筒上長期地保存了文化。11世紀中期，我國畢昇發明了活字印刷術，這是信息傳播的一個躍進。很明顯，這些信息貯存和傳播方面的進展，一點也離不開材料。現代的信息貯存、處理和傳播的先進技術，如電話、電報、收音機、照相機、電視機、録音機、録像機、計算機等的出現、改進和換代，都依賴于材料。

在另一方面，信息技術的發展，又使材料的生産和利用達到更高的水平。今天的社會，信息與材料也是互相依靠的。爲了强調這種關系，也可將信息的接收、處理、貯存和傳播所需的材料，統稱爲信息材料。

在人類歷史的進程中，材料本身也經歷了巨大的變化。從天然材料的木、石等發展到簡單的人造材料,如陶瓷、玻璃、金屬、高分子化合物、半導體等,進一步發展到用優异材料巧妙地組合成和諧而有高性能的器件和裝備,如集成電路、計算機、飛機、潜艇、核反應器、宇宙飛船、人造衛星等。這些巨大的成就,不是其他動物所能達到的！這是因爲只有人類才能利用他們祖先積累的信息和各種能源。

簡單地回顧人類超越動物的發展歷史,可以看到材料的重要性,可以看到材料、能源和信息在發揮人類聰明才智中的巨大作用。還應該指出,人類的生活和生存所依賴的衣食原料依賴于農業的科學技術,隨着農業的工業化,材料在農業工業中的作用,將越來越重要。甚至人類延壽的一條途徑——更换器官也依賴生物材料,而遺傳工程的實施也需材料來保證。在原材料的形成、有用金屬的富集、材料的損壞等方面,生物特别是微生物扮演着重要的角色。因此,不僅是現代,而且自從有人類以來,材料、能源、信息和生物這四根支柱,便在地球的空間支撑着人類賴以生存的大厦(圖Ⅰ.1),只是隨着時代的前進,這四根支柱的内涵有所不同而已,這四根支柱通過横木而相互聯系和支持。

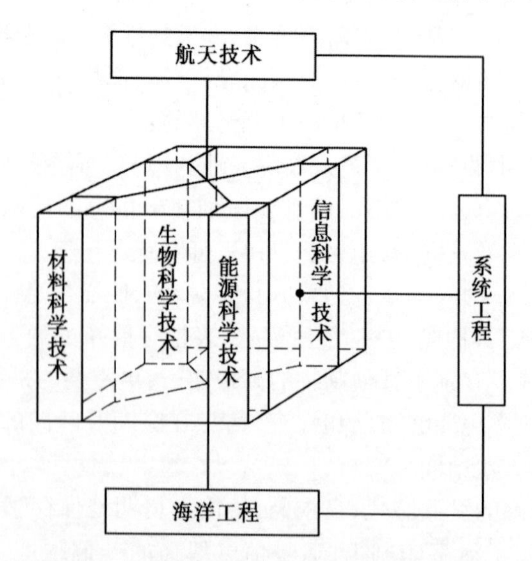

圖Ⅰ.1　新技術革命的技術群([A8]p4)

事物總是在運動和變化的,"人間正道是滄桑","糞土當年萬户侯"。正是這個含義,事物在運動和變化所導致的進展和發展(Evolution)是復雜和不平穩的,若是逐漸的變化,我們叫做發展或改革;若出現了飛躍的質變,我們叫做革命(Revolution)。在不同的領域内,有着不同的革命:

"人類認識客觀世界的飛躍叫科學革命。" (1.10)

"人類改造物質世界的飛躍叫技術革命。" (1.11)

"生產體系的組織結構和經濟結構的飛躍叫產業革命。" (1.12)

"社會制度的飛躍叫社會革命。" (1.13)

在科學史、技術史、經濟史、社會史中,不同的學者可以列舉許多稱得上"革命"的發現或事例。如原始社會的崩潰、奴隸社會的産生,由奴隸社會變爲封建社會,封建社會變爲資本主義社會,社會主義社會的建立,都是大家所熟悉的社會革命。

現代的新技術革命是由一群新技術所引起的改造物質世界的革命。這些新技術群如圖Ⅰ.1 所示,除了支撑人類文明大厦四大支柱技術——材料、能源、信息、生物——有着新的飛躍外,還有上天的航天技術和深海的海洋技術以及系統工程。

地球表面不能滿足人類的需要,從而在深海和近海探索能源和材料、生物資源,在太空建立信息和能源轉换站進行材料的加工,分别發展了海洋工程和航天技術。此外,國防的需要,也促使人們發展這兩門技術。材料是人類物質文明的基礎和支柱,它支撑着其他新技術的前進。能源的開發、提煉、轉化和貯運,信息的傳播、貯存、利用和控制都離不開材料,航天技術、海洋工程、生物工程和系統工程都需要結構或(和)功能材料。在另一方面,常規材料的發展和新材料的涌現,也是由其他新的科學技術,特别是信息科學技術與系統工程促進的。

從上面的分析可以看出,以材料爲研究對象的材料科學技術(或叫材料科學與工程),在新技術革命中將扮演着重要角色。

生物競争,大自然選擇了人類,讓人類生存下來,并且統治着地球;人類爲了更好地生活,通過園藝過程,選擇了生物,通過環境保護,維持了生態平衡,人類與其他生物共同和諧地生存下去。人類社會對于學科也在它們的競争中進行選擇,正如大自然選擇生物品種一樣。從人類的長期發展史和最近出現的新技術革命來看,盡管材料科學與技術將會繼續存在,但是,一方面它需要適應社會的需要,才能通過社會的嚴峻選擇;另一方面也需要與其他有關學科協調地發展,相互地吸收營養,共同地健康成長。

2 材料學的進化

分兩小節,探尋材料學的進化:實踐和認知。

2.1 實踐

(1)從 1943 年到現在,著者有幸没有離開"材料"這個領域;在生産、科研、教學、咨詢、評審、規劃等工作中,在學習、提問及運用的反復過程中,不停地審查“材料問題”的糾紛。

(2)1943 年著者在唐山交大礦冶工程系畢業后的 60 年,在材料領域的生產、科研、教學、咨詢、評審、規劃等工作的學習、提問及討論的過程中,反復地學習和運用材料的知識;對于這些知識,通過學、思、問,開設了金屬材料學、金屬物理、合金相理論、合金相與相變、斷裂力學、斷裂化學、材料學的方法論等課程;參加了合金鋼、斷裂、腐蝕、應力腐蝕、相圖與相變、氧化與蠕變、材料的失效分析和設計、材料學的方法論等方面的研究。在上述教學和科研工作的基礎上,從 1962 到 2002 年,編著出版了 19 部書(見參考文獻 A),它們的主要內容如表Ⅰ.1 所示;發表了 64 篇材料宏觀問題方面的論文(見參考文獻 B)。

表Ⅰ.1 著者編著出版的 19 部書的主要內容

性　能	2 腐蝕	4 韌性	9 應力腐蝕	19 腐蝕	
結　構	7 相與相變				
能　量	6 合金	12 材料			
材　料	1 金屬材料	3 高速鋼	5 不銹鋼	8 材料	16 鋼
方法論	10 腐蝕學	11 材料學	14 人事物	15 應用	
宏　觀	8 材料學	17 學術經歷	18 治學體會	19 腐蝕學	
其　他	13 士心集				

(3)1986 年,國家教委和中國科協决定利用通訊衛星開辟教育頻道,并爲具有大專以上文化水平的科技人員舉辦“繼續教育”節目。關于材料科學與工程方面的內容,委托中國金屬學會籌辦。通過多次協商,確定題目爲“材料的應用與發展”。1986 年 6 月,我勉爲其難地接受編著教材的任務,吸收國內專家們的意見,總結著者 40 余年從事材料工作的經驗和教訓,遵循鄧小平同志關于“教育要面向現代化,面向世界,面向未來”的指示,迎接交叉學科的到來,明確以下兩個問題,以確定全書的框架:

①教學和讀者對象。以材料的應用和管理人員爲主,兼顧材料的生產、科研和教學人員。

②目的和體系。提出“材料學”(Materialogy)的新概念和新體系,嘗試使讀者:

(A)從整體上理解材料學,除開傳統的“材料科學與工程”、“微觀材料學”外,吸收必要的社科和人文學科知識,如哲學、經濟學、系統科學、教育學、科學學等知識,建立“宏觀材料學”。

(B)獲得必要的、現代的基礎知識。

(C)熟悉處理包括材料在内的各種問題的方法,開拓思路,提高分析和解决問題的能力。

爲了有利于教學,編著出版了教材[A8]。

2.2 認知

2.2.1 美國 MIT 礦冶及材料系名稱的演變

通過實踐,我認識并知道了什么?這就需要回答最基礎的幾個問題:材料是什么?它的判據是什么?如何劃分材料?如何控制和發展它們?這就需要運用第 2 章邏輯分析和第 3 章系統分析來回答。在下面,從歷史分析角度,審視美國 MIT 礦冶及材料系名稱的演變,可以看出美國材料學科的演變。這種演變如表Ⅰ.2 及圖Ⅰ.2 所示,這正如《三國演義》第一回開門見山地提出:

"話説天下大事,分久必合,合久必分。" (1.14)

有關材料學科的大勢,也不例外。

從圖Ⅰ.2 和表Ⅰ.2 的學科的合→分→合的情況可以看出,MSE 與社會科學的結合,形成了"材料學",仿照 Astrology, Biology, Ecology, Geology, Mineralogy, Pathology, Sociology, Theology, Zoology 等,可將之譯爲"Materialogy"。1986 年夏,我在籌組《材料的應用與發展》的電視教學片時,提出這個新英詞;當年冬,李振民教授爲了響應 M.Cohen 教授的號召,當金屬擴展而包括所有材料時,不謀而合地提出這個新詞來代替"Metallurgy"。但同詞的含義却有廣狹之别,李教授提出這個詞,只是代替"Metallurgy",没有包括社會科學。

表Ⅰ.2 美國 MIT 礦冶及材料系名稱的演變①

年	系 名 稱
1865~1879	地質與采礦工程
1879~1884	采礦工程
1884~1888	采礦工程(地質,采礦,冶金)
1888~1890	采礦與冶金
1890~1927	采礦工程與冶金
1927~1937	采礦與冶金
1937~1966	冶金
1966~1975	冶金與材料科學
1975~現在	材料科學與工程(MSE)

①([A11]p23)。

2.2.2 簡論材料

爲了便于以下兩小節的討論,先簡論材料八條。

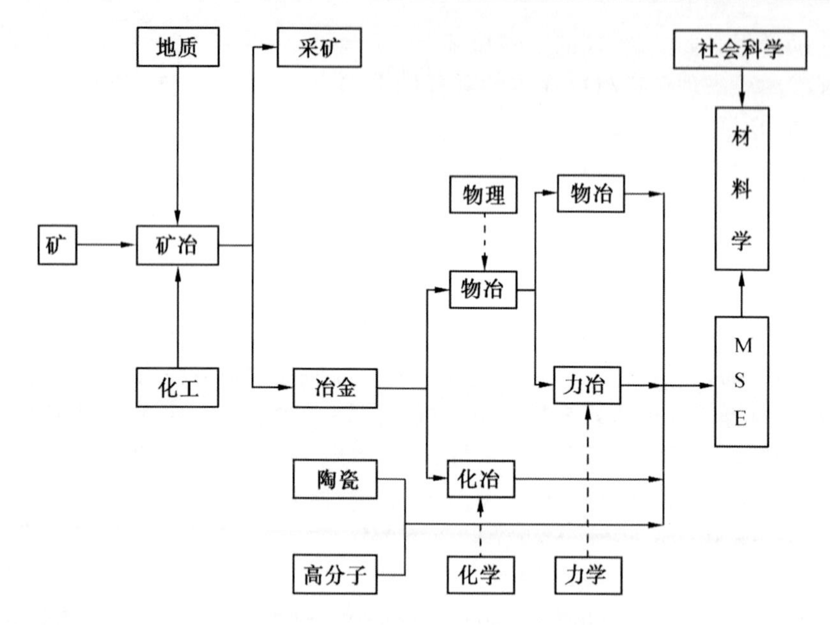

圖Ⅰ.2　材料學科的分合圖([A11]p24)

(1)定義

“材料是人類社會所能接受地、經濟地制造有用器件(或物品)的物質。” (1.7)

(2)判據

從定義引入五判據,即判斷物質是否是材料的依據:

“五判據:資源,能源,環保,經濟,性能。” (1.15)

前三者是戰略判據,后二者便是俗稱的“價廉物美”。

(3)劃分

“傳統材料——已大量生產并長期使用,積累了經驗;
先進材料——具有優异性能,但尚未商業化。” (1.16)

(4)發展途徑

對于傳統材料,應是五判據并存;對于先進的新材料,在尊重知識産權的基礎上,可采用:

“一用、二批、三改、四創。” (1.17)

即“應用、批判、改變、創新”。更宜:

“自力趕超辟新徑。” (1.18)

合并而得七言古詩一首,便于回憶:

“資源能源環保令,價廉物美拼生存,
用批改創短捷路,自力趕超辟新徑。” (1.19)

(5)宏觀控制

參考圖Ⅰ.3,主流應是:

“面向市場,抓兩頭(應用,設備),帶中間(性能,結構,工藝)。” (1.20)

也應依據國家財力,在“有所不爲,有所爲”方針的指引下,適當地支持基礎研究和應用基礎研究,發現奇异的結構,例如金屬玻璃、納米晶體等,這些結構是美麗的花朵。下一步應“兩頭推進”,如圖Ⅰ.3所示:向左探尋有無在“市場”“應用”的“性能”;如有,則向右推進,探索獲得這種“結構”的穩定而價廉的“工藝”和“設備”,促使美麗的花朵“結”成有用和有經濟效益的實“果”。這便是:

“中央(結構)開花,兩頭(性能,工藝)推進,促使結果。” (1.21)

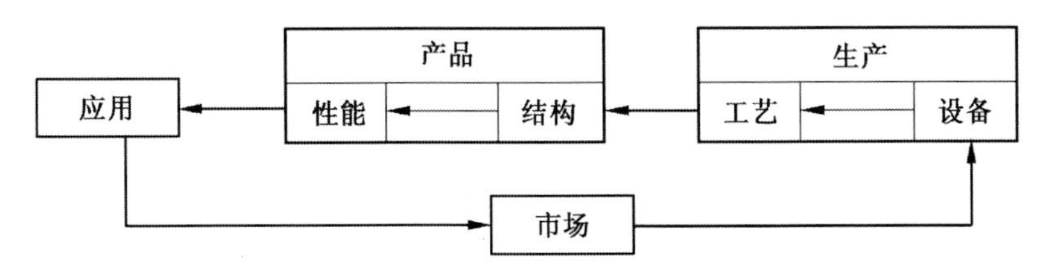

圖Ⅰ.3 材料宏觀問題的結構

(6)微觀系統

圖Ⅰ.4示出微觀材料學的結構及其五個組元(e,S,Z,P,E)之間的關係。

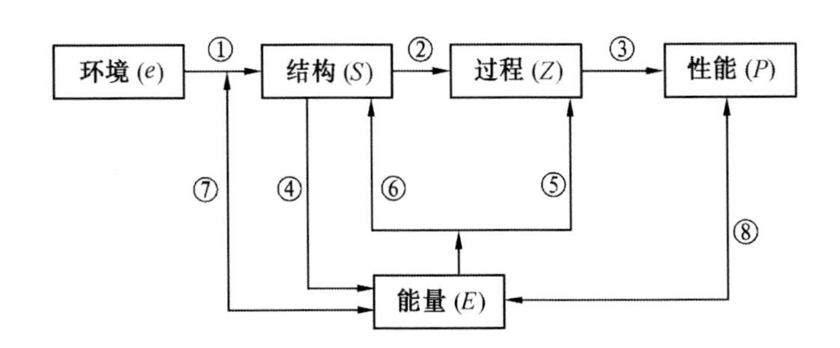

圖Ⅰ.4 材料微觀問題的結構

e 作用于 S①,通過 Z②,而導致 P③;E 控制 S 的穩定性⑥和 Z 的進行⑤;從 S 可以計算 E④;e 和 S 可交换 E⑦;某些 P(例如材料的性能——韌性,以及人才的才能,系統的功能)也是一種 E⑧。從圖Ⅰ.4可看出“能量”在分析材料微觀問題時的重要性。

(7)基本方程

任何學科都有它的基本方程。可以總結,材料學有兩個基本方程:設 P、S 及 e 依次是材料的性能、結構及環境,則第一方程是:

$$P=f(S,e) \tag{1.22a}$$

在給定的環境中,即 e 不變,則(1.22a)爲:

$$P' = f_e(S) \tag{1.22b}$$

即 P' 惟一地取決于 S,可稱爲“性質”。英文對于“性能”與“性質”不加區別,都稱爲“Property”。設 E 爲系統中組元(Element)的集合,R 爲組元之間關系(Relationship)的集合,則第二方程是:

$$S = \{E, R\} \tag{1.23}$$

推而廣之,(1.22)及(1.23)也可用于分析人才的才能和系統的功能(P),S 便分别是人才的知識結構和系統的結構。本來,古漢字“材”與“才”不分;看來,物理、人理、事理、哲理之間可互通融(圖Ⅰ.5)。

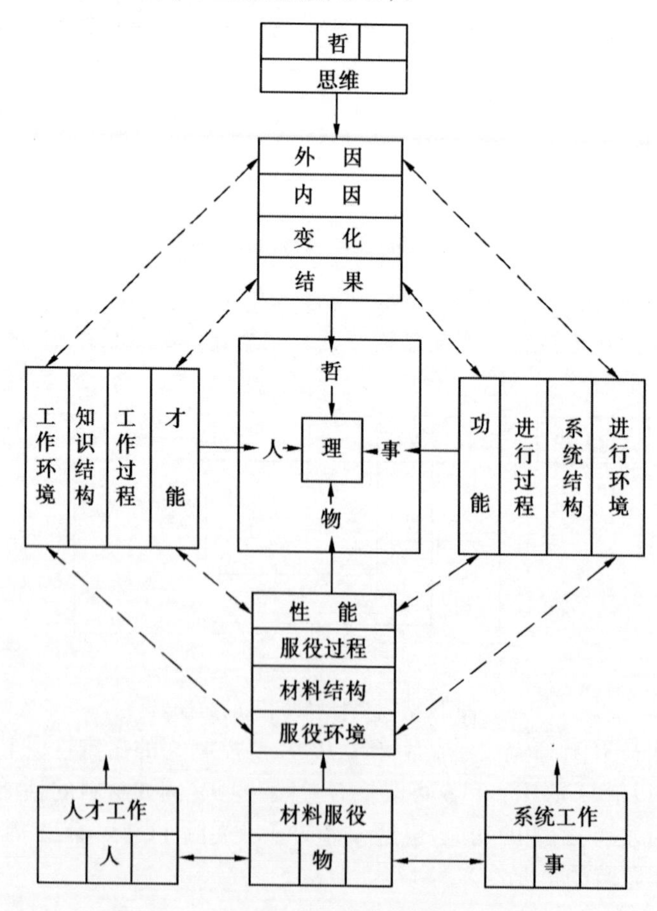

圖Ⅰ.5 物、人、事、哲理互通融圖

(8) 結語

遵循《易傳》:

“易一名而含三義:易簡一也,變易二也;不易三也。”([C1]p7) (1.24)

在上面,簡論材料的定義、判據、劃分、發展途徑、宏觀控制、微觀系統、基本方程七個命題。借助于3圖、2式、7語、1詩,明理述懷,并示例地介紹重要的科學方法:

邏輯思維:概念的内涵——定義(1);外延——劃分(3);

確定——判據(2),發展途徑——(4)。

數學方法:基本方程——(7)(1.22a,1.23)。

系統分析:圖Ⅰ.3~圖Ⅰ.5。

"天下本無路,路是人走成的。"(魯迅) (1.25)

"路——道也,從足從各——道路,人各有適也。"([C9]p4) (1.26)

歷程分析也是一種歷史分析,在下面,叙述著者在長期教學和科研的實踐中,是如何認知微觀和宏觀材料學的發展的。

2.2.3 微觀材料學體系的建立歷程

按時間順序,列出十條:

(1)材料學科久遠而永恒的命題是性能。宇宙中的"物質",能够成爲"材料",首先,并且永恒地因爲它具有能爲人類服務的性能!隨后,由于私有財産制的出現,對于材料,才加上"經濟"這個新判據。

(2)1960年我開創的"金屬材料學"這門新課程,便是以"性能"爲綫索分類分章,教材整修后,于1996年出版([A1])。

(3)認識影響材料性能諸因素的歷程:

1	性能	測定
2	結構↔性能	相關法確定所需結構—工程
3	環境→結構→過程→性能	過程法深入理解性能—科學
4	**环境→结构→过程→性能** ↑ ↑ **能量** ↑ ↑	哲理—能量爲統一控制因素

(4)1980年受儀表材料學會邀請,爲了有新意,作了題爲"合金的能量與過程"的書面發言,并發表([B1])。

(5)1982年在北京鋼鐵學院,爲金屬物理專業開設72學時的"合金能量學——能量的關系、計算和應用":應用熱力學闡明關系;應用統計力學、固體物理、彈塑性力學及表面科學分别計算熵、内能、應變能及界面能;示例地説明應用。1985年出版此教材([A6]);1999年擴充爲《材料能量學》出版([A12])。

(6)1973年后的20余年,從事材料環境斷裂的科研,因而深知"環境"對材料性能的重要影響;出版了幾部有關腐蝕方面的專著([A2],[A9],[A10],

[A19])。

(7)學習、思考關于“觀念的進化”的論著《物理學的進化》,A·愛因斯坦和L·英費爾德著,1938,周肇威譯,上海科技出版社,1962([C4]),獲得關于“結構”的四點啓示:

① “從希臘哲學到現代物理學的整個科學史中,不斷有人力圖把表面上極爲復雜的自然現象歸結爲幾個簡單的基本觀念和關系。”([C4]p35) (1.27)

楊振寧在一次報告中指出,物理學的理論框架也許由10個方程式組成。通過長期的科教實踐,我認爲,微觀材料學含有兩個基本方程式:

$$P = f(e, S) \qquad (1.22a)$$

$$S = \{E, R\} \qquad (1.23)$$

式中,P、e、S、E 及 R 分別是材料性能(Property)、環境(Environment)、結構(Structure)、系統中組元的集合(Element)及組元之間關系的集合(Relationship)。

② “麥克斯韋方程的特色顯現在現代物理學的所有其他方程式中,這種特色可以用一句話來概括,即:麥克斯韋方程是表示場的結構的定律。”([C4]p91) (1.28)

“電磁場的結構定律建立起來了,它是用空間和時間把毗鄰的事件((1.23)的 E)聯系起來的定律。”([C4]p155) (1.29)

③《物理學的進化》([C4]p37~42)中,介紹了布朗的觀察——花粉粒子在水中不停運動的動人景色;在結論中指出:

“形成一個很成功的物質結構的圖景。”([C4]p42) (1.30)

這種無規則的運動特點,也是結構定義(1.23)中的 R!

④偵探柯南道爾([C4]p2)首先搜集所需要的事件((1.23)中 E),通過思維,靈機一動,找到它們之間的關系((1.23)中的 R),S 知道了,就好偵破案件。

(8)類比。《進化論與倫理學》,赫胥黎著,1894,中譯本,科學出版社,1971([C5])。

在生物界,類似于材料界,也存在環境、結構、過程、功能、能量五個命題,獲啓示,發表一文:“材料學與生物學的類比與交叉”([B39]),借助于生物學原理,發展“微觀材料學”。

(9)依據哲理制備“物、人、事、哲理互通融圖”(圖Ⅰ.5),得到外延“材料學的方法論”的理性基礎。

(10)性能在材料學中的重要性。材料的定義回答了材料是什么(What?),從而知道“性能”的永恒要求(圖Ⅰ.6)。

從圖Ⅰ.6可看出材料性能(P)在材料學中的重要位置:圖的左方是微觀材

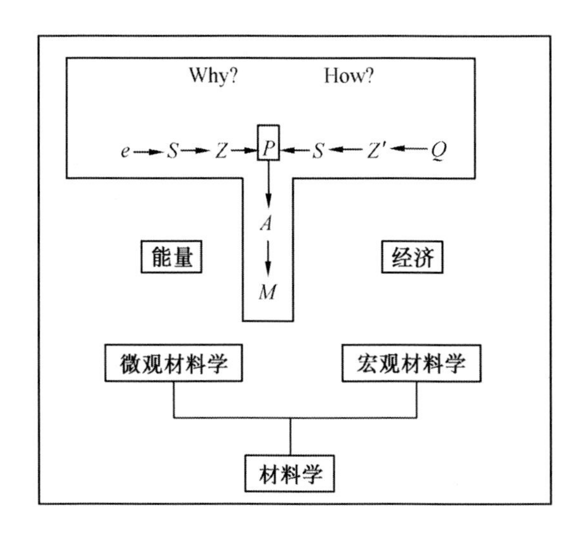

圖Ⅰ.6 性能在材料學中的重要位置

e—應用環境；S—結構；Z—過程；P—性能；

Z′—工藝；Q—設備；A—應用；M—市場

料學的領域，以"能量"爲綫索，回答爲什么(Why?)有這種"性能"；圖的右方是宏觀材料學的領域，以"經濟"爲綫索，回答如何(How?)在生産中獲得這種性能。作爲材料學的整體，必須十分重視性能的研究和開發工作。

這是我從特殊到一般的治學歷程和認知，供參考。

2.2.4 宏觀材料學體系的建立歷程

(1)1943年到現在，這半個多世紀有幸没有離開"材料"這個領域；在生産、科研、教學、咨詢、評審、規劃等工作中，通過學習、提問及運用的反復過程，不停地審查"材料問題"中的物、人、事的糾紛。

(2)1957年從美留學與工作10年歸國后，在北京鋼鐵學院(1988年改爲北京科技大學)擔任金屬物理教授至今。"文革"前，只知"低頭拉車"；"文革"后，開始"抬頭看路"。在教學和科研成果的基礎上，在國内，自成體系地編著出版了有關"材料"的17部書：

①《腐蝕金屬學》(1962)([A2])

②《高速鋼的金屬學問題》(1976)([A3])

③《金屬的韌性與韌化》(1980)([A4])

④《不銹鋼的金屬學問題》(1983)([A5])

⑤《合金能量學》(1985)([A6])

⑥《合金相及相變》(1987)([A7])

⑦《應力下的金屬腐蝕》(1990)([A9])

⑧《金屬材料學的原理和應用》(1996)([A1])

⑨《材料的應用與發展》(1988)([A8])

⑩《腐蝕總論》(1994)([A10])

⑪《材料學的方法論》(1994)([A11])

⑫《士心集》(1999)([A13])

⑬《材料能量學》(1999)([A12])

⑭《問題分析方法》(2000)([A14])

⑮《拾貝與貝雕》(2000)([A15])

⑯《治學體會漫談》(2002)([A18])

⑰《材料腐蝕學原理》(2002)([A19])

前八部(①~⑧)論述某類材料或某類材料現象,屬"微觀材料學";后九部(⑨~⑰)從總體上論述材料現象,屬"宏觀材料學"。

(3)前面提到,1986年,著者承擔"繼續教育"的電視節目——《材料的應用與發展》提出"材料學"(Materialogy)的新體系,嘗試使讀者從整體上理解材料學。并仿"經濟學"中"微觀"和"宏觀"兩個分支的定義,吸收哲學、系統學、經濟學、科學學、教育學等人文、社科知識,建立"宏觀材料學"分支。1986年后的10余年,在"宏觀材料學"方面,發表了60余篇文章,其中兩篇長文較詳細地闡述"宏觀材料學":

"應用學科的宏觀問題和分支"(1997)([B40])

"宏觀材料學的結構——技術科學分支的思考"(2000)([B52])

爲了便于讀者的閱讀和理解,在第Ⅱ篇第5章的引論——書的結構中,按(1.23)先簡述"宏觀材料學"中各組元(E)之間的關系(R)(圖Ⅰ.7);然后在隨后的第6至第12章中,分論各個組元(E);最后,在第13章結論中,討論處事三論——算計,生態,適中。

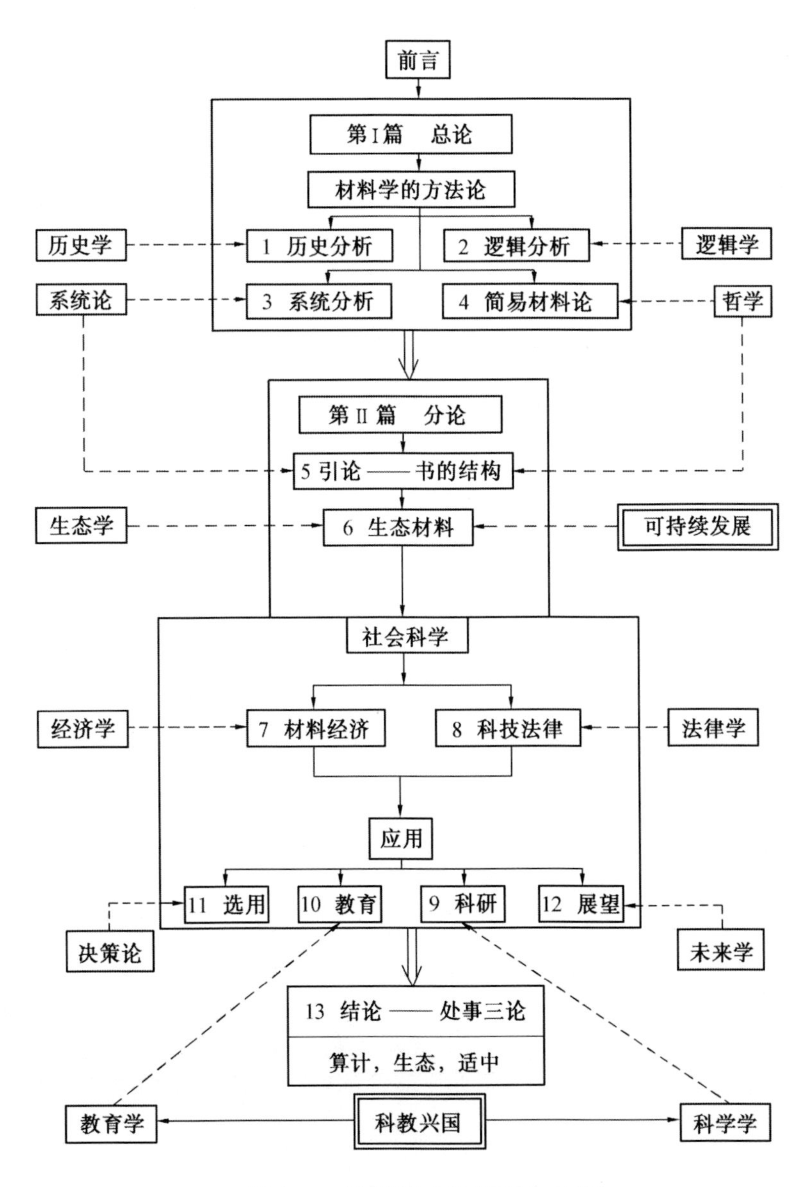

圖Ⅰ.7　《宏觀材料學導論》的結構

第 2 章　邏輯分析

([A11]p52 ~ 120)

"邏輯與修辭使人善辯。"([C6]p180)　(2.1)

"正確地運用邏輯,可以做到概念明確,判斷恰當,推理正確。"　(2.2)

"邏輯是研究思維的形式及其規律和思維方法的科學。"
([A11]p52)　(2.3)

人類的思維有三種基本形式:概念,判斷,推理。

(1)概念

在生活與生產的實踐中,人與自然界和社會接觸,從感覺而逐漸知道了客觀事物的各種屬性,在感性認識的基礎上,人們抓住了事物的本質屬性,形成了概念,并設法用圖形、語言或文字來描述。因此:

"概念是反映事物的特有屬性的思維形態。"　(2.4)

(2)判斷

人們形成概念之后,又要應用這些形成的概念,去斷定客觀事物的情況,這便是判斷。因此:

"判斷是斷定事物情況的思維形式。"　(2.5)

(3)推理

人們形成了許多判斷,判斷與判斷之間在真假之間是有聯系的:

"從一個或幾個判斷出發,推出一個新的判斷的思維形式,便是推理。"　(2.6)

一般用"名詞"表示概念;用"語句"表示判斷;用"句組"表達推理。

在下面,先簡介"邏輯分析"中"概念"和"推理",然后,闡明它們在"材料"及"材料學科"中的應用。

1　概　念

先簡述"形式邏輯"的規則和"辯證邏輯"的發展;再示例地説明它們在材料和材料學科中的應用。

1.1 形式邏輯的規則

應用“定義”和“劃分”這兩種邏輯方法,可分別明確概念的“内涵”和“外延”;再通過實踐和思考,可明確“材料”和“材料學科”這兩個概念。

概念在反映事物特有屬性的同時,也反映了具有這些特性的事物,這就分别形成了概念的内涵和外延兩個方面:

“概念的内涵,是概念所反映事物的特有屬性。” (2.7)

“概念的外延,是具有概念所反映的特有屬性的事物。” (2.8)

在邏輯學中,人們采用“定義”和“劃分”來分别明確概念的内涵和外延:

“定義是揭示概念的内涵的邏輯方法。” (2.9)

“劃分是把一個概念的外延分爲幾個小類的邏輯方法。” (2.10)

從亞里士多德開始,人們就開始普遍地采用“真實定義”這種方法:

定義項 = 屬 + 種差 (2.11)

例如,第 1 章(1.4)關于“人”的定義便采用這種方法:其中,人“屬”于“動物”;動物前那個定語,便是“種差”,即“人”與動物中“非人”之間的“差”异。

定義的邏輯方法,除開“真實定義”之外,還有:

(1)發生定義

“發生定義是用事物發生或形成過程中的情况作爲種差的定義。” (2.12)

(2)因果定義

“因果定義是用事物發生的原因作爲種差的定義。” (2.13)

(3)語詞定義

“語詞定義就是説明或規定語詞意義的定義。” (2.14)

形式邏輯提出了三條劃分的規則:

(1)劃分的各個子項應當互不相容。否則,便會有一些事物,同屬于幾個子項,犯子項相容的錯誤。例如,把材料分爲金屬材料、鋼鐵材料、陶瓷材料與高分子材料,這個劃分,就是犯了子項相容的錯誤,因爲鋼鐵材料就是一類金屬材料。

(2)各子項之和必須窮盡母項。否則,就會有一些屬于母項的事物被遺漏,犯子項不窮盡母項的錯誤。

(3)每次劃分必須按同一劃分標準進行。如果在同一劃分中采用幾個劃分標準,結果不僅是達不到明確概念外延的目的,也很難滿足上面兩條規則。

列舉概念的一部分外延,叫做舉例。爲了明確概念,我們經常是首先給出概念的定義,然后再用劃分或舉例的辦法;這樣,就從内涵和外延兩方面來明確概念。最后,應該强調,概念是反映事物的特有屬性的[(2.7)]。形式邏輯中事物、概念、内涵、外延、語詞、定義、劃分等的關系示于圖Ⅰ.8。

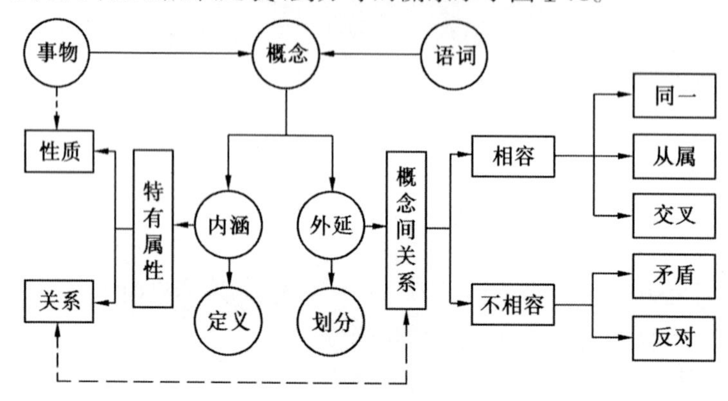

圖Ⅰ.8 形式邏輯中的概念

1.2 辯證邏輯中的概念

從表Ⅰ.3的比較可以看出:形式邏輯的思維形式是相對静止的,圖Ⅰ.8便示出形式邏輯中的概念的含義;而辯證邏輯的思維形式是運動變化和相互聯系的,因而反映客觀事物的概念也是運動變化和相互聯系的。

表Ⅰ.3 辯證邏輯與形式邏輯的比較

	形式邏輯	辯證邏輯
思維類型	抽象思維	辯證思維
思維形式	相對静止的	運動變化和相互聯系的
思維形式間關系	并列的	隸屬的、深化的
思維範疇	固定的	流動的
指導規律	同一律 矛盾律 排中律	對立統一律 質量互換律 否定之否定律
類比	静力學 初等數學	動力學 高等數學

首先,概念具有内部矛盾性,即内涵和外延的矛盾。由于概念是事物特有屬性的反映,因此,它就反映着個别和一般(即種和屬)、現象和本質、量和質等辯證的矛盾。例如,"材料性能"這個概念,它是從各種性能抽象出來的,反映着個别和一般的矛盾;從性能的發生定義(2.12)可以看出内因和外因的矛盾;從測試所獲得的性能和材料具有這種性能的原因,可以看出現象和本質的矛盾。

其次,概念具有變化和發展性。既然客觀事物是變化和發展的,那么反映客觀事物的概念當然是變化和發展的。這種特性可從如下兩方面去理解。

(1)概念本身的變化

用于表達概念的同一語詞,由于概念本身發生了變化,因而這個語詞的含義也發生了變化。例如,“Metallurgy”這個詞,我們曾譯爲冶金學,已經包含了冶金學及金屬學的含義([A11]p25~26)。又例如,“生產工具”這個概念,從歷史發展來看,它的内涵和外延都在變化:由于材料領域的進步,依次出現了石器工具、青銅器工具、鋼鐵工具等;由于能源領域的發展,依次有手工工具、機動工具、電動工具等;由于信息領域的革命,又出現了自動化的工具。同一語詞反映的概念,有了很大的變化。

(2)新事物、新現象所導致的新概念

新事物的出現,新現象的發現,就必須有新語詞去反映新概念。例如,傳統的概念認爲固態金屬是晶態的,即原子的排列是簡單地規則排列的,但是,采用超高速的冷却,可以保持液態金屬結構,獲得固態金屬,因而創造出新語詞“金屬玻璃”或“非晶態金屬”來表達新生事物所具有的新概念。又例如,傳統上用缺口試樣所獲得的冲擊韌性(Impact toughness)來反映材料的韌性,20世紀60年代后期,用裂紋試樣來反映材料的韌性,這種新韌性命名爲斷裂韌性(Fracture toughness)。

第三,概念具有聯系性。恩格斯説過這樣兩段話:

“當我們深思熟慮地考察自然界或人類歷史或我們自己的精神活動的時候,首先呈現在我們眼前的,是一幅由種種聯系和相互作用無窮無盡地交織起來的畫面,其中没有任何東西是不動的和不變的,而是一切都在運動、變化、産生和消失。”([C13]p18) (2.15)

“辯證法是關于普遍聯系的科學。”([C12]p3) (2.16)

從事物之間的區分和聯系,可以進一步明確概念所反映的事物。例如,大家所“熟悉的”金屬如何定義? 也就是:“什么是金屬?”對于這個簡單問題的回答,可從幾方面考慮。

(1)内涵和外延

金屬是一類(或種)物質(屬),依據(2.11)屬+種差的定義,則物質是“屬”,必須明確“種差”,也就是確定金屬這種物質的特有屬性(内涵)是什么? 具有這種特有屬性的物質(外延)又有哪些? 可從如下兩方面分析内涵和外延。

(2)現象和本質

我們可從現象中抽出金屬的特有屬性。例如:

“金屬是具有高的導電性和導熱性、良好的塑性和不透明性

的物質。”　(2.17)

首先,這個定義不够確切,因爲,一方面,定義中“高的”、“良好的”只是定性的描述;另一方面,石墨也符合這個定義。其次,這個定義還没有觸及金屬的本質,只是從派生屬性來定義。有些人認爲,從派生屬性來定義金屬,也許最好的一個是:

“金屬是電阻率温度系數爲正的物質。”　(2.18)

這個定義較(2.17)確切。但是,某些合金,例如Manganin(84%Cu-12%Mn-4%Ni)① 在100~250℃範圍内的電阻率的温度系數爲負,是否就不算金屬?此外,這個定義也没有涉及到現象的本質。

在化學中,從單個金屬原子的特有屬性,本質地定義了金屬:

“金屬是具有這樣化學反應特性的一類元素:它們失去電子而與氧化合形成碱性氧化物和氫氧化物,并與酸化合而成鹽。”　(2.19)

在金屬學中,從原子的巨大集合體來定義金屬:

“金屬是這樣一類物質,當它們的大量原子集合時,每個原子都提供自己的電子給整個集體。”　(2.20)

這也是從内部結構的本質上定義了金屬,可用它來説明定義(2.17)及(2.18)。依據定義(2.20),固態氫及石墨碳也應劃分爲金屬。

(3)區分和聯系

從事物之間的區分和聯系,可以進一步理解概念所反映的事物。例如,從晶體類型的區分和聯系,可以進一步理解金屬。我們可從形成晶體時價電子“所有制”的不同,將晶體分爲四類:

①金屬鍵晶體——價電子“公”有;

②共價鍵晶體——價電子“共”有;

③離子鍵晶體——價電子“私”有;

④分子鍵晶體——價電子不再重新分配。

實質上,用部分共價鍵概念可將共價鍵及金屬鍵統一起來。在共價鍵晶體中,共有的一對電子的鍵力集中在兩個原子之間,而在金屬鍵晶體中,這種鍵力要分布在所有的鄰近原子,特别是對應于配位數所表示的那些最近鄰原子。雖然,電子在整個晶體中不停地運動,但電子在晶體内各部分停留的幾率是不一樣的,從時間的統計平均來看,仍然可以計算最近鄰原子之間的平均鍵力。泡林(Pauling)用這種方法成功地計算了有機化合物的結合鍵和原子間距,并試圖推廣到金屬鍵晶體。結合越强,則原子間距越小,依據實驗數據,有着如下的經

---

① 百分数分别表示Cu、Mu、Ni的质量分数。

驗關系[C14]:

$$R_1 - R_n = 0.03\ \lg n \tag{2.21}$$

式中,R_1 爲單價鍵的原子半徑,n 爲鍵數,R_n 爲鍵數是 n 的原子半徑。現在舉例説明這個概念的應用。

已知體心立方晶體的鋯(β-Zr)的點陣常數爲 0.361 nm,試求密排立方的鋯(α-Zr)的原子直徑。如圖Ⅰ.9所示,原子 A 有8個最近鄰原子(如 B),6個次近鄰原子(如 C)。從簡單的幾何關系得到:

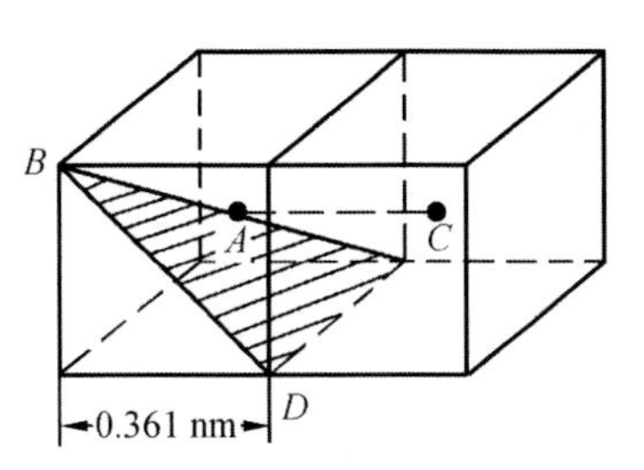

圖Ⅰ.9　體心立方晶體結構

$$AB = \frac{\sqrt{3}}{2} \times 0.361\ \text{nm} = 0.313\ \text{nm}$$

$$AC = 0.361\ \text{nm}$$

Zr有4個價電子,設其中 x 個用于與最近鄰8個原子形成結合鍵,余下的$(4-x)$個用于與次近鄰6個原子形成結合鍵。因此,與最近鄰原子形成的鍵數爲 $x/8$,與次近鄰原子形成的鍵數爲$(4-x)/6$,分別代入(2.21)得到:

$$R_1 - R_{(x/8)} = 0.03\ \lg\left(\frac{x}{8}\right) \tag{2.22}$$

$$R_1 - R_{(4-x)/6} = 0.03\ \lg\left(\frac{4-x}{6}\right) \tag{2.23}$$

而 $R_{(x/8)} = AB/2 = 0.156$ nm,$R_{(4-x)/6} = AC/2 = 0.181$ nm。分別代入上列二式,聯解得到:

$$\begin{cases} x = 3.58 \\ R_1 = 0.146\ \text{nm} \end{cases}$$

在密排六方晶體中,4個價電子平均分配于12個最近鄰的原子(次近鄰原子相距較遠,可忽略不計),則 $n = 4/12 = 1/3$,代入式(2.21)得:

$$0.146\ \text{nm} - R_{1/3} = 0.03\ \lg(1/3)$$

故:

$$R_{1/3} = 0.160\ \text{nm}$$

與實驗值 0.160 nm 符合較好。

异類金屬原子(例如 Ni 和 Al)形成合金時,除開公有的價電子形成金屬鍵外,也會發生電子遷移現象(例如 Al 的價電子填充 Ni 的 3d 層孔洞),也會有部分離子鍵特性。即令是純金屬,例如具有復雜晶體結構的 β-Mn,却有兩類不同的錳原子:MnⅠ及 MnⅡ,它們的近鄰原子數分别爲 12 及 14,參加結合鍵的電子數分别爲 5.8 及 4.0。

總之,金屬鍵晶體中,價電子公有程度與離子球間的空間大小有關,這種空間越大,則公有的程度越高。至于金屬向晶體提供的價電子數,則隨金屬及合金而异。此外,金屬鍵晶體有些還可認爲是具有部分共價鍵(如 Zr),而另一些由于電子遷移,還有部分離子鍵特性(例如 Ni-Al 合金)。因此,從概念的本質屬性間的區分和聯系,可以更好地理解概念所反映事物的現象。

認識上面所討論的、辯證邏輯中概念的三個特性,便可以防止思想僵化;但是,概念的這些變化,一點也不能脱離它的客觀基礎,并且也應該承認概念的相對静止和穩定,否則將會陷入唯心主義詭辯論。

1.3 在"材料"中的應用

(1.7)至(1.9)關于"材料"的定義,采用了(2.11)的"真實定義"方法,其中"物質"是"屬",即材料屬于物質,"物質"前那個定語便是"種差",從它可導出材料的判據,即物質是否是材料的依據。

此外,定義(1.7)到(1.9),反映了辯證邏輯中"與時俱進"的思想,我們應該:

"有定義,不唯定義,重在事物實質。" (2.24)

"有定義",則概念明確,不容詭辯;當"事物實質"發生了變化,便"不唯定義",而應"與時俱進",改變定義。

關于材料的"劃分",宜遵守上面討論的三條劃分規則,不應犯規。

1.4 在"材料學科"中的應用

1.4.1 定義

在發展過程中,關于材料的知識,曾總結而成許多學科,如 MS(材料科學)、ME(材料工程)、MSE(材料科學與工程)及 M(材料學)的共性是研究對象一樣,都是材料(Material),但側重點有別:MS 及 ME 分别研究科學及工程問題,嘗試回答 Why 及 How 的問題;MSE 則兼而有之;M(材料學,Materialogy)的含義最廣,可與任何學科交叉。這些學科的定義如下:

"MS 是一門科學,它從事于材料本質的發現、分析和了解的研究。" (2.25)

"ME 是工程的一個領域,其目的在于經濟地而又爲社會所能接受地控制材料的結構、性能和形狀。" (2.26)

作爲 MSE 整體,美國 MSE 調查委員會(COMAT)給出了如下的定義:

"MSE 是關于材料成分、結構、工藝和它們的性能與用途之間有關的知識和應用的科學。" (2.27)

對于材料學,顧名思義,可定義如下:

"研究材料的學科(Discipline,學問的科目門類)叫材料學。" (2.28)

這是内涵少、從而外延廣的定義,通過劃分,才能進一步明確"材料學"這個概念的含義和内容。

1.4.2 材料學的劃分

如圖Ⅰ.2 所示,已經是高度綜合的材料學,如何劃分?

自然現象依據空間尺度從大到小,可將研究模糊地劃分爲:

宇觀→宏觀→細觀→微觀→介觀→ (2.29)

各門學科依據習慣,大致確定分界綫。

在 20 世紀 60 到 70 年代,美國經濟學界爲了避免分界綫的困難,巧妙地將經濟學劃分爲宏觀和微觀二支:

"微觀經濟學分析單個經濟單位(如廠、商或消費者)的經濟活動,以及單個市場的經濟現象,一般包括價值論、價格論、廠商理論、分配理論、經濟福利理論等。" (2.30)

"宏觀經濟學分析整個國民經濟活動,一般包括國民收入的均衡理論、就業理論、經濟周期理論、通貨膨脹理論、財政金融理論、經濟增長理論等。" (2.31)

仿效經濟學者的思路,將材料學也分爲微觀和宏觀二支:

"微觀材料學着眼于材料——單個的或集體的——在外界自然環境作用下,所表現的各種行爲,以及這些行爲與材料内部結構之間的關系和改變這些結構的工藝。" (2.32)

"宏觀材料學着眼于從整體上分析材料問題,即將材料整體作爲研究對象——系統,考察它與社會環境之間的交互作用,分析在環境的影響下材料内部宏觀組元(各類材料)的自組織問題。" (2.33)

2 推 理

兩種經典的邏輯推理方法——演繹和歸納,在不少教材和專著(例如[C10])中已有詳細論述,故只在 2.1 節中概述;隨后四小節,依據自己的學術實踐,較詳細地討論第三種推理方法:

2.1 概述;

2.2 第三種推理方法——類比法;

2.3 類比法的廣泛應用 30 案例;

2.4 材料學與生物學的類比與交叉;

2.5 應用學科的宏觀分支。

2.1 概述

"推理是根據一個或一些判斷得出另一個判斷的思維形式。" (2.34)

在推理中,推理所依據的判斷,叫做前提,由前提得出的那個判斷,叫做結論。判斷用語句表達,推理由句組構成。

要做到推理正確,即保證結論真實的推理,必須具備兩個條件:第一,前提是真實的,即前提是正確反映客觀事物的真實判斷;第二,推理的前提和結論之間的關系符合正確思維規律的要求。應該指出,這些正確的思維規律,是從大量的正確的具體推理中抽象出來的,而后者又是客觀世界中事物情況之間聯系的反映。因此,歸根到底,正確的思維規律是客觀世界中事物情況之間聯系的反映。

人們根據正確的思維規律,就能由已知的真實前提,推出新的真實的結論。因此,推理是一種由已知推出未知的思維形式,是人們獲得未知知識的重要手段。

可從不同角度對推理進行不同的分類,依據前提與結論之間的聯系特征,可將推理分爲演繹推理和歸納推理兩大類,它們的定義如下:

"演繹推理是前提與結論之間有必然性聯系的推理。" (2.35)

"歸納推理是前提與結論之間有或然性聯系的推理。" (2.36)

從推理的方向來看:歸納推理是從特殊到一般,而演繹推理則是從一般到特殊。演繹推理的大前提多是一般性原理或公理,而它們又是從實踐中歸納推理得來的。

2.2 第三種推理方法——類比法

如果兩個或兩類事物在許多屬性上都相同,則推出它們在其他屬性上也相同,這就是類比法。這種方法表述爲:

"A 與 B 有屬性 $a_1, a_2, \cdots, a_n$,
A 有屬性 b,
所以,B 也有屬性 b。" (2.37)

惠更斯比較了光和聲這兩類現象,發現它們具有一系列相同的屬性,如直綫傳播、反射、干涉等,而已知聲具有波動性,因而推論光也有波動性,提出光波這一重要的科學概念。

很明顯,用類比法獲得的結論是或然的,爲了提高結論的正確性程度,應當盡可能從兩類事物的本質屬性去類比,并盡可能找到較多的共同屬性去類比。從結論是或然的角度來看,可將類比法歸于歸納法。但是,從推理的方向來看,類比法或者是一種由個别到個别的推理,或者是由普遍到普遍的推理,又與由個别到普遍的歸納推理不同;因此,有些邏輯書上把推理分爲演繹、歸納與類比三類。

類比法不僅比較事物屬性之間的相似[(2.37)],也可比較事物關系之間的相似,從而啓示我們理解新現象的思路以及解决問題的方法。例如,在濃度梯度($\partial c/\partial x$)下的物質擴散和在温度梯度($\partial T/\partial x$)下的導熱,分别遵循菲克定律和傅里葉定律:

$$\frac{\partial c}{\partial x} = D\frac{\partial^2 c}{\partial x^2} \tag{2.38}$$

$$\frac{\partial T}{\partial x} = \alpha\frac{\partial^2 T}{\partial x^2} \tag{2.39}$$

式中,D 及 α 分别是擴散系數及導温系數,且:

$$\alpha = \frac{k}{c\rho} \tag{2.40}$$

式中,k 爲熱導率,c 爲比熱容,ρ 爲密度。若 α 及 D 爲常數,則(2.38)及(2.39)有相同的解,因而擴散與導熱可以有關系之間的相似,更適宜于類比。

在科學發展史上,德布羅意(de Broglie)于 1925 年曾提出勇敢的類比:

"自然愛好對稱,
物質與能量必須相互對稱;
若輻射能是波動的及/或粒子的,
則物質必須是粒子的及/或波動的。" (2.41)

他的想法導致薛定諤(Schrödinger)于 1926 年提出波動力學(Wave mechanics),隨后發展爲量子力學(Quanton mechanics);戴維森·革默(Davisson Germer)于 1927 年用鎳的單晶體從實驗上證明了電子波的存在,其波長爲:

$$\lambda = 2d\sin\theta = 2(0.215\ \sin 25°)\sin 65° = 0.165\ \text{nm} \tag{2.42}$$

而計算值爲:

$$\lambda = \frac{h}{mv} = 0.167\ \text{nm} \tag{2.43}$$

式中,m 及 v 分别是電子的質量和速度,h 爲普朗克常數。上列兩式的結果相符合,因而證明了電子波的存在。

應該指出,德布羅意關于微觀粒子的"兩象性"假説的提出,采用了類比法;假説得到實驗證明,并引起量子力學和電子顯微術的發現,推動了現代材料科學的發展。

從表Ⅰ.4 可以看出,物理學中許多重要理論,都是從類比交叉中獲得新概念而發展的。此外,物理化學、化學物理、生物物理、生物化學、生物力學等,則是大家所熟悉的交叉科學。

表Ⅰ.4 物理學中的重大發現與類比交叉

年	提出人	年齡	類比交叉的現象	定律或理論
1666	牛頓	24	天體及地上物體運動	萬有引力定律
1850	克勞修斯	28	温差與落差	熱力學第二定律
1856	麥克斯韋	25	電與磁	電磁場理論
1868	麥克斯韋	38	光與電磁	光的電磁理論
1900	普朗克	42	熱與光	黑體輻射
1905	愛因斯坦	26	光量子	復活光的微粒説
1924	德布羅意	32	物質和輻射	物質波

我國的文化源頭活水,在華北有《詩經》,在華南有《楚辭》,它們充分而廣泛地運用類比的方法。

文學中有"模仿與超越",模仿是類比,超越則是創新,郭啓宏([C17])例舉崔顥名篇"黄鶴樓":

"昔人已乘黄鶴去,此地空余黄鶴樓。
黄鶴一去不復返,白雲千載空悠悠。
晴川歷歷漢陽樹,芳草萋萋鸚鵡洲。
日暮鄉關何處是? 烟波江上使人愁。" (2.44)

此詩由景入情,懷古思鄉,縱横交叉,沉鬱蒼凉。溯源,崔仿沈佺期之《龍池篇》,先作"雁門胡人歌",再作"黄鶴樓"而超越之。

據傳,李白曾登臨黄鶴樓,覽龜蛇鎖大江之勝,正欲題詩,抬頭忽見崔詩,只得停筆自嘆:"眼前有景道不得,崔顥有詩在上頭"。李仿崔詩,初作"鸚鵡洲";繼作"登金陵鳳凰臺",有所超越:

"鳳凰臺上鳳凰游,鳳去臺空江自流。
吴宫花草埋幽徑,晋代衣冠成古丘。
三山半落青天外,二水中分白鷺洲。
總爲浮雲能蔽日,長安不見使人愁。" (2.45)

十八歲時的王勃,在"滕王閣序"中留下多年傳誦的佳句:

"落霞與孤鶩齊飛,秋水共長天一色。" (2.46)

據傳,是模仿庾信"華林園馬射賦"中:

"落花與芝芥齊飛,楊柳共春旗一色。" (2.47)

謝榛在《四溟詩話》中評曰:"雖有所祖,然青愈于藍矣!"

學習作詩詞,多仿名詩或詞牌習作,然后可能有所超越。蘅塘退士所編《唐詩三百首》原序中稱:"熟讀唐詩三百首,不會吟詩也會吟。"([C18])。

模擬法與類比法類似,它是在自然科學和技術科學中廣泛應用的研究和推理方法,也就是在實驗室中模擬自然界現象,制備這種現象的模型,從模型研究其規律。這種模擬可以是以模型來模擬自然界大規模現象的幾何模擬,也可以是物理模擬,例如,用電路來模擬某些力學過程,用計算機來模擬人的大腦某些功能等。此外,化學仿生學便是研究在化學中如何運用生命的法則。生物體内的各種化學反應不僅效率高,而且在常温常壓下進行,没有副反應,很值得化學界仿效。例如,固氮酶、葉緑素的仿制,海水的淡化,仿猫頭鷹和鼠能接受紅外綫的夜視器等,都是重要的研究課題。又例如,醫師的剖尸分析與材料界的斷口分析,從思路和實驗技術上,都有不少可以相互借鑒的地方。又例如,下面第 4 章 2.4 節將要討論的自然過程第三原理,就是從生物學中達爾文主義借鑒而來。

總之,學科間相互借鑒、滲透而發展的類比和模擬的推理方法,經常可孕育出新的成果,是一種重要的工具,值得重視。

從表Ⅰ.5 中"結論可靠性"及"創造性"來看,類比法與歸納法一樣,可以認爲類比是一種歸納法;但是,從推理方式來看,類比法又不同于歸納法及演繹法,可以獨立而爲第三種方法。

表Ⅰ.5　三種推理方法

方法	推理方式	結論可靠性	創造性
演繹	一般→特殊	必然	發展發現
歸納	特殊→一般	或然	新發現
類比	一般→一般 特殊→特殊	或然	新發現

表Ⅰ.5 中的三種推理方式(或途徑)可示于圖Ⅰ.10。材料是一種"物";"人"也是一種物,不過是萬物之靈;人與人之間、人與物之間或物與物之間構成"事"。我嘗試將材料的規律(即圖Ⅰ.10 中的"物理")外延,從而分别對人才問題(即"人理")及管理問題(即"事理")的理解有所借鑒,這是一種高效的學習方法。人們認識事物,是從"不知"到"知";認識"不知"的新事物,若能從類比中,發現它與認識者"已知"的舊事物之間的相似性,非常有助于認識新事物。善于表述的教師、説客或演講者,總是在揣摩聽衆已知的事物或已有的情意,并在這個基礎上發揮。我國戰國時代的縱横家,非常重視揣摩術,《鬼谷子》便是一例。

爲了少而精,在教學上,一般采用演繹法,如幾何學、力學、熱力學、統計力學、量子力學等。但是,推理的前提都是從歸納法獲得的,例如幾何學的公理,牛頓的力學三定律,熱力學三定律,統計力學中質量守恒、能量守恒、熵值最大原理,量子力學的薛定諤方程等。門捷列夫周期表也是用歸納法建立的,應用

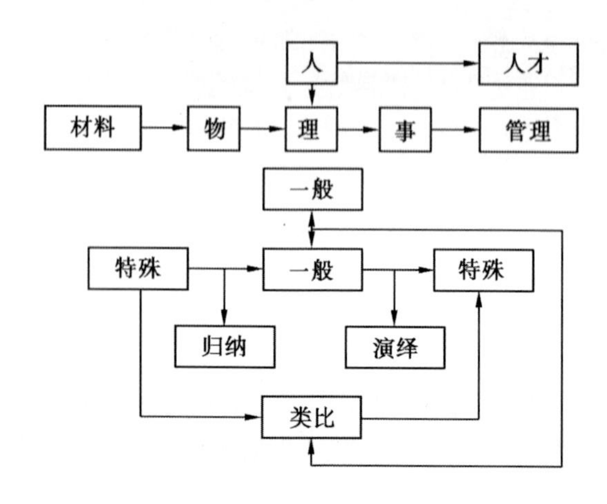

圖Ⅰ.10　推理途徑

它,在化學領域,可演繹地闡明大量問題。

在形式邏輯中,"類比"是一種推理方法,而"交叉"是概念之間的一種關系。由于交叉已不限于具體内容的交叉,擴大而包括相切的"邊緣"、甚至方法和思想上的"感應",因此,"類比"與"交叉"已趨同而并用。

西方學者 N·維納認爲:

"在科學發展上,可以得到最大收獲的領域是各種已經建立起來的部門之間被忽視的無人區。"　　(2.48)

一位數學家從動物的功能和機器的運轉的"類比"中獲得啓示,在學科之間的交叉地帶豐收,成爲控制論創始人之一,因而贊揚"交叉"。此外,在發現重要物理規律(表Ⅰ.4)以及發展新的學科分支時,類比與交叉法都起到重要作用。在材料學領域内,建立宏觀材料學([B26]),開發仿生材料([B34])、智能材料([B31])、生態材料([B43])等,都需要運用類比與交叉。爲此,要求"博學",才能有所類比,有所交叉。

2.3　類比法的廣泛應用30案例

現按時間順序,羅列從 1980 至 2001 年運用類比與交叉的治學案例如下:

①材料界與生物界(1980)[＊]

②社會物理學(1980)[B26]

③詩詞及韵文結構——模仿與超越(1980)[A13]

④自然過程三原理(1980)[A11]p288 ~ 298

⑤斷裂化學(1980)[A4]p225 ~ 228

⑥人才與材料(1985)[B10]

⑦材料學及宏觀、微觀材料學(1987)[A11]p28

⑧基礎性科研的選題原則(1987)[A8]p449 ~ 453[*]
⑨事物觀與方法論(1992)[B45]
⑩簡易材料論(1993)[B25][B45]
⑪材料學的方法論(1994)[A11]
⑫腐蝕學及宏觀、微觀腐蝕學(1994)[A10]p5 ~ 9
⑬兩個基本方程:$P = f(e, S)$;$S = \{E, R\}$(1995)[B55]
⑭腐蝕廣論十首(1995)[B29]
⑮類比與交叉(1995)[B28][B49]
⑯廣義生態論(1996)[B39][B43]
⑰應用科學的宏觀問題和分支(1997)[B40]
⑱經濟結構和功能(1997)[B41][*]
⑲材料學與生物學的類比與交叉(1997)[B40][*]
⑳問題分析方法(2001)[B61]
㉑物、人、事、哲理互通融圖(1997)第 1 章 2.2.2 節圖Ⅰ.5
㉒適中論(1999)[B47]
㉓教育改革(1999)[*]
㉔冶金工業形勢(1999)
㉕宏觀材料學的結構(2000)[B52]
㉖"三個代表"(2000)[*]
㉗材料著作的閱讀性(Readability)(2001)[B59]
㉘學術演講的宣講性(Speakability)(2001)
㉙人的情意結構(報答、恩、復、仇等)(2001)
㉚學習我國經典著作的體會(2001)[A18]

(已發表者,參考文獻序號注于[　]中;本書提及者,注明章節;擬選用者,注以[*])

2.4　材料學與生物學的類比與交叉([B39])

試從環境、性能、結構、過程、能量五方面類比這兩門學科。

2.4.1　環境

嚴復將"Evolution and Ethics"意譯爲《天演論》([C5]);將大家熟知的"生存競争,適者生存"(Struggle for existence, survival to the fittest)譯爲:

"一争一擇,而變化之事出矣。"　　(2.49)

在材料界,從宏觀控制到微觀分析,都會遇到與社會環境和自然環境的争與擇的問題。

(1)科研選題

社會選擇學科,正如大自然選擇生物品種一樣。我曾建議,基礎性科研選題的五原則之一,便是“生存競爭,適者生存”。[參見隨后的(2.56)]

(2)戰略思考

在市場經濟體制下,市場便是材料面對的社會環境,因此提出:

“面向市場,抓兩頭(應用,設備),帶中間(性能,結構,工藝)。” (1.20)

(3)經濟體制

我國在實踐中提出的“社會主義市場經濟”,便是要正確處理與國內外環境的競爭和協調的問題。

(4)自然環境

自然環境是材料各種表現和工藝過程的外因,也是自然界生物生活與生存的環境。

(5)園藝過程

農業的園藝過程與自然的宇宙過程是相互對立的:后者的特點是緊張而不停地爲生存斗争,而前者的特點是排除引起斗争的對象而消除斗争;后者的傾向是調整生物的類型以適應現時的環境,而前者的傾向是調整環境以滿足園丁所希望培育的生物的需要。例如,農民清除稗子而使稻子成長;材料界人士也是一樣,他們采用工藝流程,獲得人造材料出現的環境;改變使用環境,延長材料的壽命;取締低價的僞劣商品,保證正常商品的流通。

2.4.2 **性能**

生物適應環境而自生自滅,但它們却具有許多奇异而優越的性能。在材料界:

(1) 仿生物功能而創制仿生材料。

(2) 應用各類材料,制作感知器、處理器、效應器,組裝而成具有智能的系統。

(3) 應用耗散結構理論,創制延年益壽的材料。

赫胥黎《進化論與倫理學》中指出:

> “大自然常常有這樣一種傾向,就是討回她的兒子——人——從她那兒借去而加以安排結合的、那些不爲普遍的宇宙過程所贊同的東西。”([C5]p9) (2.50)

在材料界,人類從大自然母親那兒借來金屬礦石,耗費能量,制造金屬,進一步加工而成橋梁、船舶、鋼軌、房屋……,有時是赫然而存,威風凛凛。但是,大自然母親的風雨、潮汐、日照……,日夜不停地工作,通過腐蝕、磨損、斷裂等方式,討回本來是屬于她的東西。就是人的本身,也是在劫難逃。但是,作爲人類整體,仍在與大自然母親斗争,改變工作環境或材料内部的結構,提高材料的性能,反抗材料的失效!

2.4.3 結構

系統的結構(S)是系統中組元(Element)的集合(E)和組元之間關系(Relationship)的集合(R)的總和：

$$S = \{E, R\} \tag{1.23}$$

赫胥黎在《進化論與倫理學》中寫道：

"宇宙的最明顯的屬性是它的不穩定性。"([C5]p35) (2.51)

在不同的時間和空間的尺度内,宇宙都是在運動和變化:滄海桑田是如此,基本粒子也是這樣。這種不穩定性導致的變化,便是結構的變化。赫胥黎繼續生動地描繪動態結構：

"正如没有人在涉過急流時,能在同一水里落脚兩次,——(事物)表面平静乃是無聲激烈的戰斗。在每一局部,每一時刻,宇宙狀態只是各種敵對勢力的一種暫時協調的表現,是斗争的一幕,所有的戰士都依次在斗争中死亡。"([C5]p34) (2.52)

誠然,生物界中的戰士可以死亡,死亡后的物質并没有消滅。在材料這種物質世界,質量(m)是守恒的,只是在某些條件下,質量可轉變爲能量(E)($\Delta E = c^2 \cdot \Delta m$,式中 c 爲光速),因而質量與能量的和是守恒的。

"人類社會在開始的時候,也像蜜蜂的社會一樣,是一種官能上需要的産物。" (2.53)

因而成員[(1.23)中 E]之間的分工是明確的,它們之間有交互作用[(1.23)中 R]。在材料界,我們了解材料内各個化學元素的功能,它們與蜂群社會中的各類成員相似,分工與交互作用是明確的。人類社會中組元的能力是在發展和變化的,而材料中各個化學元素的功能是相對穩定的,因此,材料的控制也許較爲容易。在另一方面,處理材料問題的是人,材料工作者在人類社會,要善于認識和處理自然過程(材料、人的生老病死、生存斗争等)以及倫理、社會過程(道德、法律、經濟等),才能在合理合法的競争中求生存。

在結構中組元(E)的層次,材料界和生物界的認識都在向更微觀的方向發展:材料界從"相"深入到"納米晶體"和"原子"、"電子";生物界從"器官"深入到"細胞"和"基因"。也應該指出,每一層次都有它自己新的、激動人心的、普遍性的規律,這些規律往往不能從所謂更基本的規律推導出來。大量的復雜的基本粒子的集體,并不等于幾個粒子性質的簡單外推,這是更易理解的"森林與樹木"關系的問題。

材料界與生物界的交叉結合已使生物學者大量地進入智能材料系統的研究領域,也使材料學者學習生物學,從而進入仿生材料和智能材料系統領域。

通過結構的探討和交流,生物界和材料界可從"類比"發展到"交叉"結合,從而推動學科的發展和新生。

2.4.4 過程和能量

《進化論與倫理學》指出:

"它(宇宙)所表現的面貌與其説是永恒的實體,不如説是變化的過程,在這過程中,除了能量的流動和滲透于宇宙的合理秩序之外,没有什么東西是持續不變的。"([C5]p35) (2.54)

在這里,"秩序"可以理解爲(1.23)中的結構(S);這句話叙述了一個生物學者對過程、能量和結構關系的看法。

爲了教與學的少而精,我嘗試總結自然過程三原理,分别指方向、路綫和結果:

"自然過程總是朝着能量降低的方向、遵循阻力最小的路綫進行的,其結果是適者生存。" (2.55)

它們分别可用演繹、歸納和類比法證明,其中第三原理便是類比生物進化原理。

1980年,我乘長江輪東下,在欣賞沿途文物風光中,成五言古詩三十句,最后三句,以"長江輪"爲題,佐證上述三原理:

"我欲降勢能,東行方向明;
今有航標在,前進路綫清;
回顧艱坎路,方悟適者存。" (2.56)

什么是合理的秩序?能量的流動對事物的過程又有什么影響?我曾用能量分析方法論述了平衡結構、過程的失穩、方向、選擇、類型、速度和進度共七類問題。

2.4.5 結語

(1)類比

上面四節,我示例地引用赫胥黎經典著作的生物學警語,類比了材料學的有關問題,可相互啓示,加深認識,如表Ⅰ.6。

表Ⅰ.6 材料學與生物學的類比

生物學引語	材料學問題
(2.49),(2.55)——生物進化原理	科研選題,材料宏觀問題戰略
(2.56)——競争與協調	經濟體制
(2.50)——大自然母親的討回	材料失效,材料性能
(2.51),(2.52)——穩定性	工藝調整結構,質量和能量守恒
(2.53)——蜂群社會	材料中化學組元,人類社會組元
(2.54)——過程,秩序,能量	自然過程三原理
八段警語	五問題:環境、性能、結構、過程、能量

(2) 交叉

通過學科的交叉,可孕育新品種,發展新學科。文中列舉了仿生材料、智能材料系統;材料學界歡迎生物學人進入這些領域;我相信,材料學界積累的知識、技術和方法,對生物學人,也許有參考意義。

(3) 頌

"支離破碎曾滿意,壯年反復審糾紛,
繼續深入疑無路,類比交叉又一村。" (2.57)

2.4.6 附録

"在生物界,這種宇航過程的最大特點之一,就是生存斗争,每一物種和其他所有物種的相互競争,其結果就是選擇。這就是説,那些生存下來的生命類型,總的説來,都是最適應于在任何一時期所存在的環境的。"([C5]p3) (2.58)

"如果没有從被宇宙操縱的我們祖先那里遺傳下來的天性,我們將束手無策;一個否定這種天性的社會,必然要從外部遭到毁滅(Destroyed without)。如果這種天性過多,我們將更是束手無策,必然要從内部遭到毁滅(Destroyed within)。"([C5]pⅣ) (2.59)

"在每個復雜的結構中,就像在它們最微小的組成部分中一樣,都具有一種内在的能量,協同在所有其他部分中的這種能量,不停地工作,來維持其整體的生命,并有效地實現其在自然界體系中應起的作用。"([C5]p33) (2.60)

2.5 應用學科的宏觀分支([B40])

在1.4.2節,我們討論了經濟學和材料學可劃分爲宏觀和微觀兩個分支,本節將擴大思路,分析其他學科的類似問題,期望共鳴,相互啓示,尋求共性,總結和前瞻。

2.5.1 實踐與反思

(1)科學與學科——破題

它們之間有什么區别?科學譯自Science,一般將它限于自然現象。例如,英文字典(The American Heritage Dictionary of the English Language, New College Edition 1978)對于Science的釋義爲:

"科學是對于自然現象的觀察、認知、描述、實驗研究和理論解釋。" (2.61)

《辭源》無此詞;《辭海》(1980)將"社會和思維"納入:

"科學是關于自然、社會和思維的知識體系。" (2.62)

由于所采用的方法有很大的差异,包括文、史、哲等的"人文學"似不宜混同于“自然科學”,不宜叫“人文科學”;而社會科學能否屬于科學,則取决于對于“科學”的定義和理解。

Discipline 譯爲“學科”,對于它的釋義,則較爲一致。《辭海》的釋義爲:

“學科——學術的分類。指一定科學領域或一門科學的分支。”(2.63)

《辭源》認爲:

“學科——學問的科目門類。” (2.64)

(2) 拉車與看路

“文革”期間,不破不立,總是大批判開路;轟烈巨聲,仍在震耳。受批者不時地聽到:

“你們這些人只會低頭拉車,不知抬頭看路!” (2.65)

事過 30 余年,仔細冷静思考,這句話如實反映情況,没有錯。“低頭拉車”也没有錯,而只是走錯了路:跟着走,或是盲從,是爲不智;不敢不跟着走,是爲不勇;强迫别人跟着你走錯路,是爲不仁。都很可憐。

路是路綫,是途徑。治學也有“拉車”與“看路”的問題。學術帶頭人,慎之慎之。大學的研究生導師可類比于牧羊人,將可愛的羔羊沿着什么路綫、引向何方? 在什么領域成長? 詩一首,明理述懷:

“智慧的牧羊人,
具有善良的心腸。
將可愛的羔羊,
引到水草茂盛的地方,
喜看羔羊們茁壯地成長。

＊＊＊＊

啊!
好心的牧羊人,
有時誤入歧途,
在風寒干燥的沙漠戰場上,
與可愛的羔羊,
共同生活、戰斗,
而悲壯地共同死亡!” (2.66)

(3)腐蝕總論與廣論

采用内涵恰當的材料腐蝕定義:

“材料腐蝕是材料受環境介質的化學作用而破壞的現象。” (2.67)

因此,研究腐蝕的學科——腐蝕學,也可分爲微觀、宏觀二分支,它們的定義如下:

"微觀腐蝕學着眼于腐蝕現象的微觀分析,建立腐蝕理論;在它的指導下,開發防蝕技術。" (2.68)

"宏觀腐蝕學着眼于從整體上分析腐蝕問題,即將腐蝕現象的整體作爲研究對象——系統,考察它與社會環境之間的交互作用以及腐蝕學的經濟及社會效益。" (2.69)

圖Ⅰ.11 及圖Ⅰ.12 分别示出微觀及宏觀腐蝕學體系。從圖Ⅰ.11 可看出,腐蝕科學和防蝕技術都是處理環境(特别是化學環境)與材料(特别是金屬材料)之間交互作用的問題,前者主要包括四方面理論,后者也有四方面技術。因此,這一分支的内容便是流行的"腐蝕與腐蝕控制"或"腐蝕科學與工程"的内容。從圖Ⅰ.12 看出,宏觀腐蝕學是自然科學與社會科學之間的交叉科學,强調腐蝕學的經濟效益和社會效益,這一分支的主要内容是以方法論爲指導,腐蝕教育爲基礎,腐蝕經濟爲核心,科學研究與技術開發爲未來,腐蝕管理爲保證。

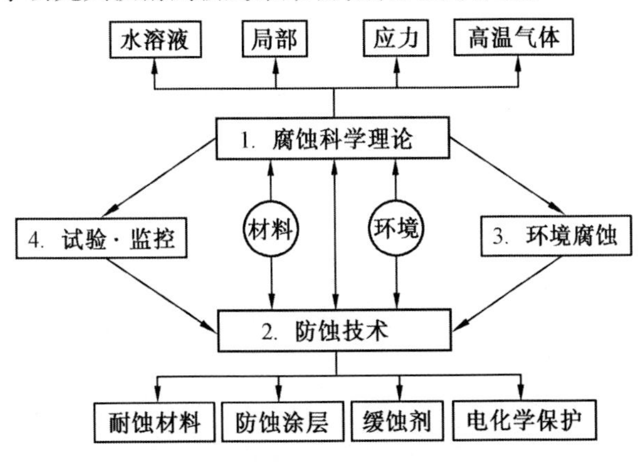

圖Ⅰ.11 微觀腐蝕學體系

腐蝕總論應綜合論述微觀、宏觀二分支,分論機理和診治。廣思天下、地上、人間腐蝕事,頓悟物理、事理、人理相通,若用因緣之道,通過類比,仍可延年益壽,曾試作"腐蝕廣論"詩十首([B29]),有獲。

2.5.2 共鳴和啓示

學習中,喜知醫、農、史三界均有宏觀問題和宏觀分析,録以共鳴,并相互啓示。

(4)醫界

中國科協第四次全國代表大會上,吴階平的發言指出:

"人們對于疾病的認識隨着科學技術的進步而發展。從很籠統的整體認識(區别病人和健康人),發展到病變的類型,某個生理系統的病變,直至亞細胞、分子水平病變的認識。這是一個向微觀發展的認識過程,使人們對生物學上的認識不

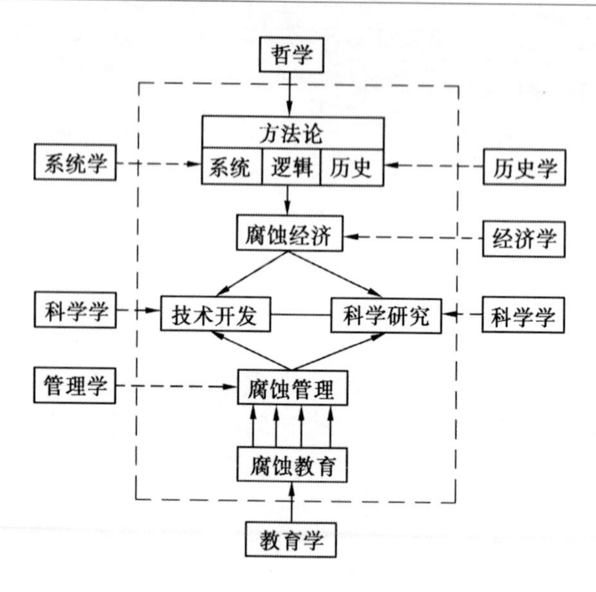

圖Ⅰ.12　宏觀腐蝕學體系

斷深入。微觀認識又回到整體,隨后又向宏觀發展,從社會角度來認識疾病,認識人,使人們對于健康的認識更爲全面。"　(2.70)

(5)農界

中國科協第四次全國代表大會上,何康作的題爲"依靠科學技術,實現農業上臺階"的報告中指出:

"積極開展農業宏觀研究,爲各級領導部門提供服務。農業宏觀研究,涉及自然科學和社會科學的若干領域,是一種多學科、多層次的知識處理和再生的創造活動。"　(2.71)

(6)社會史研究

龔書鐸任總主編的八卷本《中國社會通史》的總序提出社會史的研究包括:

"宏觀研究不僅要從斷代史或通史的角度出發,從總體上研究長時段或短時段的社會本身構造、運行及變化過程,而且還應對社會重大問題進行綜合研究。"　(2.72)

"微觀研究主要是對社會本身的某一細部展開描述,或是一些無法置于宏觀研究範圍之内的課題。"　(2.73)

(7)殊途同歸

要看路,必須登高望遠,從大處着眼,進行宏觀分析。從自然科學引入微觀及宏觀概念,經濟學有微觀及宏觀二分支。1986及1990年,我分别將這種分支方法引入我從事的專業——材料學及腐蝕學,感到别有洞天。1991、1997及

2000 年,我偶然地分别觸及醫學、農學、社會史研究及科技法學,喜知他們也在運用微觀和宏觀方法分析問題。大家殊途同歸。此外,許多社會現象,如社會發展、財務管理、人事制度等,也經常談到宏觀控制和微觀分析。看來,工、農、醫、文、法科都有殊途同歸的認識,在下面,總結它們在方法論方面的共性。

2.5.3 共性特點

(8)系統思考

從系統論考慮,各門應用學科,只是巨系統中的一個組元。一方面,要在本學科内進行深入的微觀研究,例如對物質系統,深入到電子、原子、基因、細胞的層次;另一方面,要擴大視野,到科技、社科、人文學科組成的巨系統中去定位思考。

人們的工作崗位不同,則微觀分析和宏觀思考的深度和廣度也有异。一般地説,進入管理層次的人,包括行政領導、公司經理、學術帶頭人、各種參謀參議人士等,愈是要思考宏觀問題。

(9)環境分析

環境是一切事物變化的外因;只有開放系統,才有强大的生命力。各門應用學科不僅受自然環境的影響,其實用性則要考慮人文、社會環境的决定性作用。只會“低頭拉車”、不知“抬頭看路”的人,有時會盲目地誤入歧途。

要十分重視社會與經濟的需求以及人文環境的積極和消極作用;也就是在中國特色社會主義市場經濟體制下,如何發展技術科學和應用學科的問題。

(10)邏輯思辨

從空間的大小來劃分問題的“宏”和“微”,在分界綫的選擇上,有一定的困難;一般認爲,空間尺度從大到小,有:

宇觀—宏觀—細觀—微觀—介觀→ (2.74)

各門學科都有它們大致的分界綫。例如,在材料學領域内,傳統上認爲人們肉眼可見者,約在 $10^{-4} \sim 10^{2}$ m,叫做宏觀;較小的,需借助于顯微鏡,則叫做微觀;大于宏觀的,叫宇觀;小于微觀的,叫介觀;在宏觀與微觀之間的,叫細觀。這種劃分,完全是人爲的模糊概念。

現在,將事物(或叫系統)内部問題的研究,叫“微觀”分析;而將它與環境(包括自然、社會和人文)關系的研究,叫“宏觀”分析。一内一外,較爲明確和完整。

(11)理論與實踐

要依據《實踐論》,正確處理實踐和理論之間的關系。從人生實踐,我認識到學科宏觀問題和學科的重要性;通過學習,從其他學科的發展,獲得啓示和共鳴,鞏固我的認識,上升到理性階段。我相信,對于應用學科宏觀分支的這種理性認識,將有助于應用學科的發展。上述認識歷程如圖Ⅰ.13所示。

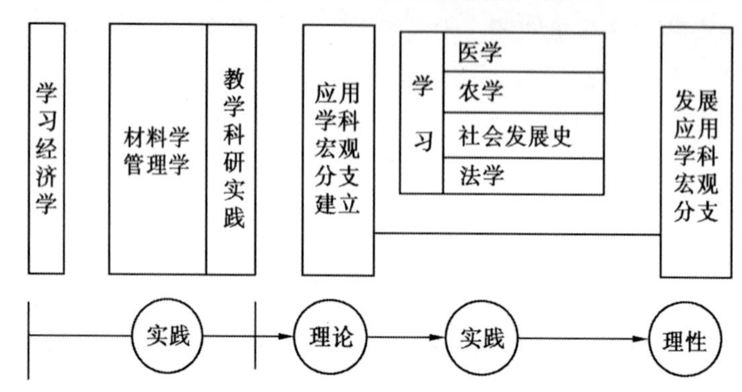

圖Ⅰ.13　應用學科宏觀分支的認識

2.5.4　**總結和前瞻**

(12)應用學科的分支

應用學科應有微觀及宏觀兩個分支,内外夾攻,則學科明矣!建立應用學科的宏觀分支,有助于解決實際問題,滿足社會的需要,增强社會經濟實力,從而社會可資助科研,發展學科,這些關係如圖Ⅰ.14所示。

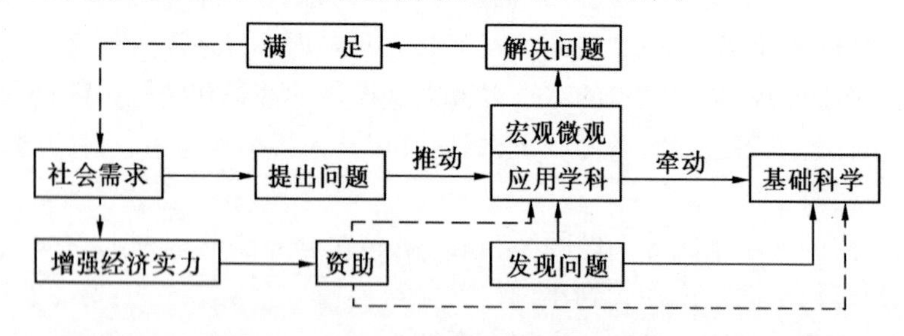

圖Ⅰ.14　社會、經濟、應用學科及基礎科學

學科的宏觀分支是在微觀分支的基礎上建立的;而微觀分支若在宏觀分支的指導下發展,將會産生更大的經濟效益和社會效益。社會選擇學科,正如大自然選擇生命品種一樣:"生存競爭,適者生存"。應用學科的發展,不能違背這個規律,要承認和重視宏觀方面的研究。

(13)學習的分工與結合

①工農醫等專科人才的培養,要注意人文素質的提高;在智育上,結合專業,也應有些經濟、法律、哲學等的基礎知識。

②一般地説,中青年時,側重微觀,準備拉好車;但應適當地注意宏觀,才能看準路綫和日后轉向。

③"仕而優則學,學而優則仕。"(《論語·子張第19.13》)　　(2.75)

④"三日不讀書,則語言無味,面目可憎。"(黄庭堅)　　(2.76)

應該是終身學習！

3 因 果

3.1 引言

古今東西的哲人都對事物的因果關系有所論述。例如，亞里士多德(公元前384～362)認爲([C11]p13～14)，對一種相關或過程的合理解釋，應該詳細地説明因果關系的四個方面。這四個方面與釋迦牟尼的緣起論、毛澤東的矛盾論以及微觀材料學的五因素的對比列于表Ⅰ.7。

表Ⅰ.7 因果關系的各種學説的對比

四因論	矛盾論	緣起論	微觀材料學
形式因——變化發生的條件	外因	緣	環境
質料因——發生變化的物質	内因	因	結構
作用因——發生什么變化	變化	諸法起	過程
目的因——爲什么發生變化	—	—	能量？性能？

從表Ⅰ.7可以看出，需要進一步討論的是"目的因"。

3.2 分析

3.2.1 亞氏的應用

目的論的解釋，使用"爲了"(in order that)或其他的措詞。亞里士多德用"目的因"批評了其他學者，例如：

(1)他批評了德諾克利特和留基伯的"原子論"，因爲這種理論用原子的聚集和分散來"解釋"自然的過程。但是，它忽視了"目的因"。

(2)他批評了畢達哥拉斯學派的自然科學家，因爲他們認爲，當他們發現了某種過程的數學關系，他們便解釋了這個過程。亞里士多德認爲這個學派過分地注重形式因。

物體可分爲無生命的和有生命的兩大類，亞里士多德對于運動的目的，曾嘗試進行如下并不成功的解釋：

(1)火的上升、石頭的下落等，是爲了達到它們各自的"自然位置"或達到它們各自的"自然目的"。

(2)變色蜥蜴從樹葉向樹枝移動時，其皮膚顏色自動地從翠緑色向暗灰色改變，這種改變過程的目的是力求避免被它的天敵發現。一顆橡樹種子落入土中,按着它既定的方式發育,使它能長大而實現它成爲橡樹的“自然目的”。這些情況是未來的狀況决定了和牽引着現在狀態的發展,達到了“自然目的”。

3.2.2 亞氏困境和緩解

什么叫“自然位置”?“自然目的”?這是難于回答的。

學科的發展,有助于緩解亞氏的困境——什么是過程的目的?由于人類有豐富的感情和復雜的意志,現將人類從生物分出,在下面,按無物、生物及人類三個命題,論述因果關系中的“目的因”。

(1)無生物的過程目的

上面提到的“自然位置”、“自然目的”等概念在亞里士多德時代是較爲神秘的;現在看來,所謂“自然”便是符合或遵循“自然規律”。19世紀以來所發展的熱力學,從大量的自然現象所總結的熱力學第一及第二定律,獲得用能量(E)作判據的下式:

$$\mathrm{d}E \leqslant 0 \tag{2.77}$$

式中,“=”表示平衡條件;“<”表示過程方向。因此,自然過程的方向是能量下降,自然過程的目的是使系統的能量下降。

面臨“滚滚長江東逝水”,逝者如斯,真是“抽刀斷水水更流”。

對于實際的大系統,有時由于時間或空間的限制,即時間太短,或區域局限,可達到“亞穩平衡”或“局部平衡”,使局部的能量爲極小值。

1977年,普里高津獲諾貝爾獎的“耗散結構理論”(Theory of dissipative structure)指出,通過系統與環境不斷交换(或耗散)能量或物質,使原來的無序態保持有序的穩定。這種穩定也可稱爲“動態平衡”或更確切地稱爲“耗散平衡”,即這種平衡是靠“耗散”環境中的能量或物質來維持的。這種遠離平衡的系統可以是物理的,化學的,生物的,甚至社會的。

很奇怪,爲什么用能量作爲過程的判據?爲什么用能量的變化作爲過程的“目的因”?只能説,這是大量事實的歸納;歸納法具有局限性,所歸納的結論有無例外?只能説“没有發現”。

(2)生物過程的目的

不知道爲了什么,它們一切活動的最終目的,都是求生存:或者是延長自己的生命;或者是繁殖,傳下自己的生命。在這里,達爾文的進化論——“生存競争(Struggle for existence),適者生存(Survival to the fittest)”在起作用。爲了生存,這是過程的目的,必須適應,即改變系統的結構(這是内因)或環境(這是外因),使之相互適應而繼續生存。

爲什么生物要求生存?只能説,這是生物的本性,爲什么有這種本性?則口啞,無可回答。

(3)人的生命過程的目的

這是難以回答的人生哲學問題。在下面,只能就生命中某些過程提出一些問題或看法,供進一步探討。

①適者生存。人號稱是“萬物之靈”,但他或她畢竟是一種生物。“適者生存”這一條適用于生物的規律,同樣適用于他們。經歷過“文革”的中國人,實踐使他們更易理解這種人性,知道這種求生存的人生過程的目的:歲寒知松柏,其尖平樹葉,也是爲了適應歲寒;亂世明人性,絶大多數人的言行,都是爲了求生存。

②倫理道德。人之性善或性惡,歷代争論不休。但經濟是基礎,它决定了上層建築。爲了適應“中國特色社會主義市場經濟”體制,必須加强倫理道德教育,使人的生命目的高于一般的動植物;并勵行法治,懲惡揚善,并輔以經濟手段。

③規定目的。對于人間事,依據具體情况,規定目的。例如,對于材料、人才或系統,可分别提出對性能、才能或功能的要求,這些要求便是這些物、人或事的各種過程的目的。這些過程有制造或培育,使用或愛護,移動或流動,弃置或提升,等等。這種類比,便是“材料學方法論”廣泛應用的理性基礎。

④分析(物)與(人、事)問題的差异,在于過程的目的因。對于自然界各種無生物過程,我們用“能量”來分析這些過程的目的因。材料是人所規定的“物”,人才是人所規定的“人”,因而在材料的生産過程及人才的培育過程中,分别將“性能”及“才能”作爲過程的目的因。材料在使用過程中,由于它們是無生物,經常用“能量”來分析過程的目的;但是,人才在使用過程中,由于他們是一類特殊的動物,他們有復雜的意志和豐富的感情,他們是社會的成員,他們生命過程的目的,即過程的方向已如前述。

3.3 結語

(1)對于材料

①生産過程中,“性能”是目的,爲了這個目的而調整:設備→工藝→結構→性能的關系。

②使用過程中,“能量”是目的,能量對平衡“結構”及“過程”的失穩、速度、進度等起着决定性作用。

(2)對于“人”和“事”,對應的“才能”和“功能”是目的,也就是過程的方向。

(3)所有的“物”、“人”、“事”的變化過程都依據表Ⅰ.5所示的外因和内因的關系;令 S、e 及 P 分别表示結構、環境及性能(才能,或功能),則下列兩個基本方程都適用:

$$P=f(S,e) \tag{1.22a}$$

$$S=\{E,R\} \tag{1.23}$$

式中,E 是組元的集合,R 是組元間關系的集合。

4 辯證思維的示例

"禍兮。福之所倚;福兮,禍之所伏。"([C2]第 58 章) (2.78)

4.1 引言

以前各節主要介紹"形式邏輯",它遵循表Ⅰ.3 所示的三條指導規律([C10]p265~278):

(1)同一律

"任何思想如果是真的,那么,它就是真的;如果它是假的,那么,它就是假的。" (2.79)

(2)矛盾律

"任何思想不能既是真實的又是虛假的。" (2.80)

(3)排中律

"任何思想或者是真實的,或者是虛假的。" (2.81)

形式邏輯只從思維形式方面研究思想本身的準確性、無矛盾性與一貫性。形式邏輯不能研究思維形式如何正確反映客觀現實的運動、變化與發展問題。但是,辯證邏輯却要應用表Ⅰ.3 所示的對立統一律、質量互換律與否定之否定律研究這些問題。例如,金屬在水溶液中腐蝕過程有陽極溶解及陰極釋氫。前者耗費了金屬,后者導致氫脆、氫致開裂等,都是有害的。氫在金屬中,是否都有害? 科技界能否利用陽極溶解爲人類服務并創造經濟效益? 下面的 4.2 節及 4.3 節,分別簡示這兩方面的答案。

4.2 氫對材料的有益作用

氫可引起材料的各種損傷;但是,在許多情況下,氫對材料的工藝和性能,確是有益的,舉例如下。

4.2.1 氫對材料工藝的影響

(1)還原氣氛。

(2)細化鈦合金晶粒及其他途徑,提高塑性,改進加工性能。

(3)制備塑性金屬粉末。例如鉭,難于磨成粉末,故先氫化成脆性氫化物,磨細后再加熱,脱氫而獲得鉭粉。

(4)加氫使重油轉化爲輕油。

4.2.2 氫對材料性能的影響

(1)Si-20%(原子)H① ——利用懸挂鍵的太陽能電池。

(2)加氫導致鈦合金的超塑性。

(3)氫化物的儲氫材料。

(4)鉛中加鋰及氫,由于形成氫化鋰,顯著地提高鉛在室温的蠕變斷裂强度及降低室温蠕變速率。

(5)鉑中加氫,通過多次加工,可提高强度,制備純化氫的過濾片。

(6)鐵中充氫,由于勒夏特利埃(Le Chatelier)原理,可提高抗酸蝕能力。

(7)氫化物可用作核反應堆中減速劑、反射器、屏蔽或控制材料。

(8)氫化物用于熱能轉换。

4.3 陽極溶解的有益作用

現從浸蝕(Etching)、化學加工(Chemical milling)及拋光(Polishing)三方面簡介如下。

4.3.1 浸蝕

對于金屬進行化學或電化學浸蝕,可達到如下四個目的:

(1)顯示金相組織

當金相組織中的各相硬度有顯著差别時,則軟相在拋光時磨去較多,在顯微鏡下可區别軟相與硬相;否則,必須選用適當的浸蝕劑(Etchant)才能清晰地觀察到由各相組成的金相組織。

(2)闡明晶間腐蝕的機理

Cihal 及 Prazak 于 1959 年測定了 Cr-Ni 奥氏體不銹鋼中 γ 及 σ 相的陽極極化曲綫:在檢驗晶間腐蝕的 H_2SO_4-$CuSO_4$ 溶液中的氧化-還原電位下,由于 σ 相比 γ 相還稍耐蝕,顯示不出 σ 相在晶界形成時所引起的晶間腐蝕;而在檢驗晶間腐蝕的沸騰質量分數爲 65%的 HNO_3 溶液中的氧化-還原電位下,σ 相的耐蝕性遠低于 γ 相,故能顯示 σ 相在晶界沉澱時所導致的晶間腐蝕。

(3)塑性粉末的制備

應用晶間腐蝕,可以制備塑性合金的粉末。晶間腐蝕后的合金,晶粒之間喪失結合力,使合金的强度幾乎爲零。經過這種腐蝕的奥氏體不銹鋼樣品,外表仍然十分光亮,但輕輕敲擊,便斷成細粉。控制晶粒度號(N),便可確定粉末的平均直徑(D,μm):

---

① 百分数表示(原子)H 的质量分数。

N	1	3	5	7	9	11	13	15
D	250	125	63	32	16	8	4	2

若晶粒再細,細到 0.1 μm = 100 nm 數量級,便可獲得納米級的合金粉末。

(4)制備印刷電路

即溶去多余的導體。

4.3.2 化學加工

與機械加工比較,利用陽極溶解對金屬材料進行化學加工,有四個優點:

(1)適用于表面形狀復雜的構件;

(2)對于已成型的板狀構件,只能用化學加工;

(3)對于加工量較小的構件,化學加工較省;

(4)加工后的表面較光滑。

采用酸性或碱性溶液,對鋁及鋁合金部件進行化學加工,已是工廠的成熟工藝。另一種有趣的成熟工藝是“電解加工”(Electrolytic machining),它將磨削與化學加工結合:加工的部件是陽極,金剛砂輪是陰極,在適當的電解液中通電磨削,砂粒既起到磨削作用,又起到陽極-陰極之間的絶緣作用。

4.3.3 抛光

抛光(Polishing 或 Brightening)有化學及電解抛光兩類,前者不需要外加電流,而后者則需要;它們的共性是表面的突起處溶解快,逐步達到表面光滑。

(1)化學抛光

工廠廣泛地采用這種工藝抛光鋁合金,抛光液爲濃酸或加入氧化劑的稀酸,常用的酸有硫酸、鹽酸、硝酸、磷酸、醋酸等。表Ⅰ.8 列出美國最廣泛使用的兩種化學抛光槽的化學成分及工藝條件。

表Ⅰ.8 美國的鋁合金化學抛光工藝

成分或條件	範　圍
磷酸-硝酸	
85%磷酸的質量分數/%	45 ~ 98
60%硝酸的質量分數/%	0.5 ~ 50
水的質量分數/%	2 ~ 35
温度/℃	88 ~ 110
時間/min	0.5 ~ 5
磷酸-醋酸-硝酸	
85%磷酸的質量分數/%	80
99.5%醋酸的質量分數/%	15
60%硝酸的質量分數/%	5
温度/℃	88 ~ 110
時間/min	0.5 ~ 5

(2)電解抛光

電解抛光易于控制,廣泛地用于各類合金,如鋁合金、不銹鋼、黄銅、鈹青銅、鋅合金、高温合金鋼、低温合金鋼。在電解抛光過程中,金屬陽極溶解産物與電解液作用,在金屬表面形成一層薄膜。這種薄膜有兩種類型:

①陽極溶解産物飽和的電解液粘性膜。

②陰極釋放的氣體,一般是氧。

在大多數工業上采用的電解液中,這兩種膜同時存在,如圖Ⅰ.15 所示。這種膜的外貌(AB)大致與金屬表面外貌(CD)平行,而與表面的微觀形貌(yxwvu)無關。繼續電解抛光時,金屬表面的突出部分 y、w、u 較易溶解,從而趨于表面光滑。表Ⅰ.9 示例地列出各類合金的電解抛光的工藝條件,供參考。

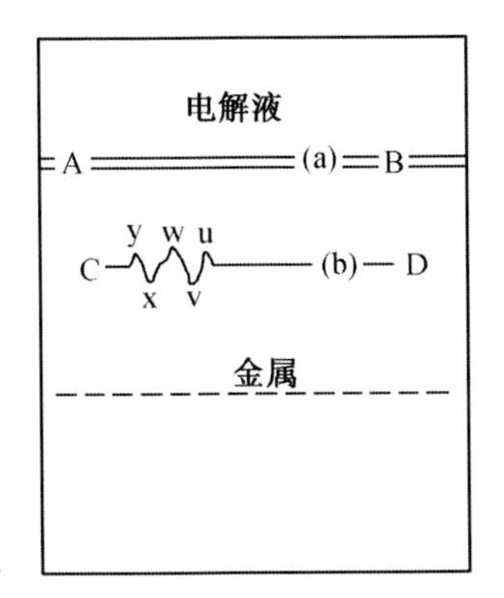

圖Ⅰ.15 電解抛光過程中金屬表面(CyxwvuD)與膜表面(AB)大致平行

表Ⅰ.9 美國的各類合金的電解抛光工藝

合金	電解液成分-質量分數/%	温度/℃	電壓/V	電流密度/(A·m^{-2})
鋁合金	Na_2CO_3-15,Na_3PO_4-5,H_2O-80	80~83	9~12	220~230
不銹鋼	H_2SO_4-41,H_3PO_4-45,H_2O-14	77~110	12	2 200~3 770
銅合金	H_2SO_4-14,H_3PO_4-59,鉻酸-0.5,H_2O-36.5	16~77	—	1 080~10 800

(3)N 型半導體的抛光特征

半導體芯片在制造過程中,需要多次應用腐蝕原理進行抛光,例如,切割形成的表面變形層,需要抛光去掉。

有别于金屬及 P 型半導體,N 型半導體的腐蝕陽極過程的進行,較困難,原因如下述。令 X 代表金屬 M 或半導體 S,則腐蝕的陽極過程是:

$$X \rightarrow X^{+} + e^{-} \tag{2.82}$$

電子的能帶理論指出,金屬及 P 型半導體的能帶含低能的空穴(h^{*}),陽極過程釋放的電子(e^{-})極易填充這個低能量的能級。N 型半導體則不然,没有這種低能量的電子接受這些電子,只能與已填充的能帶中空穴(h^{*})反應:

$$e^{-} + h^{*} \rightarrow 0 \tag{2.83}$$

而安居其位。但是,這種 h^{*} 的濃度很低,很快耗盡,需要從半導體的内部擴散至表層,才能滿足(2.82)式向右進行。這種擴散限制了抛光的溶解速度,僅約爲 20A/m^2。

理解了上述物理過程，便可采用表面層的“光激活”(Photoexcitation)或加熱整個芯片，從而增加拋光速度。

4.4 腐蝕廣論

材料腐蝕的定義可采用：

“材料腐蝕是材料受環境的化學作用而破壞的現象。” (2.84)

將材料改爲系統，得到：

“系統腐蝕是系統受環境的化學作用而破壞的現象。” (2.85)

4.4.1 環境

環境可分爲“自然環境”和“社會環境”兩大類，簡述如下。

(1)自然環境

人類生活在地球上，依靠地球上的水生活和生存。很幸運，地球上有大片的海洋，而在陸地上，還有不少的江河湖泊。但是，也正是這些水和水溶液，通過腐蝕過程，擔當大自然母親的大軍，爲她討回本來是屬于她的東西——礦石：

“大自然常常有這樣一種傾向，就是討回她的兒子——人——從她那兒借去而加以安排結合的、那些不爲普遍宇宙過程所贊同的東西。”([C5]p9) (2.86)

在材料界，人類從大自然母親那兒借來金屬礦石，耗費能量，制造金屬，進一步加工而成橋梁、船舶、鋼軌、銅像、房屋……有時是赫然而存。但是，大自然的風雨、潮汐、日照……日夜不停地工作，通過腐蝕、磨損、斷裂等方式，討回本來是屬于她的東西。就是人類本身，也是浩劫難逃！但是，作爲人類整體，仍在與大自然斗争，改變環境和材料的結構，提高材料的性能，反抗材料的失效；并且改變生活環境，醫治人類器官，企圖延長人類的壽命！

應該强調指出：自然變化后的結果又可改變原來的結構和環境，導致新的變化，以材料爲例：

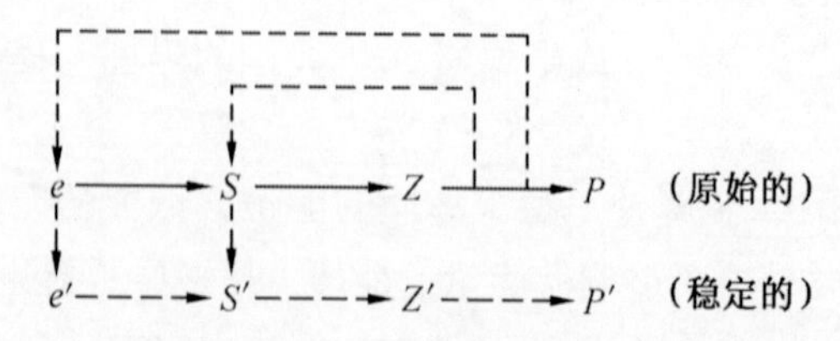

圖Ⅰ.16 自然變化后的變化

圖中的 $e(e')$、$S(S')$、$Z(Z')$及 $P(P')$分别代表環境、結構、過程及性能

大自然還存在品類繁多的細菌，它們既可有助于農作物的成長，而那些病菌，又催促人類的早亡。

(2)社會環境

自從人類社會采用財産私有制并使用貨幣(俗稱金錢)之后,人類需要金錢才能生活及更好地生活;但是,金錢又是腐蝕(或叫腐敗)人類靈魂的有效“化學物質”!

權勢可爲人類做許多好事,但它與金錢一樣,或通過金錢而使政經腐敗!

對于經濟體制,也提出類似材料界的方針:

“治理經濟環境,整頓經濟秩序(即結構),全面深化改革。” (2.87)

4.4.2 腐蝕廣論

“水”及“金錢”是人類社會的兩大腐蝕介質,人類需要它們,又要警惕它們。此外,人類飲食也是一種腐蝕現象:被腐蝕的,是食物,而人類成了腐蝕介質。人類因感染而生病時,細菌成了干壞事的腐蝕介質,而人類又一次成了被腐蝕的對象。有感于此,成詩十首,廣論腐蝕,相互啓迪。

腐蝕廣論(十首)

廣思天下,地上,人間腐蝕事,頓悟物理,事理,人理相通。用因緣之道,仍可延年益壽。曾成詩九首,抒情達意,明理述懷。今思人類與酶菌,均生物也:人類食糧可成長;酶菌食糧貢獻美酒。腐蝕這個壞事可變好事,爲人類效勞。增加“生物腐蝕”一首,成全了腐蝕,糾了偏。

(一)金屬腐蝕

頑童借礦石[①],冶煉化成寶。巧制成器皿,人類齊夸好。

天下至柔水,攻堅誰比高[②]?慈母遣水兵,追回銹蝕投懷抱[③]。

(二)政經腐蝕

金錢如聖水,覆舟載船巧[④]。鬼谷揣摩術[⑤],仍需財貨飽。

孫吴兵法商[⑥],聖智用間妙[⑦]。説客間諜輩,腐敗人才無節操。

(三)自然奇景

盤古開天地,山川風雨雕。有理復有情,江山何多嬌。

腐蝕創奇景,游客齊贊竅。宇宙風化事[⑧],誰是導演誰知曉[⑨]?

(四)凡人存亡

墜地呱呱嚎,飽食安睡好。中壯勇拼搏,曾有幾歡笑?

磨損又疲勞,腐蝕促衰老。孺子如礦石,慈母思念回懷抱[⑩]。

(五)大厦傾倒

雕梁巨柱新,大厦何風騷。蟲食上梁歪,風化鋼筋凋。

腐蝕又腐敗,大厦易傾倒。狠心勿忌醫,延年益壽晚悲悼。

(六)醫治預防

宇宙與人世,共驚腐蝕妙。世上有情人,離別悲難消。

諸法因緣起[11],環境慎理調。强身優結構,延年益壽醫護好。

(七)英雄盡折腰

道理互通融,人事與材料。凡人驚奇景,出没有共道。

醫防人所望,悲傷物早夭。宇宙腐蝕事,無數英雄盡折腰[12]。

(八)回皈何必殤

金屬腐蝕自然勢,政經腐敗社會殤;

自然奇景宇宙創,凡人回皈何必傷?

萬年地層顯滄桑,大厦自毁太匆忙;

覆巢之下無完卵,衆志成城齊救亡。

(九)諸法因緣起

相逢聚情難離别,延年益壽人共望。

佛語諸法因緣起,英雄折腰覓預防。

(十)生物腐蝕

人類腐食壯成長,美食腐臭非人望。

酶菌食糧成美酒,李白斗酒詩豪放。

稀散寶礦何回收? 細菌選冶有所望。

白色污染逞剛强,降解酶菌馳疆場。

注:①人類,大自然母親的頑童,違背自然的意願,借來礦石,冶煉金屬。

②"天下莫柔弱于水,而攻堅者莫之能勝。"([C2]第 71 章)

③礦石,本屬于大自然慈母,她思念它,要向人類討回。

④"君,舟也。人,水也。舟能載舟,亦能覆舟。"(《貞觀政要·政體篇》)

⑤鬼谷子爲蘇秦、張儀之師,縱横家之祖,講揣摩術,説服人君。

⑥孫武著《孫子兵法》,兵書也,后人經商,也引用。

⑦《孫子兵法》第十三篇"用間",重用間諜:"非聖智不能用間,非仁義不能使間。"

⑧地質界的"風化"(Weathering),即岩石的大氣腐蝕也。

⑨英雄時勢誰主造? 千年紛争從未停。

⑩大自然母親思念她的兒女——礦石。

⑪"因"爲關系,即系統的結構,"緣"爲條件,即環境;它們分别對應于事物變化的内因和外因。

⑫毛澤東《沁園春·雪》:"江山如此多嬌,引無數英雄盡折腰。"

第3章　系統分析

（［A11］p121～183）

系統論——"從全體來推論部分比從部分來求解全體要容易得多。"（［C44］p687）　　(3.1)

本章將簡明地回答四個問題:"系統"是什么?"系統分析"的核心內容是什么?"結構分析"與"系統分析"之間有什么關系?"反饋"在材料學中有什么應用?

1　系統的定義

從物理化學,我最早知道的、到現在仍然最喜歡的系統定義是:

"研究的對象叫做系統(s),宇宙(u)中系統以外的部分叫做環境(e)。"　　(3.2)

這個定義使宇宙變得很簡單,它只有兩部分:

$$u = s + e \tag{3.3}$$

這個定義的另一優點是:具體事物有時是系統,而另一個時候又可以是環境。例如,研究夫妻組合的家庭時,夫與妻都是 s 中的組元(E,Element);當研究丈夫時,丈夫是 s,妻子則是 e 中的一個組元。

20世紀70年代后期,我學習系統論時,注意到系統的定義不少。例如,系統論創始人之一貝塔朗菲給出如下的定義:

"系統是由相互聯系的組元(E)的、與環境(e)發生關系(R)的總體。"　　(3.4)

其中,"相互聯系的組元的……總體"便是材料學者熟悉的"結構",即材料學的第二基本方程:

$$S = \{E, R\} \tag{1.23}$$

式中,E 是系統中組元的集合,R 是組元之間關系的集合。"與環境發生關系"這個內涵包括了材料的隔絶、關閉、開放系統。系統的功能 P 便是 e 與 S 的函數:

$$P = f(S, e) \tag{1.22a}$$

這是材料學的第一基本方程。

錢學森從控制論角度强調了系統的功能(P):

"系統是由相互依賴的若干組成部分結合而成的具有特定功能的有機整體。" (3.5)

其中,系統的功能對應于材料的性能。材料學的先驅——金屬學,很早就將"結構和性能"作爲幾乎是全部的研究内容。

在系統工程的專著或教科書中,系統定義的内涵都遠較(3.2)多,綜合這些書中的十余個定義得到:

"系統是由兩個或兩個以上相互聯系和作用的、物理的或抽象的組元所構成的綜合體,它是爲了完成一個統一目的而組合的,其功能是從環境接受信息、能量或物質,并按時間的程序而産生信息、能量或物質。"([A11]p121) (3.6)

這個定義的内涵最多,按照邏輯學中内涵和外延的反變關系,則(3.6)的外延將會最少。如采用(3.6),則組元間的交互作用可忽略不計的理想氣體不是系統,與環境没有物質、能源或信息互换的隔絶系統也被劃外,没有統一目的或時間程序的,不是系統。還應該指出,定義(3.6)包括了材料學中四個核心問題:結構,功能,環境,過程(按時間程序而産生)。表Ⅰ.10比較了上述四個定義中的内涵,其中(3.2)最少,(3.6)最多。

表Ⅰ.10 系統定義中内涵的比較

定義		(3.2)	(3.4)	(3.5)	(3.6)
内涵	結構	X	O	O	O
	環境	X	O	X	O
	功能	X	X	O	O
	過程	X	X	X	O

X表示無,O表示有。

從哲學角度考慮,S 及 e 分别是變化的内因及外因,P 是變化的結果,具體變化叫做過程,設爲 Z,則:

$$e \to S \to Z \to P \tag{3.7}$$

推而廣之,e 包括自然環境及社會環境。

2 系統分析

2.1 定義和内容

"在明確系統目的的前提下,分析和確定系統所應具備的結

構、功能和相應的環境條件,便是系統分析。" (3.8)

狹義的系統分析包括如圖Ⅰ.17所示的模型化和最優化,而廣義的系統分析則有如圖Ⅰ.17所示的四步:

(1)系統目的的分析和確定。這是系統分析的基礎,爲模型化取得必需的信息。

(2)模型化。建立不同模型,進行比較。

(3)最優化。運用最優化理論,求幾個替換解。

(4)系統評價。依據限制條件,決定最優解。

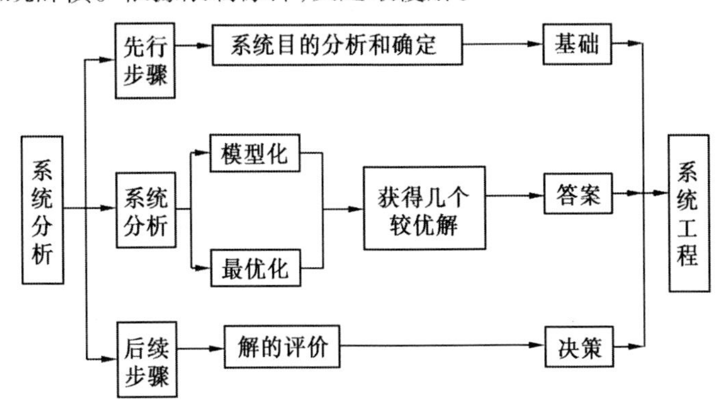

圖Ⅰ.17 系統分析與系統工程

2.2 作用和重要性

(1)可進行創造性思維,有助于發現、表達和分析問題。

(2)技術開發的重要途徑,例如美國阿波羅登月計劃。

(3)人類認識自然的螺旋式上升:

古代自然知識→近代實驗科學→現代自然科學理論;

綜合→分析→系統分析。

2.3 模型化技術

"模型化(Modeling)是用適當的文字、圖表或數學方程來表述系統的結構和行爲的一種科學方法。" (3.9)

這里的"行爲"便是材料的"性能",系統分析主要是結構分析。明確系統内"組元"的集合(E,Element)和組元之間關系的集合(R,Relationship),則系統的結構(S,Structure)便是:

$$S = \{E, R\} \tag{1.23}$$

建立模型時的一個重要步驟是抽象,將系統内組元間、組元與環境間的相互關系和作用,抽出來用若干參數來表示,然后運用已有的科學原理或實驗規律,確定這些參數之間的關系。若這個關系能用數學方程表示,那么這個數學方程便是表述這個系統的數學模型。這些關系簡示如下:

系統 —抽象(現象—本質)→ 屬性的各參量 —科學原理 實驗規律(原因—結果)→ 數學方程　　(3.10)

模擬也叫做仿真(Simulation),是模型化的繼續。模型化是表示系統的一種科學方法:有了模型之后,還必須采用某種模擬方法,對這個初步模型進行測試或計算,然后依據結果,對初步模型進行考核。模型化和模擬之間的關系如圖Ⅰ.18所示。

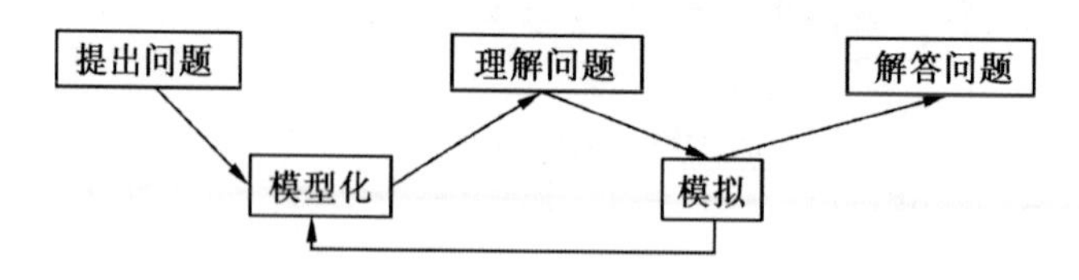

圖Ⅰ.18　模型化與模擬

模擬有幾何、數字、物理(電)幾種技術;依據(1.23),測定物質(或材料)結構中的 E 和 R,也是一種建立模型的技術。常用的系統分析技術有模型化、最優化、評價、決策和預測,其中模型化是一個最重要的環節。

2.4　最優化技術

"模型化"與"最優化"可分別簡稱爲"模化"與"優化"。

"系統的最優化(Optimization)是在限制條件下求目標函數爲最大或最小值的科學方法。"　　(3.11)

一般認爲,最優化技術是運籌學的一個分支,因爲運籌學還包括排隊論、決策論、博弈論、優選法、控制論等;在另一方面,運籌學的目的從廣義來說,也是在求最優化,因此,最優化又是運籌學中的基本思路和主要技術。

3　模型化與結構設計

模型化就是建立模型,"建立"與"設計"都是動詞;而"模型"和"結構",只是不同領域的工作者用不同的語詞表達遵循同一方程式(1.23)的不同事物,因此,處理它們的方法是可以相同或相通的。近十年來,經濟工作的方針也喜用"結構"二字,因而處理方法也可類比相通([B26]):

1989年:"治理經濟環境,整頓經濟秩序,全面深化改革。"

1992年:"調整結構,提高效益。"

1993年:"優化結構,提高質量,增進效益。"

1994年:"抓住機遇,深化改革,擴大開放,促進發展,保持穩定。"

"深化改革"什么?如圖Ⅰ.19所示,應是改革"結構";這里的"秩序",包括動態及靜態"結構"。

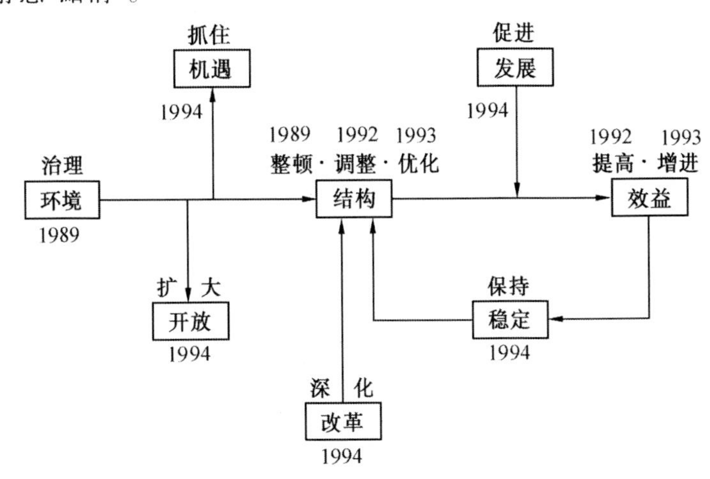

圖Ⅰ.19　1989至1994年我國經濟工作方針

4　反饋的應用

4.1　概念

"把系統的輸出反過來送到輸入端,從而對輸出產生影響,這個過程叫做反饋。"　(3.12)

反饋這個概念被廣泛地用于對機器、動物、經濟、社會等各種系統的控制。這是一種簡單而有效的控制方法,因爲它只利用受控量的實際值與目標值的差异來進行控制,只考慮一個因素;另一方面,也不要去過問產生差异的原因。依據反饋是增强或減弱了輸入,分别叫做正反饋或負反饋,它們分别是增加或減少目標值與實際值的差异。

本節嘗試探索反饋這個概念在材料學中的應用。

4.2　學術實踐的慎思

4.2.1　合金鋼的研究

20世紀五六十年代,我研究不銹鋼。首先,需要理解"不銹性"。此詞譯自英詞"Stainless";"-less"及"不"都有些絶對化,哪有"不銹"的鋼?查1951至1954

年兩卷的 Monypenny 經典著作“Stainless Iron and Steel”,書中引用一個發人深思而令我終身難忘的研究結果:在稀鹽酸中,低碳鋼的腐蝕速度反而低于含鉻的不銹鋼。早已查明:含鉻不銹鋼的“不銹性”,來源于在氧化性介質中所形成的富鉻的鈍化膜。也就是說,這種腐蝕變化后的材料表面結構不再是不銹鋼,而是鈍化膜。

20 世紀 70 年代,我曾進行高碳[$w(C)\approx1.2\%$]高錳[$w(Mn)\approx12\%$]奥氏體鋼的研究。這種鋼固溶處理后很軟,布氏硬度在 170 ~ 210 範圍内,使用過的、用這種鋼制作的碎石機顎板及車軌叉道的表面布氏硬度可超過 500,而在表面下 20 及8 mm處的布氏硬度只有 220。一般認爲,在使用過程中,表面層形成大量的層錯、ε 馬氏體、細小亞晶等,導致這種硬化。也就是説,這種摩擦后的材料表面結構不再是軟的奥氏體結構,而是復雜的加工硬化組織。順便指出,在我國材料界,習慣于用“組織”來描述尺度較大的結構,如顯微組織、宏觀組織等;“結構”來描述較細的結構,如晶體結構、原子結構、電子結構等;(1.23)中的 E 是“成分”,R 是“狹義的結構”,S 是“結構”或“組織”。這只是習慣而已。

4.2.2 斷裂機理的研究

20 世紀 80 年代到 90 年代中期,我們集中力量研究斷裂,特别是環境斷裂機理,即化學環境(主要是水溶液)及外力協同作用下對材料的破壞。這有兩方面機理:氫致開裂(Hydrogen Induced Cracking,簡稱爲 HIC)和應力腐蝕開裂(Stress Corrosion Cracking,簡稱爲 SCC);它們都涉及斷裂過程中局部化學環境和材料結構的變化,它們分别强調陰極釋氫和陽極溶解的控制作用。簡述如下。

(1)HIC——有兩個重要問題需要回答

①在中性水溶液(pH≈7)中,一般金屬結構材料如 Fe、Al、Ti 等,爲什么能放氫?

②所釋放的氫,對金屬材料的結構又有什么作用?

熱力學計算和實驗測定結果表明:在中性的質量分數爲 3.5%的 NaCl 水溶液中,裂紋尖端構成閉塞電池,其 pH 值降低到:

材料	結構鋼	鋁合金	鈦合金
pH 值	4	3.5	2

可以放氫,所釋放的氫在裂紋尖端區的富集及導致的形變、相變及化變,改變了材料裂紋尖端區的結構,促進了斷裂。

(2)SCC——腐蝕對于應力有無影響

實驗測定,腐蝕可導致拉應力,叠加在外加載荷,促進了斷裂。這兩方面的大量研究結果表明,應力腐蝕過程既改變了局部的化學和力學環境,又改變了表面區的材料結構。

4.2.3 耗散結構理論的啓示

材料在使用時,是一個開放系統,它與環境可以交換物質和能量,形成遠離平衡的結構;對于這種結構的穩定性,已超過經典熱力學的適用範圍,可用"耗散結構(Dissipative structure)理論"來處理。這個理論是普里高津(Prigogine)于1970年在國際理論物理和生物學會議上提出的,能處理開放系統,可應用于物理、化學、生物、天文、地學、農業等領域,于1977年獲諾貝爾獎。在他的新著《探索復雜性》討論這種理論應用時,已將耗散結構泛指爲:

"從環境輸入能量或/和物質,使系統轉變爲新型的有序形態,叫做耗散結構。" (3.13)

因爲這種結構依靠不斷地耗散能量或/和物質來維持,所以叫耗散結構;不僅開放系統可有這種結構,封閉系統與環境有能量交换,也可有這種結構。

材料在制造和使用過程中,都是開放系統,應用"耗散結構"這個新概念,可以解釋許多已知現象,并啓示新的思路。表Ⅰ.11 列出一些材料的耗散結構實例,這都是無意産生、事后總結的。

表Ⅰ.11 材料的耗散結構實例①

例	材　料	環　境	耗散結構
1	高錳鋼	力的摩擦	層錯,ε 馬氏體
2	不銹鋼	含氧的化學介質	鈍化膜
3	相變誘生塑性鋼	外力	相變結構
4	ZrO_2	外力	相變結構
5	發汗材料	熱	蒸發氣
6	消振材料	聲	消振結構
7	鋼鐵	水介質及外加電流	陰極保護結構

①[A8]p532。

本表的繼續是第12章的表Ⅱ.16;本表的説明見第12章3.3.3節。

4.2.4 材料微觀現象的新反饋

從上述的三方面學術實踐后的慎思,可以看出:若(3.13)發生過程(Z)之后有反饋,從而影響 S,e,或 $S+e$;如:

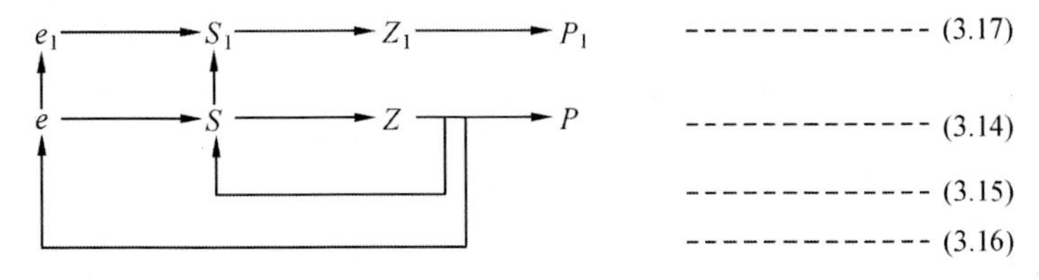

則進一步起作用的，是 S_1 及 e_1，而不是原來的 S 及 e，這是一種新反饋，這種新反饋發生了“質變”。控制論中的反饋，只是信息量增及減的“量變”，分别稱之爲正反饋及負反饋。反饋的定義(3.12)同樣適用于這種新反饋。

第 4 章　簡易材料論

([B45])

《易傳》雲:

"易一名而含三義:易簡一也;變易二也;不易三也。一易則易知,簡則易從。"([C1]p7)　(4.1)

《中庸》雲:

"博學之,審問之,審思之,明辨之,篤行之。"([C1]p1632)　(4.2)

圖Ⅰ.7 中的"材料學的方法論"包含四部分,其中三個分析方法已在本書的前 3 章,以"材料"爲例簡述,并在專著[A11]、[A14]、[A15]中較詳細地介紹,請參考。本章專述"簡易材料論",或叫"簡易材料觀",不包括表Ⅰ.12 中的引論。

本章分三節:引言,分論,結語。

1　引　言

1943 年著者大學畢業后,有幸連續地在材料的一些領域從事各項科技工作,通過學、問、思,希望有益于辨和行[(4.2)],深感材料是在變易的,并遵循不易的規律,按照古訓[(4.1)],嘗試以簡易的方式,陳述材料學領域内不易的變易規律,闡明對材料的觀點和處理方法。本章全部内容見表Ⅰ.12,它們都屬于"微觀材料學"。

分論和結語共 6 命題(表Ⅰ.12 中第 5 至第 10 章),計 19 個方法或觀點;表中其他内容已散見于以前章節:

材料	第 1 章第 1.1 及 2.2.2 節
問題	第 1 章第 2.2.2 節
推理	第 2 章第 2 節
因果	第 2 章第 3 節

如不分散,本章就難"簡易";如照搬原文,又有不少重復,只好這樣互參。

表Ⅰ.12 簡易材料論内容

命題	不易方法	變 易 內 容
一 引論		
材料	1定義	五判據,屬+種差
問題	2模化	十命題,組元+關系
推理	3邏輯	二區分:必然性,創造性
因果	4分析	形式因,質料因,作用因,目的因
二 分論		
性能	1符號	7×7矩陣,四分析
結構	1方程	三問題:層次,測定,控制
環境	5歸納	五對待:適應,改變,利用,學習,保護
過程	3邏輯	三原理:方向,路綫,結果
能量	8分析	結構(1),過程(6),性能(1)
三 結語		
觀點	1總結	

2 分 論

本論簡易地陳述材料五個微觀命題的觀點或方法——性能、結構、環境、過程、能量。

2.1 性能—— 一個符號

"材料的性能是一種參量,用于表征材料在給定外界條件下的行爲。" (4.3)

這個定義陳述了材料性能的内涵,參考圖Ⅰ.20,可用參量"P_{ij}"表達,還可用 P_{ij}來劃分性能。當 i 及 j 爲 1,2,3,4,5,6 及 7 時,分别對應于力學、聲學、熱學、光學、電學、磁學及化學信息;i 爲輸入,j 爲輸出——反射、吸收、傳導、轉换:

當 $i=j$,則有反射、吸收、傳導共 3×7=21 種性能;

當 $i\neq j$,則有 7×6=42 類轉换性能,如 P_{35}爲熱電性,P_{45}爲光電性等。

若用 i 及 j 分别表示輸入量及輸出量,S 爲材料的結構,e 及 t 分别爲環境

及時間,則性能分析方法可用下列方程表示($P = P_{ij}, i = j$):

黑箱法: $K = P \cdot I$ (4.4)

相關法: $P = fe(S)$ (4.5)

過程法: $P = F(e, S)$ (4.6)

環境法: $P = \Phi(e, t)$ (4.7)

人才的才能和事物的功能可類比于材料的性能,進行分析。

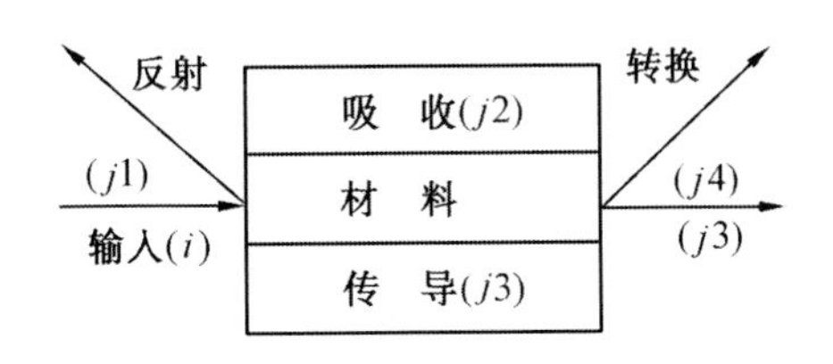

圖Ⅰ.20　信息的輸入和輸出

2.2　結構——一個方程

"系統的結構是它的組元及組元間關系的總和。" (4.8)

若組元的集合、關系的集合及系統的結構分别用 E(Element)、R(Relationship)及 S(Structure)表示,則:

$$S = \{E, R\} \tag{1.23}$$

我曾定義材料的結構:

"材料的結構是它的組元及其排列和運動方式。" (4.9)

"組元"則依層次不同而分别有基本粒子、質子、中子、電子、原子、幾何學組元(空位、位錯、晶界、相界、表面等)、分子、相、裂紋、缺口等;"關系"則包括排列方式及運動方式,后者包括原子振動所導致的聲子,電子平移運動引起的布里淵區、費密球、禁區等以及電子自旋導致的磁子等。

結構的測定實質上是采用(4.4)的黑箱法。例如,輸入的 X 射綫波長爲 λ,輸出的衍射角爲 θ,則依據布喇格方程:

$$n\lambda = 2d \sin\theta \tag{4.10}$$

可以計算未知的結構參量 d。

結構是一個用途很廣的概念,除物以外,還用于人、財、事:

(1)人——人體結構、細胞結構、階級結構等。

(2)財——金融結構、投資結構、成本結構等。

(3)事——社會結構、政府組織、學校組織、教育結構、科研結構、知識結構、詩詞結構等。

2.3　環境——五個對待

時勢造英雄? 英雄造時勢? 爭論難休。時勢便是環境,可以采取五方面措施,正確地對待環境。

(1)適應

經濟是基礎,當經濟體制改變了,爲了適應這個大環境,上層建築必須隨着改變;生物進化以及大自然選擇生物品種,遵循着“生存競争,適者生存”的生物學原理;入境隨俗,也是爲了適應環境等等。

(2)改變

水溶液中加入緩蝕劑及排除氧氣,金屬表面覆蓋防蝕涂層,都是爲了降低腐蝕而改變化學環境;爲了加速和增加化學反應而加入的催化劑,也是改變化學環境;材料表面引入殘余壓應力,從而改變力學環境;電磁波屏蔽、熱阻擋層及聲吸收層分别是改變電磁、熱學及聲學環境;孟母三遷其居,爲的是改變學習環境,使孟軻能勤學;人才分流的目的之一,便是改變人才的使用環境,使人能盡其才;等等。

(3)利用

化學環境可以腐蝕金屬材料,在另一方面,我們又可以利用腐蝕,例如,金相試樣的浸蝕,電解抛光,電化學加工,利用奥氏體不銹鋼的晶間腐蝕制備粉末,電化學保護的犧牲陽極等,都是在利用化學環境。氫脆、氫致開裂使人們認識到氫這個環境的有害作用,但材料工業中,將氫作爲合金元素或有用元素來應用的事例也是不少的。利用耗散結構理論來增進材料的性能,也是利用材料與環境的交互作用。社會現象利用環境的事例也是不少的,國與國之間的間諜、不法商人等,都在利用金錢的腐蝕作用,改變工作環境而獲暴利。

(4)學習

觀察環境,向環境學習,可以受到啓示。例如,向環境中的生物功能學習,出現了仿生學及仿生材料;人們旅游埃及,看到木乃伊及金字塔,應分别在防腐技術及工程建築方面有所借鑒。1980年春,我自重慶沿長江東下,長江輪的航行,佐證了我提出的自然過程三原理。

(5)保護

人類即是一類動物,容易大發“獸性”,對自然環境進行自私的無厭掠奪,導致大地千孔百瘡,藍天昏暗;大自然必將對人類進行更無情的報復。爲了人類群體和子孫萬代,通過教化和刑罰,文明人重視了環境的保護。材料的五個現代判據中,資源、能源和環保便是涉及環境的三個戰略性判據:汽車給人類帶來了方便和舒適,但對所排出尾氣的成分,文明社會已嚴加限制;鋼廠的污染問題不能解决,則被迫關閉。從積極方面考慮,“三廢”的妥善處理,化害爲利,已形成巨大産業,降低整個生産的成本。重視保護自然環境,社會幸甚,子孫萬代幸甚!

以詩一首,總結本節五觀點:

"英雄時勢誰主造？千年紛争從未停。
諸法因緣起，系統臨環境：
適應求生存，改變更長命；
學習獲啓示，利用争優勝！
掠奪無厭顯獸性，環境人類互依存。
天地厚人類，回報何無情？
千孔又百瘡，藍天已昏沉；
人類有后代，環保減報應！" (4.11)

2.4 過程——三條原理

"自然過程總是朝着能量降低的方向、遵循阻力最小的路綫進行的，其結果是適者生存。" (4.12)

應用演繹法、歸納法及類比法可以分别證明這三條過程原理。

(1) 方向

能量下降。從熱力學第二定律可以導出不同限制條件下的不同能量判據（U 爲内能，H 爲焓，F 爲自由能，G 爲自由焓）：

絶熱恒容：$(\mathrm{d}U)_{S,V} \leqslant 0$ (4.13)

絶熱恒壓：$(\mathrm{d}H)_{S,p} \leqslant 0$ (4.14)

恒温恒容：$(\mathrm{d}F)_{T,V} \leqslant 0$ (4.15)

恒温恒壓：$(\mathrm{d}G)_{T,p} \leqslant 0$ (4.16)

而：

$$H \equiv U + PV, F \equiv U - TS, G \equiv H - TS \quad (4.17)$$

(2) 路綫

阻力最小。從物理及化學中的大量變化，如水流、電流、熱流、光程最短時間原理、力學中最小作用原理、塑性變形的最小阻力原理、化學反應及相變選擇最小激活能途徑，我們可以歸納出過程的第二原理：自然過程有着盡量快地降低能量的傾向，簡述爲，自然過程的路綫是阻力最小。

(3) 結果

類比生物進化的規律：生存競争，適者生存，即相互競争的各種自然過程的結果是適者生存。"適"是指適應所存在的環境，對于無生物的材料來説，只是第二原理的補充。

1980 年，我乘長江輪自重慶東下，在欣賞沿途文物、風光中成詩一首，最后三句分别佐證上述的自然過程三原理：

"我欲降勢能，東行方向明；

今有航標在,前進路綫清;
回顧艱坎路,方悟適者存。” (4.18)

2.5 能量——八個分析

運用能量的觀點,可以分析下列的八類材料結構、過程和性能問題。

(1) 平衡結構

求能量極小值所對應的結構。設結構及能量參量分别爲 X 及 Y,由:

$$Y = f(X, T, P) \tag{4.19}$$

解:

$$f' = \frac{dY}{dX} = 0 \tag{4.20}$$

求 Xe。驗證:

$$f'' = \frac{d^2 Y}{dX^2}(X = Xe) > 0 \tag{4.21}$$

(2) 過程失穩

求能量極大值所對應的結構。同(4.19)及(4.20),僅(4.21)的驗證條件改爲:

$$f'' < 0 \tag{4.22}$$

以形核理論及斷裂力學的裂紋擴展爲例,則 Xe 分别是臨界晶核尺寸及臨界裂紋長度。

(3) 過程方向——$\Delta Y < 0$。

(4) 過程選擇——$|\Delta Y|$ 最大。

(5) 過程速度

從過程激活能 Q 計算化學反應速度 V 及擴散系數 D:

$$V = V_0 \exp(-Q_C/RT) \tag{4.23}$$

$$D = D_0 \exp(-Q_D/RT) \tag{4.24}$$

(6) 過程類型

從 Q_D 可以判斷擴散的類型;從 Q_C 可判斷化學反應的類型。

(7) 過程進度

從化學反應的標準自由焓變化 ΔG_T^0 可計算平衡常數 K:

$$\Delta G_T^0 = -RT\ln K \tag{4.25}$$

對于化學反應:

$$aA + bB + \cdots \longrightarrow 1L + mM + \cdots \tag{4.26}$$

從 K 的定義:

$$K \equiv \left(\frac{a_L^1 \cdot a_M^m \cdot \cdots}{a_A^a \cdot a_B^b \cdot \cdots}\right)_{平衡} \tag{4.27}$$

所計算的 K 值及反應物的活度($a_A, a_B, \cdots$)可計算反應產物的活度

($a_L, a_M, \cdots$),從而可知道(4.26)化學的反應過程進行的程度。

(8)性能參量

材料的韌性是材料的强度和塑性的綜合表現;表面光滑、缺口及裂紋試樣所測定的韌性,都可换算爲能量參量。磁性材料的磁回曲綫,由矯頑力(H_c)及剩余磁感(B_r)所界定,它所包含的面積——磁能,是一種性能:軟磁材料要求這個面積小而瘦長,則鐵損小而磁感高;硬磁材料則要求這個面積肥大,則儲能大。

3 結 語

(1)在分論中

用一個符號及一個方程分别表示"性能"和"結構";總結對"環境"的五個對待;用演繹法、歸納法及類比法分别導出自然"過程"三原理——方向、路綫及結果;總結八個"能量"分析方法。

(2)材料觀

在《合金能量學》([A6])的最后一段,得到一段話:

> "我們面臨的是有缺陷的材料,它們在形成過程中,由于相互競争的過程的結果,留給我們的,只是適于生存的各種亞穩相。我們應該從結構不均匀概念和動力學觀點,用以能量爲控制因素的過程三原理(方向、路綫、結果),去理解和控制材料的現象。" (4.28)

(3)事物觀

擴充材料觀,結合以前的論述,獲得五點事物觀,供商討。

①滄桑是正道。"已見東海三爲桑田",宇宙形成、地殼風化、歷史演變、生老病死……莫不如此。

②"諸法因緣起"。"因"是關系,是變化的内因;"緣"是條件,是變化的外因;這正是表Ⅰ.7所論述的因果關系。

③實踐是第一。真理只有通過實踐來檢驗,這是《實踐論》的思想。

④事物無完整。材料和事物都有缺陷,材料不可能没有缺位和雜質。

⑤系統需開放。弱秦引進人才而吞并中原;絲綢之路大開放,導致漢唐盛世;這也是圖Ⅰ.19中"二十字方針"所包括的"擴大開放"。

第Ⅱ篇　分　論

——依據宏觀材料學的結構,分論各組元——

依據材料學的第二基本方程:

$$S = \{E, R\} \tag{1.23}$$

在第5章"引論",先簡述材料學結構及宏觀材料學結構(S)中各組元(E)之間的關系(R);在隨后的第6至第12章,則分論宏觀材料學中各組元(E)。

第5章　引論——書的結構

"從事物的內部結構探尋它們變化的內因。" (5.1)

1　材料學的劃分

宏觀材料學和微觀材料學是符合邏輯學劃分規則的材料學劃分,比較它們的定義[(2.32)及(2.33)],可理出它們之間的三點主要區別:

(1)環境

微觀材料學分析自然環境的作用;而宏觀材料學則側重考慮社會環境的作用,對自然環境則考慮資源、能源、環境污染等宏觀問題。

(2)結構

宏觀材料學考慮材料的宏觀結構,這種結構是以材料的"種"、"類"、"小類"等宏觀組元而構成材料這個"屬";微觀材料學則考慮材料的微觀結構,這種結構包括"相"所構成的顯微組織以及更微細到原子、電子的層次。

(3)輸出

微觀材料學研究材料的性能這種自然現象,而宏觀材料學則研究材料對人類社會的功能這種社會現象。如圖Ⅱ.1所示,材料的性能和功能都是材料的輸出。

這兩門材料學之間又是相互聯系而依存的:

(1)總量由分量組成,通過各類材料的各種性能而反映材料整體對社會的功能。因此,微觀材料學是宏觀材料學的基礎。

(2)個體難于離開總體而發展,學科的發展依賴于社會的需要,通過材料的性能而開發、滿足、刺激和創造材料對社會的功能,是發展微觀材料學的主要動力。因此,微觀材料學依賴宏觀材料學而發展。

從圖Ⅱ.1所示的系統分析,可以看出這兩門材料學的區分與聯系。

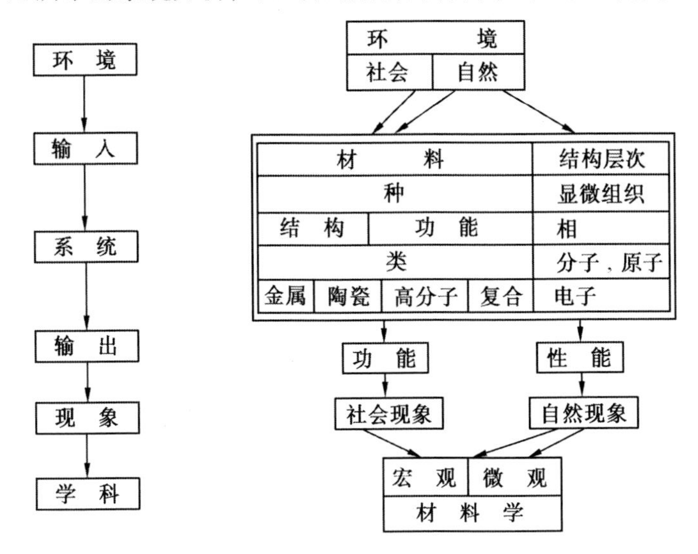

圖Ⅱ.1 材料學的系統分析圖

2 宏觀材料學的結構

參照(1.23)關于事物結構(S)的定義,圖Ⅰ.7示出宏觀材料學的 E 和 R,簡釋如下。在引言(1)及結論(6)之間,包括四大部分[(2)至(5)]:

(2)材料學方法論是指導和基礎。包含兩個分析(邏輯分析、系統分析)和縱横的兩條綫索(材料歷史、簡易材料論)。這四個命題已在第Ⅰ篇的第1至第4章依次討論。

(3)生態材料。圖Ⅱ.2示出1996至2010年我國的大局是:爲了實現兩個根本轉變,必須實施兩個基本戰略。這兩個根本轉變是:經濟體制從計劃經濟到社會主義市場經濟;經濟增長方式從粗放型到集約型。這兩個基本戰略是:可持續發展和科教興國。圖Ⅱ.2示出"生態"和"知識經濟"的重要性。

(4)材料經濟是核心,科技法律是保證。有别于基礎科學,技術科學必須考慮經濟問題;因此,科技法律是保證。在市場經濟的法治國家里,工農等實用學科的大學生,在校應有一些經濟與法律的基礎知識,便于日后工作。市場和法治是無情而有理的,它們遵循經濟學和法律學的道理。

(5)四方面應用。材料的選用、人才、科研和展望。

從第6章到第12章便依次地簡論生態材料、材料經濟、科技法律、材料科研、材料教育、材料選用、材料展望這七個宏觀材料學問題。

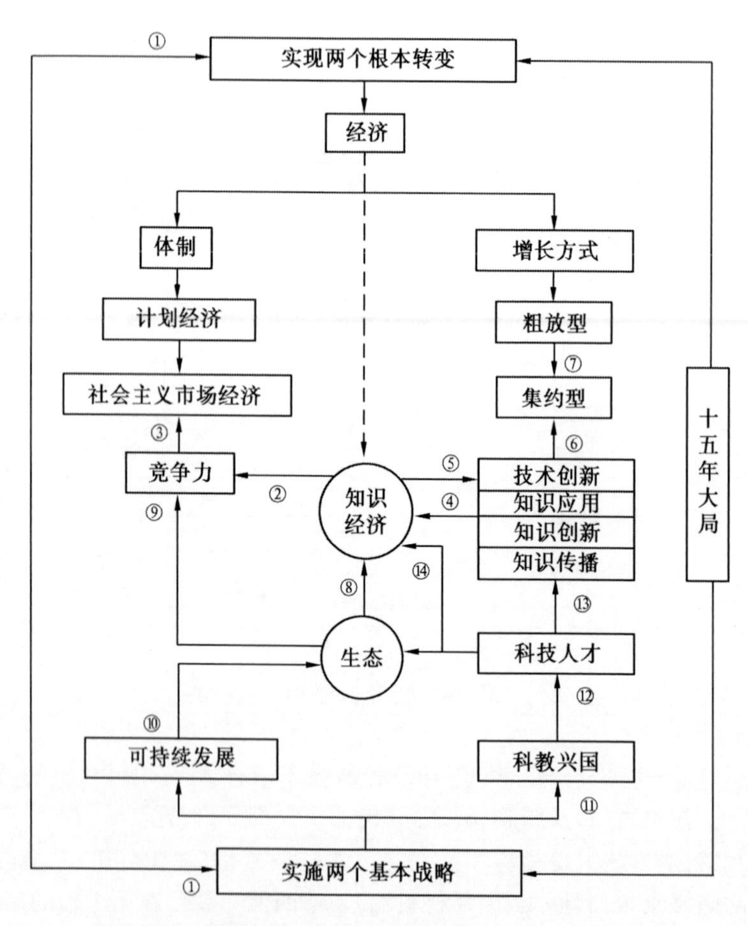

圖Ⅱ.2　知識經濟和生態在十五年大局中的位置([B44])

第 6 章　生態材料

([B34],[B43],[B44])

"我們只有一個地球。" (6.1)

本章將運用第 1、2、3 章所介紹的歷史、邏輯、系統分析方法,遵循第 4 章所介紹的"簡易"方式,論述生態材料。

1　歷史回顧

人類從樹上爬下來,開始兩足直立行走,然后使用天然材料,制造工具,形成社會。開始時,對所捕獲的野獸,只能"茹毛飲血":

"昔者先王……未有火化,食草木之實,鳥獸之肉,飲其血,茹其毛。"(《禮·禮遇》) (6.2)

隨后,傳説古帝燧人氏"鑽木取火",熟食而促人腦發達,制造及使用生產工具,積累了財富和文化,已經統治了地球,企圖開發其他星球,進而統治整個宇宙。

與太陽的年紀(約 100 億年)及生物圈(Biosphere)的年紀(約 38 億年)相比,人類圈(Humanosphere)是太年輕了,僅約幾萬歲。物極必反,輝煌的人類文化難于持續;資源、能源、環境、人口等問題,已使人類步入自毁的邊緣。爲了解救這個困境,人類社會逐漸普遍地認識到"可持續發展"(Sustainable Development)的必要性,我國已將它與"科教興國"并列爲 1996 至 2010 年國民經濟和社會發展工作的基本戰略。

著者在業務實踐中認知"生態材料",也有一個發展過程。1957 年歸國后的"低頭拉車"年代,大躍進時,跟着大打麻雀;隨后"圍湖造田、增產糧食",也認爲是對的。20 世紀 80 年代,要求"抬頭看路",1980 年構造"材料學的方法論"時,學習國外的動向,定義了材料,引入了"人類社會所能接受地"這個狀語[(1.7)],導出"環保"這個材料的第五個判據;隨后,在大量的學術宣講活動中,廣爲宣講這個觀點。

1996 年公布的《國民經濟和社會發展"九五"計劃和 2010 年遠景目標綱要》中提出:爲了實現兩個根本轉變,必須實施兩個基本戰略(參見圖Ⅱ.2)。"可持續發展"戰略對發展材料的指導作用,引起我治學的深思。

鄰國日本,人衆地小,國富而天然資源不博,對自然環境十分敏感:1992 年日本科技廳(STA)組織了 23 個産、學、研單位,實施“與環境協調的材料技術——Ecomaterials”國家計劃;1993 年 8 月 31 日至 9 月 4 日在日本陽光城舉行的第三次國際先進材料會議的 K 會場,專門討論這類材料,收集了 11 個國家的 173 篇論文,其中 142 篇來自日本,首篇報告定義了 Ecomaterials(縮寫爲 ECOM):

“ECOM 是使環境載荷爲最小、可循環性爲最大而設計的材料。” (6.3)

此風西吹,1995 年 9 月 10 日至 15 日在我國西安,由中日雙方聯合主持召開了 ECOM 的國際會議,收集了 199 篇論文的詳細摘要。會后,由日本科技廳選編了日、加、美、中、德、韓、法七個國家的作者 29 篇論文,出版了題爲“可循環的材料設計及生態平衡的國際專題討論會文集”,文集標題未用 ECOM;29 篇論文的標題,有 3 篇用 ECOM。

我學習了這些文章,審問和慎思后,于 1996 至 1999 年在《世界科技研究與發展》發表了 3 篇文章([B34],[B43],[B44]),這便是本章的基礎,原始文獻不再重列。

2　邏輯思考

2.1　環境與材料

當我們研究材料時,則材料是“系統”(s);材料是宇宙(u)的一部分,環繞材料的、宇宙的其余部分叫做“環境”(e),因此:

$$u = s + e \tag{6.4}$$

英文將“環境”叫做“Environment”(en + viron + ment),這個英文及中文名詞,均使人們能顧名思義,做到了詞以達意,也較文雅而不生硬。

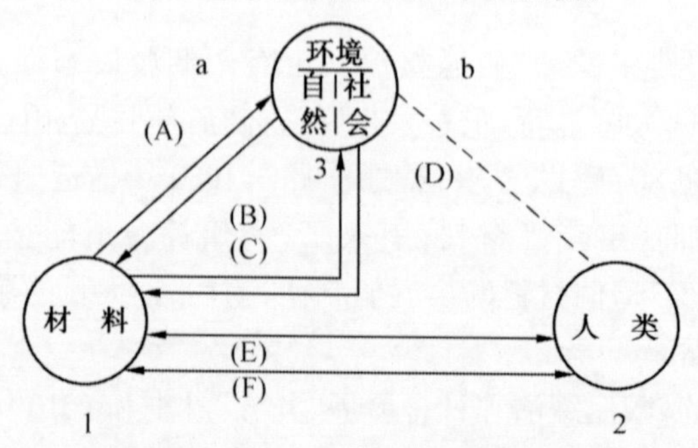

圖Ⅱ.3　材料、人類、環境之間的關系

研究的對象(s)可以改變,則環境(e)也隨之變化。如圖Ⅱ.3所示,存在四種可能的研究對象(s),則環境隨之而變:

s	e	注　釋
1	3	2的自然屬性及社會屬性分別并入3a及3b
2	3	天然材料及人工材料分別并入3a及3b
3a	1,2,3b	
3b	1,2,3a	

研究材料時,有如下的六種作用可包括在内:

(A)材料對于自然環境的影響(1→3a);

(B)自然環境對于材料的影響(3a→1);

(C)材料對于社會環境的影響(1→3b);

(D)社會環境對于材料的影響(3b→1);

(E)材料對于人類的影響(1→2);

(F)人類對于材料的影響(2→1)。

若將人類的自然屬性及社會屬性分別并入自然環境(3a)及社會環境(3b),則(E)及(F)删去,(E)并入(A)或(C),(F)并入(B)或(D)。

材料爲人類社會奠基劃代,它是人類社會的物質基礎。依據它,人類社會被劃分爲石器時代、青銅器時代、鐵器時代等;材料與能源、信息、生物科學技術是支撑現代人類文明大厦的四大支柱;這些討論屬于(C)([A8]p1~5)。

國際政經形勢和趨向,國内的有關立法和政策、經濟體制和增長方式,國内的科教體制等,對材料工業有着巨大的影響,是宏觀材料學研討的内容([A8]p400~532,[A11]p22~30),屬于(D)。

過去的材料工作者側重研究自然環境以及人類環境所導致的力、聲、熱、光、電、磁及化學信息對于材料的敵對破壞作用,從而理解材料的有關性能,從環境和材料結構(即分别是外因和内因)兩方面進行失效分析。這些工作屬于(B)或(D)。

近幾年受到注意的Environment Conscious Material,簡寫爲Ecomaterials,可暫譯爲“環境意識材料”,即發展材料時,要意識到材料對于自然及社會環境的影響,它不是一類材料,而是分析材料從生到死的生命全過程(Life Cycle)對自然及社會環境的影響,屬于(A)。

2.2　發展與增長

“發展”(Development)與“增長”(Growth)兩個概念是有區别的,聯合國秘書長吴丹于1960年提出:

$$發展 = 經濟增長 + 社會變革 \qquad (6.5)$$

20世紀60年代末以來,國際學術界普遍地同意這個觀點,發展的意義較經濟增長爲廣,還包括各種社會指標,即反映生活質量的非經濟指標,如教育、健康、住房、犯罪、社會地位變化等。20世紀70年代以來,未來學的研究結果指出:經濟增長與人口增長、資源消耗、環境污染等因素之間的關系;對世界的發展戰略提出看法。20世紀80年代中期,歐洲一些國家提出“可持續發展”一詞;1989年5月聯合國環境署第15届理事會達成共識:

“可持續發展系指滿足當前需要而又不削弱子孫后代滿足其需要之能力的發展。” (6.6)

1992年的聯合國環境與發展大會以“可持續發展”爲方針,通過了《21世紀行動議程》和《里約熱内盧環境與發展宣言》。我國八届全國人大第四次會議于1996年3月通過了《國民經濟和社會發展“九五”計劃和2010年遠景目標綱要》(以下簡稱《綱要》),提出要認真實施可持續發展戰略。

2.3 材料的定義和判據

“材料”是一類“物質”,不是所有的物質都是材料。在邏輯上,“物質”是“屬”,“材料”是“種”:

$$[屬] > [種];[屬] \neq [種] \qquad (6.7a)$$

$$[物質] > [材料];[物質] \neq [材料] \qquad (6.7b)$$

采用(屬 + 種差)這種定義的方法,必須確定“材料”這種“物質”,與不能叫做材料的那些物質之間的差异。在材料領域内長期的實踐和思考,我們歸納出性能、經濟、資源、能源、環保五個因素,即:

(1)材料必須具備爲人類服役的使用性能,如强度、韌性、耐蝕性、導電性等;材料是一種産品,必須具備好的工藝性能,便于它的生産和使用;二者并稱爲性能。

(2)材料是一種商品,需要在市場上出售,在市場經濟體制下,必須成本低,價格低。這個經濟因素與上述的性能因素合并,便是俗稱的“物美價廉”,才在市場上有强大的競争力。

(3)發展材料,必須考慮國内及世界上正在耗竭的自然資源,注意到廢料可以是再生資源;20世紀70年代初的中東能源危機,促使人們重視能源這個因素;材料工業中的“三廢”(氣、水、料)嚴重地損害了人類的生活及生存環境,爲了人類的今天及后代,必須保護環境,簡稱爲環保。上述三個因素并稱爲環境因素。

上列五個因素便是材料的判據,判斷物質是否爲材料的依據。從這些依

據,1983年,我們嘗試提出如下的定義,并在隨后的著作及演講中廣爲交流:

"材料是人類社會所能接受地、經濟地制造有用器件(或物品)的物質。" (1.7)

"物質"是"屬",它前面那個包括狀語的定語,便是表述判據的"種差"。定義和判據的關係如圖Ⅱ.4所示。

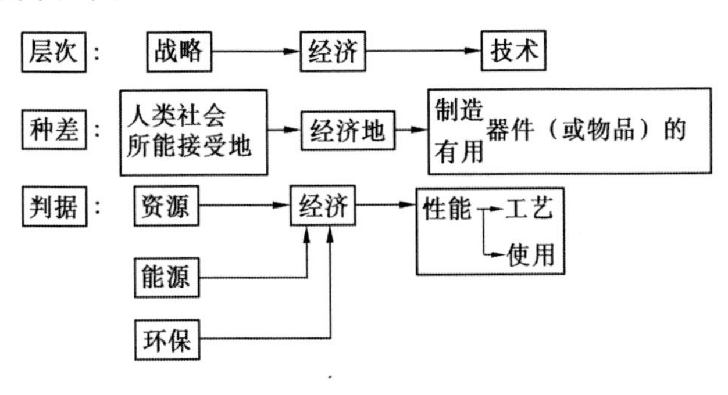

圖Ⅱ.4　材料的現代判據

2.4　生態

2.4.1　顧名思義或望文生義

"生"是生物?生命?生育?生長?生存?生活?它們之間有密切關係,因爲生物都有上列的一系列從生到死的問題。人也屬于生物,也可被收容在內;但"人"中先生、后生、學生、小生等,也含有"生"字,在這里,似不限于這些特殊的人。

"態"可理解爲"狀態",或擴充爲"性態",即"性質"和"狀態"。顧名而思義,則"生態"之義爲"生物的性態"。這種方法有時會引起誤解;宜溯源,并尊重學術界已有的含義,再思考能否引申。

2.4.2　溯源及定義

《辭源》中無"生態"及其衍生詞,看來,它是1840年以后出現的。確是如此,德國生物學家于1866年提出"Öcologie",英譯名爲"Ecology",其定義在隨后的"The American Heritage Dictionary of the English Language"(1978)及"Webster's Ninth New Collegiate Dictionary"(1984)中均包含"生態學"及"生態"兩個意義:

"Ecology,生態學是研究生物及其環境之間關係的科學。也叫做'Bionomics'。" (6.8)

"Ecology,生態是生物與它們環境之間的關係。" (6.9)

生態學的顯著特點在于它强調生物與環境之間的相互關係,强調整體論與還原論、微觀與宏觀、硬技術與軟科學的融合,强調系統整體功能與自然關係的協調。

以 eco-或 ecological 組合的衍生詞不少,從五本詞典,可獲 ecocide(生態破壞)、ecoclimate(生態氣候)、ecological factor(生態因素)、ecosystem(生態系統)、ecosphere(生態圈)、ecovalue(生態價)等 24 個新詞;我曾將"Ecomaterials"叫做"生態材料"。這些新詞屬于包括"環境"與"系統"的大系統問題;是大綜合地觀察問題,可避免一些片面性。

2.4.3 劃分及引申

按不同標準,可將生態學劃分爲若干分支,從而明確它的外延。例如:

(1)研究對象的組織層次——個體、種群、群落、生態系統生態學等;

(2)栖息環境——海洋、草原、森林、農田、景觀、工礦、城鎮生態學等;

(3)産業——農業、工業、商業生態學等;

(4)交叉學科——生理、心理、進化、化學、數學、材料、經濟、社會生態學等。

生態及生態學已在兩方面而引申:

(1)生——原意的"生"是非人類的生物,但人也是一大類生物,他及她與他們生存環境之間的關系,應該是人類最關心的生態。

(2)環境——原意側重于自然環境,人類組成了社會,人事的生態不得不包括社會(包含人文)環境。

由于上述的引申,就出現人類生態、學校生態、金融生態、經濟生態等。因此,定義(6.9)由于引申,可具體化爲如下兩點:

(1)生態是人、事、物與其自然和社會環境之間的關系;

(2)生態綜合地考慮[(人、事、物)—(自然、社會、環境)]組成的巨系統。

廣義生態學的研究範圍廣泛,研究方法通用;是人類在 21 世紀治理西方工業革命由于掠奪自然所帶來的危害的重要工具。

2.5 生態材料(Ecological Material)

"Ecomaterials"一詞爲日本學者取英文復合詞"Environment Conscious Materials"中定語的開頭一、二字母 E 及 CO 組合而成。知其源,則此詞中直譯爲"環境意識的材料",隨后,逐次簡化爲"環境意識材料"及"環境材料"。

顧名最好能思義,可減少誤會;其次,名不正,則言不順。

"環境材料"一詞來的曲折,若返回而譯爲英語,則爲"Enviroment Materials"。人們研究材料的行爲時,則"環境"爲這種變化的外因,而材料本身(結構)爲變化的内因,用"外因"作"内因"的定語,是否恰當?值得商榷。可有"材料的環境",而"環境的材料"難于理解。

ECOM 中的 ECO 也可是"Economics"的縮寫,從而會誤解爲"經濟材料",又非定義(6.3)的本意。也可將錯就錯,也許歪打正着,認爲 ECO 是"Ecology"(生態學)或"Ecological"的縮寫,則 ECOM 便是"生態材料"([C15]p512)。或者感情用事,將"生態材料"叫做"緑色材料"([C15]),用"緑色"指示"生態"也較時髦,如"緑色能源"、"緑色農藥"、"緑色化學"、"緑色冶金"(利用植物來富集金屬)、"緑色機器"(零件易于拆卸翻新而回收的機器)等。但城市交通、機場候機室等已廣泛使用"緑色通道","緑色"已有用處。

生態學有確切的科學含義,而緑色則較浪漫,且易誤解。此外,支撑現代人類文明大厦的,似應爲能源、信息、材料、生物科學技術([A8]p1 ~ 5)四大支柱,而不是只指前三者的三大支柱。通過能源材料、信息材料及生物材料(包括生態材料、仿生材料、人體器官材料、醫療材料等),材料科技便可分别與這三門有關的科技交叉結合了。交叉地帶是學術上可以豐收的地帶,而結合可孕育出新的品種。

綜上所述,在"Ecomaterials"的三個譯名——環境材料、緑色材料、生態材料——中,我傾向于采用第三者。在下面,簡論它的外延和重要的研究領域。

2.6 外延和研究領域

2.6.1 環境

當我們研究"生態材料"時,生態材料便是"系統",這個系統特别重視它與人類生態環境之間的關系。從這種關系,可將生態材料的問題和關鍵課題劃分爲若干類,從而理解生態材料的外延。

首先,生態材料是人類采伐(天然材料)或制造的(人工材料)的,并爲人類服役;而人類又是生活在太陽系中地球上;因此,在考慮生態材料與環境之間關系時,應重視如下四點:

(1)環境應包括人所構成的社會環境,因而就有人文、政經因素對于材料的影響。

(2)對于自然環境中的礦産資源、能源、水源等,需要考慮人口的影響,有人均參量來補充分析。

(3)材料生産和使用過程中所排放或弃置的固態、液態、氣態廢物對環境污染的影響以及這"三廢"的處理和利用。

(4)不僅要抑制環境對材料的敵對破壞作用,還要設法利用環境對材料的有益作用,并且保護環境,使材料與環境能協調相處,盡力維持生態平衡。

其次,對于生態材料的研究,要克服忽視經濟因素和社會環境影響的純技術傾向。

第三,生態材料(Ecomaterials)并不是一大類材料,只是在開發材料時,包括從設計、生産、使用、弃置、回收各個階段,都要考慮生態問題,即對人類生存及生活環境的影響。這種影響叫做“環境載荷”(Environmental load,定義(6.3)),即所采用的地球上自然資源和能源盡可能少,并盡可能多地回收。所排放或弃置的、污染環境的廢物盡可能少,則環境載荷少,這便是要主動地遵守圖Ⅱ.4所示的材料的三個戰略性判據——資源、能源及環保。

能源材料和信息材料可分别按照能源和信息的類型而劃分,生態材料則不然,它提出一個應主動采用的、有益的重要概念,對現代人類來説,在一般情況下,適用于所有的材料。因此,難于采用一個標準來劃分生態材料;但是,我們可從“人文社科”和“科學技術”兩方面來陳述“生態材料”這個概念的外延,從而明確重要的研究領域。

2.6.2 人文社科問題

人文學主要包括文、史、哲;社會科學則主要包含政、經、社。現從這兩方面提出六點管見,供商榷。

(1)歷史

學者大多重“史”。回顧在材料方面人類與自然環境之間關系的歷史,是有借鑒意義的;人類爲了生存、生活和更舒適的生活,這種關系大致經歷三個階段:

①適應·改變。開始時,使用適于人類生存的天然材料;隨后,發展違背大自然意願的人工材料,特别是金屬材料,或調整材料的成分和結構,或改變材料的工作環境,如添加緩蝕劑、施加表面層壓應力、熱阻擋層、電磁屏蔽等,分别改變材料工作時的化學、力學、熱學、電磁學等環境,抑制材料因腐蝕、斷裂、磨損、軟化、熔化等原因而失效,使材料延年益壽。

②利用·學習。隨后,人類聰明一些后,可使壞事變好事,利用環境的破壞作用,如利用電化學腐蝕進行拋光或精密加工,利用脆性斷裂制備金屬細粉,利用環境和耗散結構理論制備智能材料。向大自然的林材、竹材、貝殼、蛛絲等的結構學習,開發仿生材料。

③保護。人類面臨人口的迅速膨脹、資源和能源的高度貧乏及環境的嚴重污染的局面,開發、生產和使用材料,必須十分重視環境的保護,使之符合可持續發展的原則。

(2)哲理與倫理

中國的正統哲理是《易傳》中的“自强不息”和“厚德載物”,向自然(天地)學習:

“天行健,君子以自强不息。” (6.10)

“地勢坤,君子以厚德載物。” (6.11)

在倫理上,强調勤儉順從,以暴弃天物爲可耻。西方强調個人,在“物競天擇、適者生存”的影響下,競争并向海外掠奪,在殖民地財富的滋育下,盡情消費,浪費資源,污染環境。當代,殖民地時代一去不復返,南北國家走在一起來了。爲了保護共同生活的地球,各國共同參加人類環境會議,通過《聯合國人類環境宣言》和“行動計劃”,在對于環境的哲理和倫理上,至少在書面上取得若干共識。在一些雙邊會議上,也反映了一些共識。例如,中國科學院和美國全國科學院于 1997 年 1 月 16 日發表了關于可持續發展的聯合聲明。首先,指明了重要性:

“中、美兩國特别應當爲應用科學技術來實現可持續發展,以便更好地爲利用世界三分之一資源的目標而共同努力。” (6.12)

其次,闡明各自努力的方向:

“中國具有獨特的人口及資源條件……必須創造性地開拓自己可持續發展的道路。” (6.13)

“美國必須改變其生活方式、工業生産過程、資源消耗的種類和總量,以及所生産商品的特征和數量。” (6.14)

最后,指明兩國共同面臨的議題:

“可再生資源、節能、農業生産力的可持續發展和有效利用水資源,是中、美兩國共同面臨的一些重要議題。” (6.15)

(3)經濟

《綱要》指出,要實現兩個根本轉變:經濟體制從傳統的計劃經濟體制向社會主義市場經濟體制轉變;經濟增長方式從粗放型向集約型轉變。

第一個轉變使材料的“經濟”判據自動地得到滿足。在市場經濟體制下,材料從“産品”轉變爲“商品”,從國家分配變爲市場上競争銷售,材料這個商品,除性能好(“物美”)之外,還必須“價廉”,因此就必須有一個“經濟”判據。

“粗放型”産品的特點是“三高一低”,滿足不了除性能以外的其他四個材料判據。因此,實現第二個轉變,便可解决這個問題。

實施“可持續發展”這個基本戰略,可充分考慮生態的要求,保證了生態材料的要求;而實施“科教興國”這個基本戰略,分别從科技和人才兩方面保證我國各項事業的發展。

(4)法律

各種措施,必須有法律來保證。材料工作者也必須學習有關法律,主動遵守,避免無知犯法。國外一些工學院規定大學生必修法律方面課程,可供借鑒。

(5)宣傳教育

提高干部和國民的人文素質,這是十分必要的。發達國家走過的“先污染后治理”道路,是一個教訓,是一種錯誤;我們要發揚“后發展”的優勢,我們不應走耗費更大的“先污染后治理”的老路。要宣傳環境保護是實現可持續發展的戰略的關鍵,是功在當代、利在千秋的大業;發展生態材料是這個大業的重要組成部分。

(6)社會效益

生態材料便是要主動地考慮材料的三個戰略性判據:資源、能源、環保,這具有重大的社會效益,要從法律和經濟兩方面來保證這種效益的獲得。例如,法令禁止或限制使用某些化學元素,違者罰款或判刑。

2.6.3 科學技術問題

分評價、性能、資源、能源、環境控制五方面簡述生態材料的科技問題。

(1)評價

關于單個因素對于環境的影響,因時因地而异。政府用法令的形式規定使用的範圍。例如,二戰期間,美國爲了節約鋼中的合金元素而發展的 En 系列的合金結構鋼和不含或少含鎢的 M 系高速鋼。爲了滿足表Ⅱ.1 所示的汽車尾氣標準,必須開發價廉高效的催化材料,在很短的時間内既要氧化 CO 和 HC,又要還原 NO_x。

表Ⅱ.1　美國及其加州的汽車尾氣標準　　$g \cdot mi^{-1}$

	美 1990	美 1994	加 1993	TLEV 1994	LEV 1997	ULEV 1997 ~ 2000
HC	0.41	0.25	0.25	0.125	0.075	0.040
CO	3.4	3.4	3.4	3.4	3.4	3.4
NO_x	1.0	0.40	0.40	0.40	0.20	0.20

mi 爲英里,1 mi = 1 609.36 m。

對于材料的壽命全程的每一步的資源及能源消耗量和有害物質(氣、液、固)的排放量,已積累了大量的數據,可評價單個因素對環境載荷的影響,但需持續地補充經濟評價,以便于“以利潤爲主導思想”的企業家决策。

關于材料的環境載荷的“壽命全程評價法”(Life cycle assessment,縮寫爲 LCA),則需對上述三方面因素的綜合評價,困難的問題是各個因素權重因子和計算方法的選擇,有待反復的研究和協商解决。

(2)性能過剩

使用材料的工程師依據工况,并依據經驗,采用適當的安全系數,對材料的主要性能提出要求,從而選擇材料——標準的或新開發的。生産材料的工程師,爲了“安全”或“廣告”,所生産的材料性能,也有“過剩”的傾向。

“信息過剩”,或噪聲高,需要過濾;或占據人腦的記憶單元,需要舍弃。“性能過剩”,也會帶來其他不利的效應:

1) 是否需要? 以結構鋼爲例,一般以屈服强度(σ_s)爲主要性能指標,低合

金高强度鋼的 σ_s 高于碳鋼,以前者代替后者,是否經濟合算？分析結果表明：

①對于固定結構,采用等强度判據,則這種代替,可節約鋼材;是否有經濟效益？還受兩種鋼材的價格比的影響。

②對于固定結構,若采用等剛度判據,則這種代替不能節約鋼材,反而增加了成本。

③對于交通運輸等動態結構,如車輛、船舶等,則鋼材的節約,可增加運輸量,從而增加經濟效益;對于航空航天器,質量的减小,更爲重要。

2)是否有壞的副作用？仍以高强度結構鋼爲例。在 20 世紀 70 年代以前,没有斷裂韌性 K_{IC}的要求;接收傳統的"强度越高越安全"的設計思想,導致不少低于 σ_5 的重大脆斷事故。

3)不需要的過剩性能,增加了對環境的不必要載荷,不符合對材料的生態要求。

(3)資源

對于材料工業來説,狹義的資源主要指礦物資源,也兼顧生産過程所需水源。從生態學考慮,有四方面問題：

①資源的綜合利用；

②從資源的可循環性設計材料的成分和工藝；

③從當代的先進工藝,評價傳統材料的成分,降低對環境的載荷；

④三廢(氣、水、垃圾)處理和回收資源的科技。

(4)能源

有三方面問題：

①能源的綜合利用；

②開展潔净而豐富的能源材料(如太陽能、水能、風能、核能、廢熱能、垃圾發電等)研究；

③開展節能和利用太陽能的少污染的生態建築材料研究。

(5)環境污染控制

主要有四方面問題：

①針對汽車尾氣轉化的高效經濟的催化材料；

②輸入爲化學信息、輸出爲電或光學信息的傳感器材料；

③輸出爲力學信息的各種致動(或起動)材料；

④各種有毒物質的感知材料。

以上(3)至(5),分别對應于材料的資源、能源及環保三個判據,是减少環境載荷所需開展的主要科技工作。

3 系統分析

3.1 模型化

圖Ⅱ.5示出材料與環境之間關系的模型,說明如下。

(1)《綱要》中所提的兩個根本轉變和兩個基本戰略是1996至2010年的大社會環境:其中兩個根本轉變可促進材料經濟判據的滿足①;可持續發展戰略既受自然環境的限制②,又可促進材料三個戰略判據的滿足③;人口數量影響人均資源及能源,從這個角度考慮,我國是地大而物不博;科教興國戰略影響了材料的五個判據的戰略④、經濟⑤、技術⑥的滿足。

(2)材料的生産和使用環境(自然的或人爲的)是材料性能涉及的變化外因

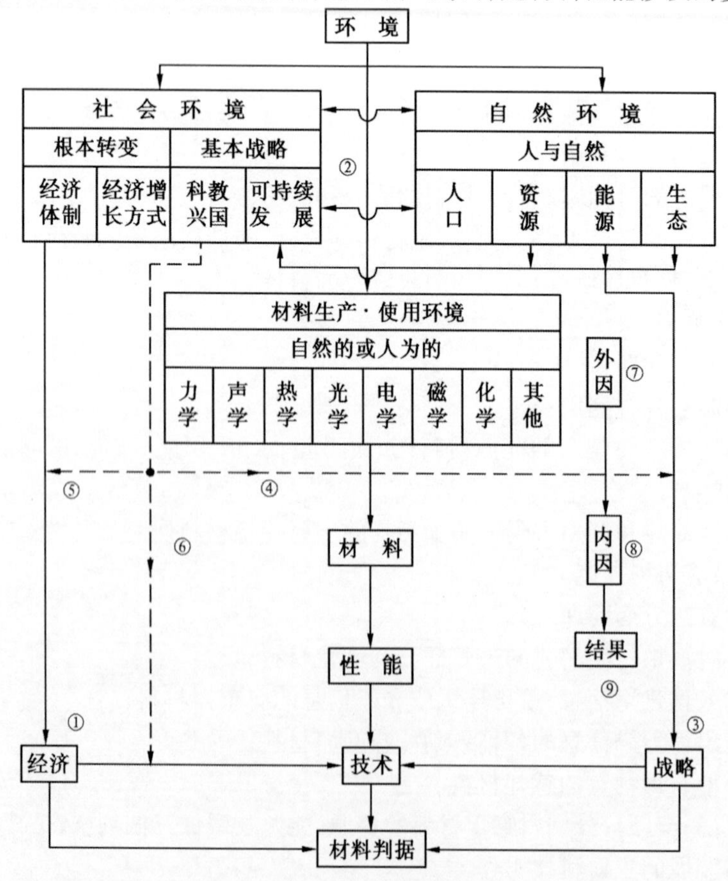

圖Ⅱ.5 材料與環境

⑦,材料的結構是變化的内因⑧,由外因通過内因而起作用的辯證關系,可理解變化的結果⑨——性能 P_{ij},其中 i 及 j 分别是輸入和輸出信息。

3.2 最優化

最優化(Optimization)技術簡稱爲優化技術(參考[A8]第九章第4節),可定義如下:

"系統最優化是使系統的目標函數在約束條件下達到最大或最小。" (6.16)

一般認爲,最優化技術是運籌學的一個分支,因爲運籌學還包括排隊論、决策論、博弈論、優選法、控制論等;另一方面,從廣義來説,運籌學也是要求最優化,因此,最優化又是運籌學中的基本思路和主要技術。

在數學上,優化技術是在一組限制條件下尋求目標函數的極值(極大值或極小值)問題。對于鋼鐵工業結構的優化的目標,應該是提高經濟效益,即在鋼鐵材料的其他四個判據——資源、能源、環保、質量(包括性能)——及社會環境的限制條件下,尋求經濟效益最大的鋼鐵冶金工序的組合(即結構)。

對于材料(包括鋼鐵)的五個判據簡單地説明如下:

(1)從戰略角度考慮,特别是戰時,各個國家都需要制定材料政策,對于資源、能源、環境保護三方面提出限制或要求,這在優化時,既可是限制條件(法律規定),也會增加生産成本。例如,廢鋼是電爐冶煉過程的主要原料,西歐、美國和日本典型電爐廠的廢鋼成本分别占鋼材總成本的50%、40%和30%。每噸鋼的廢鋼消耗量,意大利最高達650 kg;美國次之,爲550 kg;英國在400 kg左右;法國、原西德和日本均超過300 kg。到2000年,美國仍保持每年1 000萬t的廢鋼出口量,但是,單是韓國的廢鋼需求將從1989年的1 000萬t增到2000年的1 700萬t。關于我國廢鋼的資源尚待查明,進口條件和價格也在變化。因此,資源這項判據影響生産成本,也可是限制條件。美國轉爐、平爐和電爐煉鋼的能耗分别爲標煤501.6、490.9和231.1 kg/t。我國的電能在各個地區能否保證供應?美國匹兹堡現在已是人們樂于居住的空氣清潔城市,這是由于鋼鐵廠擔負不起改建符合環保要求的巨大費用而關閉了。

(2)質量技術判據,必須符合國家標準要求;爲了保持競争力,應該符合國際標準,滿足"物美"而又"價廉"。

(3)經濟判據是目標函數,必須計算,也要算得正確。俗話説:"經濟合算",算后方知是否經濟。經濟學(Economics)曾譯爲"計學";《孫子兵法》十三篇中首篇是"計篇"。俗話説:"計算"和"算計",由計→算→計,有一個如何算的方法、信息數據是否準確以及算后生計的問題。計篇第六章提到:

“多算勝，少算不勝，而况于無算乎？” (6.17)

按不同方法計算，結果可能有很大區别，應分析差异原因。此外，爲了降低成本，提高國際競争力，有如下幾點建議：

(1)采用系統分析，從生産過程中的物流和能流逐步分析成本，找出串聯或并聯的關鍵環節。

(2)從能流及物流中開展科學研究和技術革新，并尋求“三廢”的利用，增加收益，從而降低成本。

(3)按國際價格計算成本，作爲“第二本賬”，準備迎接“復關”及“價格大放開”后的冲擊和挑戰。否則，算的結果誤導，效果更壞。(6.17)的后面可加“假算更壞”。

4 未結束語

顧名最好能思義，可減少誤會；其次，名不正，則言不順。

“環境材料”一詞來的很曲折，溯源而止于英詞“Environment conscious materials”，日本學者取定語之首先一、二個字母而成 E-co-materials，可直譯爲“環境意識的材料”，逐一簡化爲“環境意識材料”及“環境材料”。

“環境”如何能形容“材料”？它們分别是變化的外因和内因，可有“材料的環境”；難于理解“環境的材料”。若保留“意識”二字，它的主體是人類，則“環境意識材料”是人類意識到環境的作用而去研究材料。實際上，長期以來，材料工作者已處理了環境的敵對破壞作用，如化學環境中的“腐蝕”、力學環境中的“斷裂”等等，并無新意。現在是反過來，要求材料“從摇籃到墳墓”(From cradle to grave)的生命全過程要善意而友好地對待環境，意雖佳，但詞未達意。

若要保留 Conscious，過去是“性能意識”，現在要增加“環境意識”；若無“經濟意識”，則企業難于自願實施；三類“意識”都有，則包括了材料的全部五個現代判據，便無新意了。

Ecomaterials 中 Eco 也是 Economic 的簡寫，從而可誤解爲“經濟材料”。也可將錯就錯，Eco 又是 Ecology 的簡寫，因而就成爲“生態材料”了，更進一步叫做“绿色材料”，也許是歪打正着。

實質上，Ecomaterials 并不是一大類材料，只是在開發材料時，要使自然環境所受的載荷爲最小，是一個有益的重要新概念。

在本節，再介紹 21 世紀中，“生態”這個新概念的兩個重要應用，可持續發展法則及廣義生態。

4.1 可持續發展法則

(6.6)定義了"可持續發展",這個概念來源于生態學,所遵守的法則也簡易,簡單而易懂:

"對于自然資源,若消耗量大于産生量,則這種現象不能持續(Non-sustainable)發展。" (6.18)

其中,消耗有捕殺、滅絶、侵蝕、死亡、破壞等;對應的産生有再生、進化、形成、出生、再造等。也就是野獸的捕殺與再生、物種的滅絶與再生、土壤的侵蝕與形成、人類的死亡與出生、森林的破壞與再造等,包括材料在内的自然現象和社會現象。短期内違反這個法則,后果不嚴重;長期違反而又不覺悟,則后果不堪設想。

以金屬材料的生産爲例,建國初期,爲了解决"有無"問題,側重"數量",1958年大躍進,期望鋼的年産量翻一倍,從535萬t翻到1 070萬t,不計質量而算數量。隨后質量與數量并重,鋼材有了"質量"一個判據。經濟體制改革以來,在市場經濟體制下,必須是質量與效益并重,也就是俗話講的"物美價廉"才有競争力,既要價廉,又要賺錢而有經濟效益,必須降低成本,是"算了干",而不是"干了算",因此,全國的企業學習邯鋼經驗:

"模擬市場核算,實行成本否决。" (6.19)

這樣一來,材料就有"質量"和"經濟"兩個判據。

1996年,開始實施"可持續發展"戰略,材料的判據又增加三個——資源、能源、環保,其中能源也是一大類自然資源,地球上這些自然資源是有限的。因此,保護環境是實施可持續發展戰略的關鍵,我們不能走許多發達國家嚴重浪費資源和"先污染后治理"的老路,而是要堅持環境與發展的綜合决策。

符合可持續發展法則的三個判據,可并爲"環境"這一個戰略性判據(圖Ⅱ.3)。

4.2 廣義生態

在本章2.4節,初論了"生態";在2.6節,從環境、人文社科、科學技術三方面,討論了生態材料的外延和研究領域。本節將簡要從如下四個方面分析廣義的生態。

(1)從發展中認識人類與自然環境之間的關系

西方的工業社會時代,人們信奉"人定勝天"的哲學,即人是自然的主人和所有者,通過自己的努力,可以征服自然,統治自然。我們在大躍進年代,"大煉鋼鐵"、"填湖造田"、"大打麻雀"等,都是基于相同的信念。現在,在實踐中吃了虧,才認識到,人類只是自然鏈條上的一個環節,這根鏈上無論哪個環節上斷裂,整個系統將會瀕臨崩潰。因此,人類必須學會與大自然協調共生,天人合一,認識自然、尊重自然、利用自然、改造自然,和諧共處,這便是正確的人類與自然的關系,賴以可持續發展的關系,也就是可持續發展的"生態"。

人類有后代,后代人與當代人也應該有同等的生存權和發展權。若當代人浪費自然中的資源和能源,污染自然環境,則會嚴重地影響后代人的生存和發展,這是不公平的。

發達國家先進入工業社會,對于環境,是"先污染后治理",他們犯了錯誤,現在是"亡羊補牢"。我們是發展中國家,還要亦步亦趨地走發達國家的老路,這是愚笨而錯誤的。1997 年 1 月 16 日中國科學院與美國全國科學院所發表的、關于可持續發展的聯合聲明指出:"美國必須改變其生活方式、工業生產過程、資源消耗的種類和總量,以及所生產商品的特征和數量。"

(2)生態學的原理

歸納起來,有下列四條:

①高效原理。能量的高效利用和資源的循環再生。

②低污染原理。人類社會的生活和生產活動對自然環境帶來盡可能低的污染。

③和諧原理。系統中各組元之間和睦共生,協同進化。

④自我調節原理。系統的演化依賴于系統內部組織結構的自調節,符合非平衡態熱力學的耗散結構原理([A8]p532)。

在下面,舉例說明上述原理在自然環境及社會環境中的應用。

(3)材料學和工業生態學

"工業生態學是一種通過減少原料消耗和改善生產程序以保護環境的新學科。" (6.20)

這門學科顯然是符合生態學的第①及第②原理的。這門新學科創始人之一、美國電話電報公司副總裁布拉德·艾倫比進一步說明這門學科的內涵:

"工業生態學包括各種研究,涉及能源生產及使用、新材料、基礎科學、經濟科學、法律、管理、人類學和人文學科。" (6.21)

"工業生態學應被看做是對所有工業和經濟實體以及它們與自然系統的基本聯系(物理、化學和生態聯系)進行多學科客觀研究。" (6.22)

這門生態學科在西方受到廣泛重視。

(4)新經濟環境中出現的商業生態系統

穆爾首先總結工業后的經濟環境的特點:

①資本市場全球化,能提供現成的支持;

②技術和管理知識廣泛傳播;

③政府對實業界的管制已減少或取消;

④有才干的人願從事有風險的新事業。

因而對現有的企業的結構和功能提出疑問,要求更新:

①等級分明的軍隊的管理結構(M式),難于使衆多成員積極參與;

②對衆多的成員實行領導,而不是管制;

③尊重和發揮周圍人的才智,共同致力于創新;

④新結構的功能是開創未來,而不是捍衛過去的企業。

針對M式結構的缺點,形成商業(或企業)生態系統(E式),這是與其他公司携手、培育以發展爲導向的協作性經濟群體。它的結構((1.23)中 S)是組元(E)的集合和關系(R)的集體的總合:

①組元。客户、供應商、主要生産廠家以及其他有關單位的人員,包括投資者、行業協會、技術標準機構、工會、政府或半官方機構。

②關系。互相配合、補充、幫助,完成生産和商品的銷售和售后服務。

成功的商業生態系統有英特爾、微軟、通用電器等公司。例如,英特爾公司的核心業務是微處理器的芯片,每年耗費巨資,鼓勵客户使用新的電腦;開發因特網;形成巨大的生態系統。微軟公司致力于培育有關的生態系統,如投資于Teledesic公司,與康卡斯特公司聯手。

看來,人類社會中,既要有競争,也要協調,這就要求發展各種社會生態系統,如商業、教育、科研等。這種E式結構可從環境中吸取資源,爲了獲得更多的有益合作者:

①任何有實力的重要角色,都應進入;

②不完全控制别人,讓較多的組元做出貢獻,并在這些部門中投資。

總之,“生態”是人、事、物與其自然和社會環境之間的關系;應綜合地分析它們組成的巨系統。有别于傳統科學所用的“還原論”方法(包括培根的實驗方法和歸納邏輯以及笛卡兒的數學方法和演繹邏輯),生態學是“整體論科學”,有着廣泛的應用領域。

第 7 章　材料經濟

（[A8]p400 ~ 421，[B41]，[C21]）

“追求自我利益的人常常被‘一支看不見的手’牽着走……最終促進了全社會的利益。”[C20]p442）　　(7.1)

“社會主義市場經濟。”　　(7.2)

1　引　言

材料不僅是一類産品，而且是在商場上能够銷售而獲利的商品，因此，材料的定義(1.7)和判據(1.15)都含有“經濟”因素；正如圖Ⅰ.6所指出那樣，“經濟”和“能量”分别是“宏觀材料學”和“微觀材料學”的主要綫索或控制因素。

英詞 Economy 的主要意義有：

(1)仔細或節儉地使用或管理資源，例如收入、材料或勞動。

(2)管理國家、社會或企業的資源。

此英詞依次源于：

(1)古法語 economie—家務管理；

(2)拉丁語 oeconomia，希臘語 oikonomia，oikonomos—家務管理人，其中 oiko—家，nomos—管理。

其衍生詞 Economics 的英文定義爲：

“Economics—The science that deals with the production, distribution, and consumption of commodities.”　　(7.3)

“Economics 是研究商品的生産、分配和消費的科學。”　　(7.4)

這門學科傳到東方，我國嚴復譯爲“計學”，强調方法；日本學者借用漢文“經國濟民”之意，强調目的，譯爲“經濟學”。現中日雙方均用“經濟學”。我國《辭海》采用如下定義：

“經濟學。研究各種經濟關系和經濟活動規律的科學。”　　(7.5)

“經濟。經世濟民，治理國家。”　　(7.6)

看來，還是“原裝”的[(7.3)，(7.4)]較爲直截了當。

英國著名的經濟學家亞當·斯密(1723 ~ 1790)所著的《國民財富的性質和

原因的研究》(1776),嚴復意譯爲《原富》,現簡稱爲《國富論》,他在書中對個人出于私利的行爲如何産生公共利益的過程,進行了精辟的論述。在書中,他反復强調自由競争的制度([C20]p442):

“由于競争,人們要改善自身狀况的天生願望就會變成有益于社會的力量。互相競争的結果迫使商品的價格降到與生産成本一致的‘自然’水平。” (7.7)

“經濟上不加限制,任其自由競争,就會增加財富。這是人性使然。” (7.8)

“自私自利”不好聽,叫它爲“追求個人的利益”,這便是“一支看不見的手”,有力而有效地操縱市場經濟的運行;市場經濟是資本主義社會幾百年來行之有效的增進效益的制度,但易于造成貧富差距太大、導致社會不公的問題。因此,我國采用:

“社會主義市場經濟。” (7.9)

適當地兼顧公正與效率。

本章第 2 節,將從我國的經歷,并借用材料學方法論的思路,簡論經濟體制;第 3 節簡介經濟學的基本規律;第 4 節討論材料經濟學的一些問題,如學科分支、材料循環、生産成本等。

2 經濟體制

材料工作者是在三個戰略判據(資源、能源、環保)的限制及在保證質量的前提下,降低生産成本及其他費用,求整個社會經濟效益的最優化;或者在經濟上可售的條件下,求質量的最優化。“物美價廉”與“優質優價”一般分别是消費者與生産者的傾向性願望,但應使雙方都有經濟效益,從而使整個社會有收益。

更爲重要的問題是,如何從經濟體制上調動生産者爲消費者服務的積極性。

2.1 基本類型

從發展歷程來看,經濟體制大體上可分爲計劃經濟和市場經濟兩個類型。

計劃經濟强調産量和速度,應該是在保證質量好和經濟省的前提下,追求多、快。計劃經濟是在統一計劃下,由國家統一定貨來安排生産,産品符合統一標準后,便由國家按統一的價格收購庫存,然后由國家統一分配消費。在這種“五統一”體制下,生産者較爲省心,但會出現標準是否先進,價格合法是否合理,分配是否恰當,信息反饋是否靈敏等問題。

在另一方面,市場經濟强調質量和效益,在好、省的保證下,追求多、快,以最大利潤爲主要判據。在利潤的推動下,在"自由"競争中,必須將銷售放在第一位。爲了能大量銷售産品,首先,要不斷地了解各種用户在質量、數量、價格、進度等方面的要求。其次,在原料、産品、工藝、設備、能源、人源等方面必須調查研究,采取有效措施。第三,在資本主義社會,還要采用博弈論技術,預測競争者動向;只有采用這一系列措施,才能使産品在生死存亡的斗争中有競争能力,能有足够的銷售量,從而可維持生存,并進一步發展。

競争與協調,從來是人類社會需要解决的重大問題。赫胥黎在《進化論與倫理學》中指出:

> "一個否定生存斗争這種天性的社會,必然要從外部遭到毀滅(Destroyed without);一個被這種天性統治的社會,必然要從内部遭到毀滅(Destroyed within)。"([C5]) (7.10)

看來,像美國這種高度發達的資本主義國家,如聽任早期的自由競争發展下去,如不采取措施使之"進化"(Evolution),必然會從内部發生革命(Revolution),使之毀滅。因此,美國政府通過税收,掌握巨大財力,然后,通過訂貨、貸款、社會福利、科研經費控制、國家基建計劃、立法等措施,對自由競争進行干預、調節或引導。

2.2 我國經濟體制改革歷程

1949 至 1979 年的 30 年來,新中國采用了計劃經濟體制,在高速度發展材料工業方面,取得了巨大成績,這是應該充分肯定的。但是,不可避免地也存在計劃經濟的一些缺點,例如,"大鍋飯"、"鐵飯碗"、信息反饋不靈敏等。哈耶克曾從信息機制和認識論證明計劃經濟的空想性,因而獲得 1974 年的諾貝爾經濟學獎。參考微觀材料學的思路,現從功能、環境、結構、過程四方面,論述社會主義市場經濟。

在運用這種思路之前,先需説明"廣義的性能"。圖Ⅰ.5 的互通融圖已經表明材料的性能、人才的才能、系統的功能等同于變化的結果;(4.3)性能定義中的"行爲"也蘊含行爲的結果。因此,與材料性能名异而實同的概念有如圖Ⅱ.6 所示的 14 種,可用材料性能的分析方法[(4.4)~(4.7)]去分析這 14 種概念。

注:與材料性能(Property,1)名异而實同或密切相關的概念有如圖Ⅱ.6 所示的:

系統:輸出(Output,2);響應(Response,3);

作用(Effect,4);目的(Aim,5);

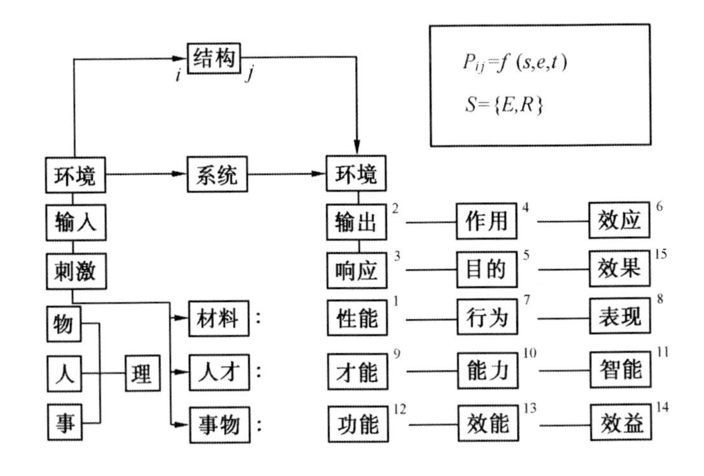

圖Ⅱ.6　性能通論

效應(Effect,6);效果(Effect,15)。

材料:行爲(Behavior,7);表現(Performance,8)。

人才:才能(Talent,9);能力(Ability,10);

智能(Intelligence,11)。

事物:功能(Function,12);效能(Efficiency,13);

效益(Benefit,14)。

它們都是系統輸入(記爲 i)與輸出(記爲 j)之間關系的特性,記爲 P_{ij}。

2.2.1　功能

表Ⅱ.2 列出我國從“計劃經濟”到“社會主義市場經濟”的逐漸轉變歷程。“把社會主義和市場經濟結合起來,是一個偉大的創舉”。

(1)“市場經濟”是幾百年來資本主義社會行之有效的經營方式,講究經濟效率;這種方式資本主義社會可以用,我們社會主義社會當然也可以用。

表Ⅱ.2　我國經濟體制的轉變歷程

年　月	體　　　制
1949	計劃經濟
1978.12	十一屆三中全會,工作重點轉移到以經濟建設爲中心
1982.9	十二大,計劃經濟爲主,市場調節爲輔
1987.10	十三大,社會主義有計劃商品經濟
1992.10	十四大,社會主義市場經濟
1997.9	十五大,堅持社會主義市場經濟的改革方向

(2)“社會主義”的根本任務是什么？

“社會主義的根本任務是發展社會生產力。在社會主義初級階段,尤其要把集中力量發展生產力擺在首要地位。” (7.11)

這個根本任務便是社會主義市場經濟體制的目的或功能。用什么來判斷我們是否在建立和完善這種體制？這種根本判據是什么？

“一切以是否有利于增强發展社會主義社會的生產力、有利于增强社會主義國家的綜合國力、有利于提高人民的生活水平這‘三個有利于’爲根本判斷標準。” (7.12)

這“三個有利于”的根本判斷標準可以理解爲社會主義前提下的國强民富。

爲了達到(7.11)所規定的功能,滿足(7.12)所提出的三個判據,各個時期因形勢而提出不同的工作方針：

①1989 年初——“治理經濟環境,整頓經濟秩序,全面深化改革”；

②1992 年初——“調整結構,提高效益”；

③1993 年初——“優化結構,提高產量,增進效益”；

④1994 年初提出,1995 年未變,以后一段長時期將堅持的二十字方針：

“抓住機遇,深化改革,擴大開放,促進發展,保持穩定。” (7.13)

上述方針合并示于圖Ⅰ.19 中:“環境”是經濟環境;“秩序”是動態結構;“效益”類似于材料的性能,效益的提高有助于保持結構的穩定。

十五大報告繼續强調“二十字方針”的重要性：

①“能否抓住機遇,歷來是關系革命和建設興衰成敗的大問題。” (7.14)

②“努力提高對外開放水平。” (7.15)

③“發展是硬道理,中國解決問題的關鍵在于依靠自己的發展。” (7.16)

④“要把改革作爲推進建設有中國特色社會主義事業各項工作的動力。” (7.17)

⑤“在社會主義初級階段,正確處理改革、發展同穩定的關系,保持穩定的政治環境和社會秩序,具有極端重要的意義。” (7.18)

2.2.2 環境

完成經濟體制改革的根本任務的內因和外因分別是結構和環境,這個環境包括國際形勢和基本國情。這種分析與材料問題的分析相似：

[工作環境]→[材料結構]→[材料性能] (7.19)

運行環境 國際形勢 基本國情	→	經濟結構	→	根本任務

(7.20)

(1)國際形勢

在新世紀到來的時刻，我們既面對着嚴峻的挑戰，更面臨前所未有的有利條件和大好機遇：

①和平與發展已成爲當代的主調，我們力爭世界格局走向多極化；

②世界範圍内科技革命突飛猛進；

③國際競爭日趨激烈，經濟與科技上同發達國家的差距給我們的壓力很大。

面對這種國際形勢，我們應該抓住機遇——和平與多極化；擴大開放，充分利用外資和國際科技；深化改革，促進發展，縮小同發達國家之間的差距，并有助于保持穩定。

(2)基本國情

十一屆三中全會做出我國還處在社會主義初級階段的科學論斷；十五大進一步認爲這樣的歷史進程，至少需要一百年時間。這個歷史階段有如下九個特征：

①逐步擺脱不發達狀態，基本實現社會主義現代化；

②農業人口占很大比重，逐步轉變爲工業化國家；

③自然經濟和半自然經濟占很大比重，逐步轉變爲經濟市場化很高的社會；

④文盲和半文盲占很大比重，逐步轉變爲科技、教育、文化比較發達的社會；

⑤貧困人口占很大比重，逐步轉變爲全體人民比較富裕；

⑥地區經濟文化很不平衡，逐步縮小差距；

⑦通過改革和探索，建立和完善比較成熟的、充滿活力的社會主義市場經濟體制、社會主義民主政治體制；

⑧廣大人民堅定地樹立建設有中國特色的社會主義共同理想，自强不息，鋭意進取，艱苦奮斗，勤儉建國，在建設物質文明的同時，努力建設精神文明；

⑨逐步縮小同世界先進水平的差距，在社會主義基礎上，實現中華民族偉大復興。

這是中國的最大實際，是否認識到這個實際，是十一屆三中全會前與后，在建設社會主義社會中出現失誤和取得成功的根本原因之一。也就是所提出的任務和政策是否超越了社會主義初級階段，也就是是否承認中國的最大實際，是否重視環境的作用。這便是“實事求是”的基本要求。

2.2.3　結構

依據系統結構的普遍定義,各類經濟結構便是它們的組元(E)同組元之間定性和定量關系(R)的總和。

(1)產業結構

戰略性調整的總原則是:

①以市場爲導向,使生產適應國内外需求的變化;

②依靠科技進步,促進產業結構優化;

③發揮各地優勢,推動區域經濟協調發展;

④轉變經濟增長方式,改變高投入、低產出,高消耗、低效益的狀況。

各類產業的位置和政策:

①堅持把農業放在經濟工作的首位;

②改造和提高傳統產業;

③發展新興產業和高技術產業;

④鼓勵和引導第三產業加快發展;

⑤促進地區經濟合理布局和協調發展;

⑥實施科教興國和可持續發展戰略;

⑦充分發揮市場機制的作用,健全宏觀調控體系,促進重大經濟結構優化。

(2)所有制結構

這種結構包括兩大類組元,它們之間關系如下:

①公有制爲主體。公有資產有量的優勢,并注意質的提高。

(a)國有經濟——在關系到國民經濟命脉的重要行業和關鍵領域,必須占支配地位。

(b)集體所有制經濟——是公有制經濟的重要組成部分。

②非公有制經濟是重要組成部分。對個體、私營等非公有制經濟要繼續鼓勵、引導,使之健康發展。

對于我國國民經濟的支柱——國有企業,必須改革,這對建立社會主義市場經濟體制和鞏固社會主義制度,具有極爲重要的意義。改革方向是建立現代企業制度;要求是“産權清晰,權責明確,政企分開,管理科學”。具體做法有:

①把國有企業改革同改組、改造、加强管理結合起來;

②抓好大的,放活小的,對國有企業實施戰略性改組;

③以資本爲紐帶,通過市場形成競争力較强的大企業集團;

④采取改組、聯合、兼并、租賃、承包經營和股份合作制、出售等形式,加快搞活國有小型企業的步伐;

⑤實行鼓勵兼并、規範破産、下崗分流、減員增效和再就業工程,形成企業優勝劣汰的競爭機制。

總之,國有企業必須適應國內外市場環境的要求,調整結構,滿足"三個有利于"的根本判斷標準。

(3)分配結構

爲了保證社會主義,十四大提出兩個主體:在所有制結構上,以公有制爲主體;在分配制結構上,以按勞分配爲主體。在分配結構上,十五大有所發展,特別是爲了落實"科技是第一生産力"的理論,"允許和鼓勵資本、技術等生産要素參與收益分配"。分配結構(S)的 E 及 R 歸納如下:

①堅持按勞分配爲主體、多種分配方式并存的制度;

②把按勞分配和按生産要素分配結合起來,堅持效率優先、兼顧公平;

③允許和鼓勵資本、技術等生産要素參與收益分配;

④允許和鼓勵一部分人通過誠實勞動和合法經營先富起來;

⑤取締非法收入,完善個人所得税制,開征遺産税等新税種;

⑥逐步提高各級政府的財政收入。

(4)其他經濟結構

除上述的産業、所有制、分配結構之外,還有其他經濟結構,例如消費、貿易等結構。

①消費結構。爲了實施可持續發展戰略,在國家資源消費上,"資源開發和節約并舉,把節約放在首位,提高資源利用率"。在不斷改善人民生活時,"拓寬消費領域,引導合理消費"。

②貿易結構。"以提高效益爲中心,努力擴大商品和服務的對外貿易,優化進出口結構","積極合理有效地利用外資,有步驟地推進服務業的開放"。包括商業在內的第三産業,是十分重要的産業,它容納大量的就業人口;20 世紀 80 年代美國一産(農、林、牧、漁業等)、二産(工業)及三産(商業、服務業等)分别約占就業人口的 3%、17%及 80%。因此,應該十分重視第三産業的結構優化。

從上述學習體會可以看出,十一届三中全會以來,在經濟領域内,鄧小平理論回答了"什么是社會主義、怎樣建設社會主義"這個根本問題,提出"三個有利于"爲根本判斷標準,"科學技術爲第一生産力"的新論斷,指導我國的經濟體制改革,取得了舉世矚目的成績。在政治體制改革和民主法制建設、有中國特色社會主義文化建設、推進祖國和平統一、對外政策和中國共産黨的建設五個方面,在鄧小平理論指導下,都取得了巨大的成績。因此,鄧小平同志不愧爲 20 世紀站在時代前列的三個偉大人物之一;我們應該遵循江澤民同志十五大報告題目的指引:

"高舉鄧小平理論偉大旗幟,把建設有中國特色社會主義事業全面推向二十一世紀。" (7.21)

3 經濟學的基本規律

俗話説:"經濟合算";算后方知是否經濟。經濟學(Economics)曾譯爲"計學",《孫子兵法》十三篇中首篇是"計篇",俗話説"計算"或"算計",計篇第六章提到:

"多算勝,少算不勝,而况于無算乎?" (6.17)

軍事如此,材料也是一樣,要"算經濟賬"。

在第2章1.4.2節提到,材料學可劃分爲宏觀及微觀二支,圖Ⅱ.7進一步示出它們與社會科學及自然科學之間的關系。宏觀材料學研究材料的社會現象,是微觀材料學與社會科學之間的交叉科學,主要是以經濟爲綫索,貫穿材料宏觀現象的研究。

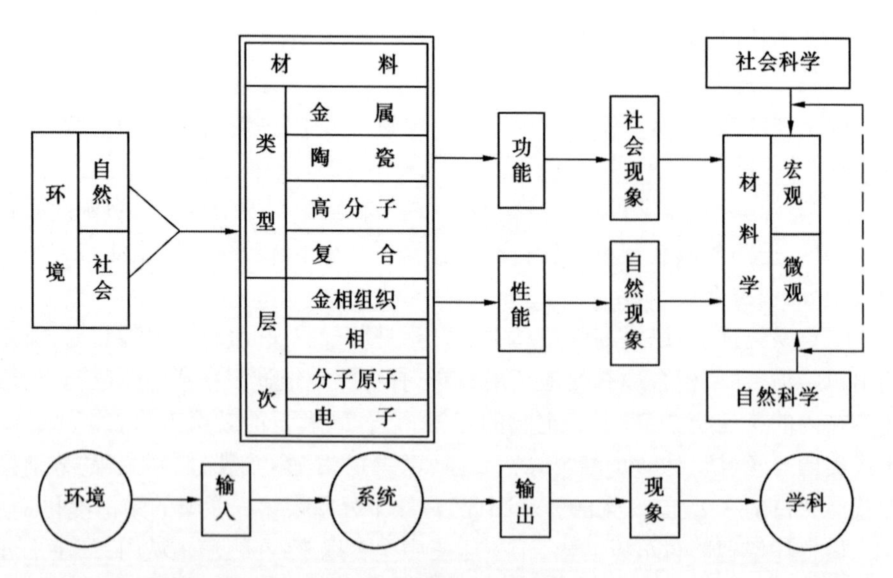

圖Ⅱ.7 材料和材料學

圖Ⅱ.7還顯示科學學中的"科學的突破點"原理([C22]p7),即科學的突破點往往發生在社會需要和科學内在邏輯的交叉點上。材料學要達到充分的社會效益,必須了解社會的需要,學習一些社會科學。

人類經過漫長的自然經濟時代,當生産的分工專業化越來越細之后,放弃了以物易物的交换方法,用貨幣來表示産品的價值和價格。我們今天的社會生活,幾乎全部都得從"買"開始,買東西,供我們消費或再生産。與買相對應,則有“賣”。做買賣是商人的事,他們買進賣出,進行交換,是中間人。

以賣爲目的而生產的物品,叫做商品。商品進入市場之后,買者一般是向商人購買,希望“物美價廉”,“物美”是合乎買者需要,對買者有價值;而賣者是商人,貨來自生產者,賣價是生產者的售價加上商人的利潤和成本,商人總是希望抬高售價,獲得更大的利潤。買方希望價廉,而賣方希望價高,這都是主觀願望;在自由競争前提下的商品經濟,商品價格是由客觀規律決定的。

爲了簡化分析,暫時忽略商人的中間作用,以消費材料者爲需方,以生產材料者爲供方。在下面,介紹邊際分析方法和收益遞減規律,以及供需平衡確定的商品價格律,這是經濟學中的兩個基本規律。

3.1 收益遞減律

勞動、資本和資源是經濟學中的生產三要素:勞動是最重要的要素,包括生產中的各種勞動;資本是廠房及各種固定設備的總稱,它是過去的勞動、資本和資源的産物,是過去産物中没有被消耗掉而用于以后生産的物品;資源包括土地、礦藏、日照、雨水等自然界存在且于人有用的物品。設勞動、資本和資源分别用 x、y 和 z 表示,管理、技術和信息分别用 α、β 和 γ 表示,這些都是生産的投入量,則産出量 g 是投入量的函數:

$$g = f(x, y, z, \alpha, \beta, \gamma, \cdots) \tag{7.22}$$

應用偏導數 $\partial f/\partial x$ 可以求出其他因素不變時 x 對 g 的貢獻,這個偏導數叫做 x 對于 g 的邊際産出,因而:

$$g(x) = \int_0^x \frac{\partial f}{\partial x} \mathrm{d}x \tag{7.23}$$

這個 $g(x)$ 是其他投入量 $y, z, \alpha, \beta, \gamma, \cdots$ 不變時 g 與 x 的關系,這個函數 $g(x)$ 叫做産出函數或收益函數。

很明顯,$g(x)$ 具有如下幾個特點(參考圖 Ⅱ.8):

(1)$g(0) = 0$,若 x 是勞動,則不勞而獲是不存在的。

(2)$g(x) \geqslant 0$,因爲産出不可能爲負值。

(3)$\mathrm{d}g/\mathrm{d}x \geqslant 0$,即投入必定有助于産出,$\mathrm{d}g$ 與 $\mathrm{d}x$ 同號;當 g 趨于飽和時,則 $\mathrm{d}g/\mathrm{d}x = 0$;有時 x 過多時,由于相互干擾,也可能使 $\mathrm{d}g/\mathrm{d}x < 0$,例如,高爐煉鐵時,鐵礦加入過多,影響正常生産,使 $\mathrm{d}g/\mathrm{d}x < 0$,又例如,辦公室面積固定時,辦事人員繼續增多到彼此礙事時,也會使 $\mathrm{d}g/\mathrm{d}x < 0$。

(4)$\mathrm{d}^2g/\mathrm{d}x^2$ 有三種情況,典型的投入産出關系如圖 Ⅱ.8 所示,其中 g 和 x 都用貨幣表示。當 x 較小時,$\mathrm{d}^2g/\mathrm{d}x^2 > 0$,兩個人從事一項工作,每人的産出率($\mathrm{d}g/\mathrm{d}x$)一般比單獨一個人的爲高,圖中 OA 段都是如此;隨后的 AB 段是 g 隨 x 成比例增加的,即 $\mathrm{d}^2g/\mathrm{d}g^2 = 0$;當投入量 x 達到一定限度以后,出現經常遇到

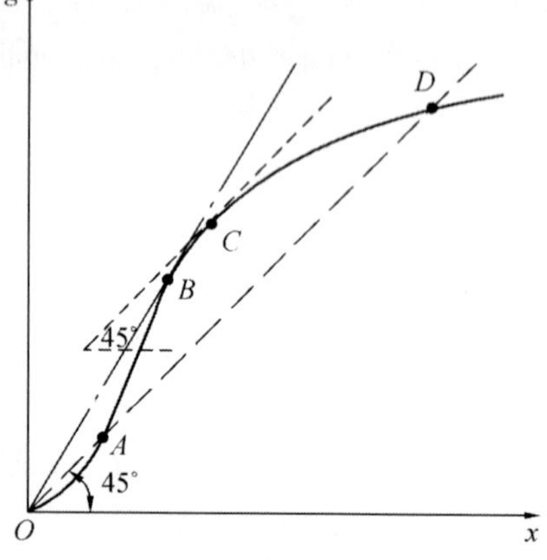

圖 Ⅱ.8　典型的投入(x)產出(g)曲綫

的 BCD 段,此時 $\mathrm{d}^2g/\mathrm{d}g^2 < 0$,這便是經濟學中有名的收益遞減律,也是建立現代經濟學的重要基石。

應該指出,收益遞減律只是在其他因素不變的條件下成立的;如 x 爲勞動,則只有在資本(g)、資源(z)、管理(α)、技術(β)、信息(γ)等不變的條件下,當 x 大于一定值后,才有 $\mathrm{d}^2g/\mathrm{d}x^2 < 0$。圖 Ⅱ.8 中還繪出一根斜率爲 1 而通過原點的直綫 OAD,交曲綫于 A 點及 D 點,只有 x 值在 A 點及 D 點之間,才有 $g > x$,可以獲利 $g - x$。求獲利最大時的投入 x,即:

$$\frac{\mathrm{d}}{\mathrm{d}x}(g - x) = 0$$

故:

$$\frac{\mathrm{d}g}{\mathrm{d}x} = 1 \tag{7.24}$$

即曲綫的切綫斜率爲 1 時的 x(圖中 C 點)。

若采取平均每投入 1 元(即單位 x)獲利最大爲判據,則求:

$$\frac{\mathrm{d}}{\mathrm{d}x}\left(\frac{g - x}{x}\right) = 0$$

故:

$$\frac{\mathrm{d}g}{\mathrm{d}x} = \frac{g}{x} \tag{7.25}$$

即從原點 O 作曲綫的切綫,切點 B 滿足這個條件,同時 B 點也是 g/x 最大的點。

由于收益遞減律所决定的曲綫下凹特性,上述的 B 點必然在 C 點左側,因而用投入的平均産出(g/x)及邊際産出($\mathrm{d}g/\mathrm{d}x$)作判據,所獲最大利潤對應的 x 值是不一樣的。

收益遞減律也使我們對于技術指標有一個經濟合理的認識。例如,選礦時精礦的成分、冶煉爐的爐齡、切削加工的表面精度等,不是越高越好,它們都有一個經濟合理的限度。在這些情况下,圖中縱坐標是産出的質量參量,橫坐標則是投入的費用。

3.2　商品價格律

商品經濟的商品價格是由買賣雙方自由地共同確定的,這個價格是由買方的需求曲綫(DD)和賣方的供給曲綫(SS)的交點(圖 Ⅱ.9 中 A 點)來確定,圖中 P 爲商品價格,Q 是商品量,P_e 爲成交的價格,Q_e 爲成交的商品量。

消費者是需方,消費者需要商品,是因爲商品對消費者有效用。一個消費者在一定時期内要消耗各種商品 1,2,3,…,n,消耗量分别爲 $x_1, x_2, x_3, \cdots, x_n$,則效用 u 是它們的函數,即:

$$u = f(x_1, x_2, \cdots, x_n) \quad (7.26)$$

類似于(7.22)式至(7.23)式,我們可以定義:商品的邊際效用 $\partial f/\partial x$,并獲得 i 商品的效用爲:

$$u(x_i) = \int_0^{x_i} \frac{\partial f}{\partial x_i} \mathrm{d}x_i \quad (7.27)$$

類似于收益遞減,同樣有效用遞減,因此 $u(x_i)$ 有如下三個特點:

(1) $u(0) = 0$;

(2) 由于有多多益善的心理,故 $\mathrm{d}u/\mathrm{d}x_i \geqslant 0$;

(3) 由于效用遞減,故 $\mathrm{d}^2u/\mathrm{d}x_i^2 < 0$。

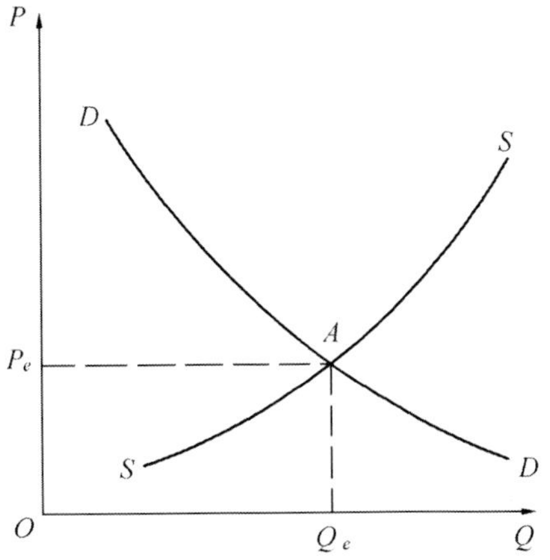

圖 Ⅱ.9　供需平衡決定價格

正是由于這些特點,當消費者的收入爲定量時,他們選擇商品時,在衆多需求的商品中,總是希望各種商品的邊際效用所耗的貨幣平衡,獲得等效用,因而某種商品的價格(P)上漲時,則對這種商品的需求量(Q)下降,因而有如圖 Ⅱ.9 所示的需求曲綫 DD。

需求曲綫可用需求函數來表示,對于 i 商品的需求量 Q_i 取决于消費者的收入 M,以及商品的價格 $P_1, P_2, \cdots, P_n$,即:

$$Q_i = f_i(P_1, P_2, \cdots, P_n, M) \quad (7.28)$$

因此,圖 Ⅱ.9 所示的需求曲綫 DD 是除 P_i 以外各量不變的情况下 Q_i 與 P_i 之間的關系;很明顯,其他量變化了,DD 曲綫也會隨着上下移動。

從理論上講,需求曲綫有兩種極端情况:一種是無論價格如何變動,需求量不改變,糧食這種商品,接近這種情况;另一種則相反,價格是常數,需求量却可變動,這是政府定價的情况。實際情况却介于這二者之間,如圖 Ⅱ.9DD 曲綫所示。

爲了反映價格的相對變化($-\mathrm{d}P/P$)引起需求量相對變化($\mathrm{d}Q/Q$)的感應性(Responsiveness),人們仿照力學概念,定義了"需求彈性"(Elasticity of demand)e_{D} 爲:

$$e_{\mathrm{D}} = \frac{|\mathrm{d}Q/Q|}{|\mathrm{d}P/P|} = \left|\frac{\mathrm{d}Q}{\mathrm{d}P}\right| \times \frac{P}{Q} = \frac{\mathrm{dln}Q}{\mathrm{dln}P} \quad (7.29)$$

e_{D} 越大,則反映越靈敏。像糧食這類生活必需品,e_{D} 是很小的,而像録像機這類奢侈品,則 e_D 較大。依據(7.29)e_D 的定義,可用如圖 Ⅱ.10 所示的圖解法求 e_D。由于:

$$\frac{FC}{BF} = \tan\alpha = \left|\frac{dQ}{dP}\right|$$

$$DB = Q$$

$$BF = P$$

將上列各式代入(7.29),得到:

$$e_D = \frac{FC}{DB}$$

而 △ABD 與 △BCF 相似,故:

$$e_D = \frac{BC}{AB} \qquad (7.30)$$

由于圖中切綫 ABC 是隨切點 B 而變化的,因而 e_D 也隨着變化。

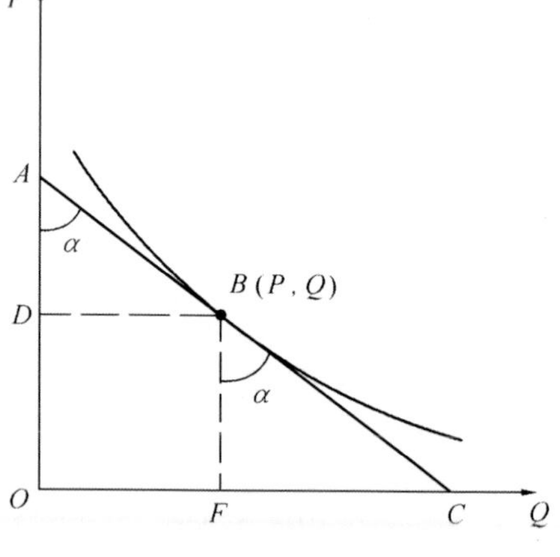

圖 Ⅱ.10　圖解法求 e_D

還應該指出,需求曲綫還受消費者心理因素的影響,因而分析消費者的效用評價趨勢,利用廣告技術,可以提高需求曲綫。

再來分析圖 Ⅱ.9 中的供給曲綫 SS。生産商品的企業依據市場上的價格(P)來調整産量(Q)。這個産量 Q 是價格 P 的函數,即:

$$Q = Q(P) \qquad (7.31)$$

依據邊際成本 K_M 的概念:

$$K_M = \frac{dC_T}{dQ} \qquad (7.32)$$

通過成本分析,可以導出供給曲綫具備如圖 Ⅱ.9 中 SS 的形式([C24]p231 ~ 241)。與(7.29)相似,可以定義"供給彈性"(Elasticity of supply)e_S 爲:

$$e_S = \frac{dQ}{dP}\frac{P}{Q} = \frac{d\ln Q}{d\ln P} \qquad (7.33)$$

e_S 大時,表明小的價格相對變化會引起大的供給量相對變化。

人們可從各方面去理解和認識圖 Ⅱ.9 所示的價格規律。從表面看來,供需雙方爲了追求自身的利益而適應價格的變化。商品價格提高了,需方的收入是一定的,則購買這種商品的量下降,這便是需求曲綫;商品價格提高了,刺激供方生産更多的商品,這便是供給曲綫。這是從價格來認識商品量。反之,從"物以稀爲貴"來理解:商品緊缺時價格上漲,刺激生産,限制消費;商品多余時,價格下降,刺激消費,又限制生産。

只用産品的成本來確定商品的價格,只能表達生産企業對于産品的評價,不是社會對于産品的評價。供需雙方決定價格,是社會對于産品的評價,對供需雙方起到調節和反饋的作用。有時,不是成本決定價格,而是價格决定了邊際成本。例如,銅價上漲了,才能采用品位低的銅礦;石油價上漲了,才能使難開采的油田投入生産。但是,成本仍是决定價格的基本因素,生産者通過改善管理、采用新技術等措施,降低成本,提高所生産的商品競争力。

4 材料經濟學

4.1 定義和内容

"材料經濟學是一門材料科學與經濟學的交叉科學。" (7.34)

具體説來,是對材料的生産、消費(即應用)、交换、分配、科研、發展、規劃等活動進行經濟效益的分析和評價的學科。它是技術經濟學([C27]p134 ~ 138)在材料工業中的應用。

材料經濟學也可仿照經濟學分爲宏觀和微觀兩部分。宏觀的材料經濟學包括:

(1)材料的大循環;

(2)材料工業的布局;

(3)材料工業的技術政策;

(4)材料工業的發展規劃;

(5)材料科研的發展規劃;

(6)材料生産結構和消費結構的經濟評價等。

微觀的材料經濟學則應用微觀經濟學,主要是價值價格論和廠商理論分析單個經濟的經濟活動,例如:

(1)經濟合理地利用資源、能源、設備、工具等;

(2)工藝流程和材料産品的成本分析;

(3)原料供應和産品銷售的經濟評價;

(4)材料科研和發展的經濟評價;

(5)材料選擇和應用的經濟分析;

(6)産品的標準化、系列化、通用化等。

本章只能簡略地、示例地分析材料經濟學中的一些問題。

4.2 物質與信息的流動與循環

從事物所經歷的過程,可以更好地理解事物的本質。本節從材料企業的物質和信息的流動與循環,去理解材料的經濟問題。

4.2.1 物質循環

圖Ⅱ.11示出材料從生到滅的循環，在這個大循環中，從經濟角度考慮，可以提出如下幾個問題。

(1)消費者的需求拖動整個社會的經濟活動

這是經濟學中的基本規律之一。因此，在材料的大循環中，社會對機器、結構、裝置等產品(圖Ⅱ.11中右下方)的需求，拖動整個循環的材料流動，而這種流動的速度，又限制了社會的需求。

在計劃經濟中，生産者按質量標準及上級下達的産量指標生産，比較省心；在商品經濟中，必須主動積極地爲消費者服務，才能有較强的競争力和生存力。

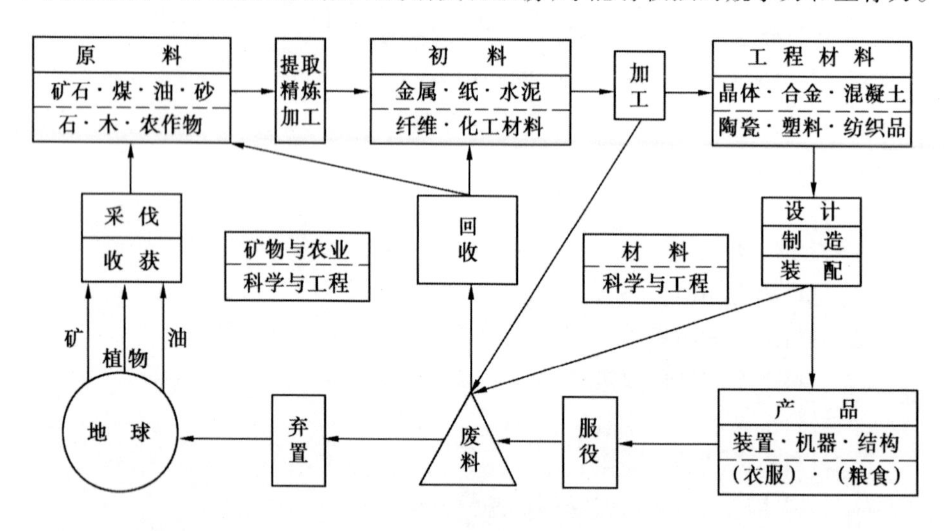

圖Ⅱ.11　材料大循環

(2)資源

從全世界來看，材料的資源可分爲天然的和再生的兩類；從一個國家來看，這些資源又可分爲國内的和國外的兩類。

世界的金屬資源日趨枯竭。以鉻爲例，圖Ⅱ.12示出羅馬俱樂部的世界經濟模型的估算結果，世界上已知的鉻儲量約爲7.75億噸，現在每年開采量約爲185萬噸。估計可維持420年(圖中①綫)。目前世界鉻的消耗正按每年2.6%增加，這樣，鉻的資源只能維持95年(圖中②綫)。若未發現的鉻儲量爲現在的5倍，也只能將壽命從95年延長到154年(圖中③綫)。若從公元1970年起100%地回收利用鉻(圖中④綫)，需求也會在235年超過供給。

表Ⅱ.3列出類似的估算，即使世界資源的探明儲量增加10倍，而且有50%的再生，可維持的年代也不是很長。表Ⅱ.4列出1980年美國一些金屬再生的産量及所占比例，能達到50%的金屬也不多。盡管如此，從廢料變成初料

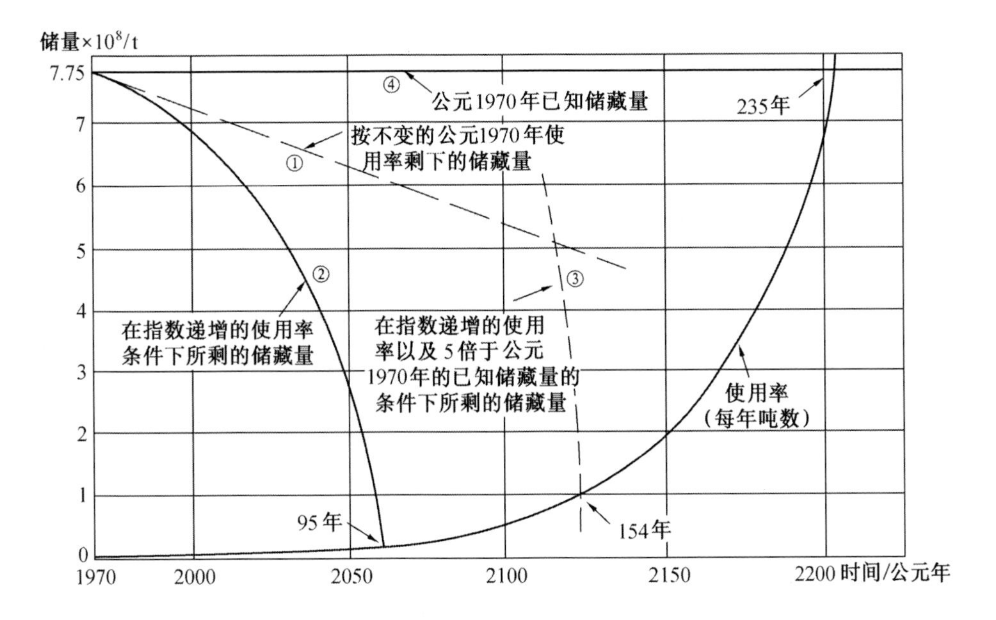

圖Ⅱ.12　鉻的儲量及維持使用的時間

表Ⅱ.3　重要金屬的世界儲量及可供開采的時間

金屬	儲量/10^6t	每年消耗增加率/%	可用時間/年	(10倍現有儲量+50%再循環)可用時間/年
Fe	1×10^6	1.3	109	319
Al	1 170	5.1	35	91
Cu	308	3.4	24	95
Zn	123	2.5	18	101
Mo	5.4	4.0	36	104
Ag	0.2	1.5	14	117
Cr	775	2.0	112	256
U	4.9	10.6	44	—
Ti	147	2.7	51	152

仍是一項巨大的事業,值得重視。雖然海水中有可觀的巨量的金屬儲藏(表Ⅱ.5),但開發成本高,難于滿足目前的經濟判據。

表Ⅱ.4 1972年美國再生金屬的產量及所占比例

金屬	年消耗量/t	年再生量/t	再生金屬的所占比例/%
Pb	1 485 000	617 000	41.5
Ag	5 258	2157	41.0
Cu	3 183 000	1 301 000	40.9
鋼鐵	133 200 000	42 200 000	31.7
Zn	1 829 000	388 000	21.2
Ni	195 200	35 900	18.4
Al	5 588 000	946 000	16.9
Mg	115 000	15 700	13.6
共計	145 600 000	45 506 000	31.2

表Ⅱ.5 海水中金屬的儲量

金屬	含量/(t·n mile^{-3})	總量/Mt
Mg	6 400 000	2.1×10^9
Sr	38 000	1.2×10^7
Li	800	2.6×10^5
Zn, Fe, Al, Mo	47	1.6×0^4
Sn, Cu, U	14	5.0×10^3
Ni, V	9	3.0×10^3
Ti	5	1.5×10^3
Sb	2	800
Ag	1	500
W	0.5	150
Cr, Th	0.2	78
Pb	0.1	46
Au	0.02	6

各國的資源自足情況不一,美國礦物局于 1977 年公布了各種金屬依靠進口的百分比如下:

Nb	Mn	Co	Ta	Cr	Ni	W	Ti	Cu	Al
100	98	97	97	89	70	38	38	17	8

各國依據自己資源情況,頒布政策,限制或引導材料的生產、應用、發展和科研。例如,美國在第二次世界大戰及 20 世紀 50 年代侵朝戰爭時期,頒布了合金使用政策,促進了硼鋼及鎢鉬系高速鋼的科研與生產。戰爭結束后,取消了這些政策,硼鋼產量大降,而鎢系高速鋼由于技術上和經濟上的優越性,代替了絕大部分的鎢鉬系高速鋼。

陶瓷材料及有機高分子材料的資源較金屬材料豐富,但要代替金屬材料,除開性能問題外,也有經濟問題。例如,工程塑料中“塑料王”售價是 21 美元一磅,性能更好的 Vespl 售價是 2 700 美元一磅;全碳纖維復合材料的汽車車體,估價是一百萬美元,若不降低生產成本,是無法大量代替金屬材料的。

4.2.2 材料企業的信息循環和反饋

如圖Ⅱ.13 所示,框内是材料企業内部的與生產有關的主要部門,它們之間要有經常而有效的信息流動,才能保持爲一有機聯系的整體。采用市場調節或者是商品經濟,便要樹立爲用户服務的思想,重視市場開拓,增設服務部門。通過如圖Ⅱ.13 所示的“銷售”和“服務”這兩個觸角,捕獲市場及本企業產品的信息,爲“生產”、“發展”、“研究”部門提供反饋,將管理和生產搞活。

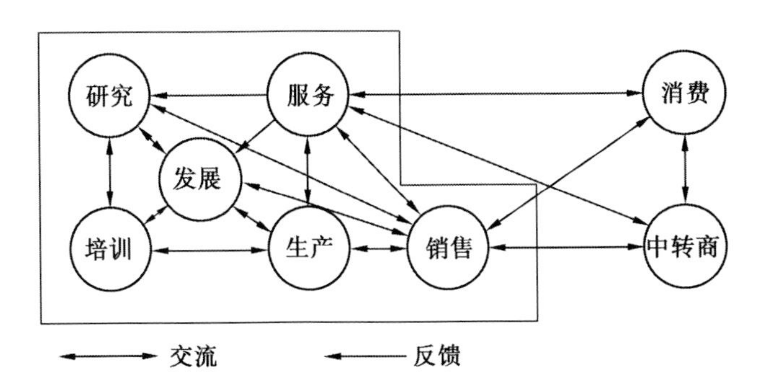

圖Ⅱ.13 材料企業的信息循環和反饋

現代化的材料企業應該是一個開放系統,與環境既有商品的交换,也有信息的交流。因此,對本企業要進行系統分析,重視反饋的信息,從而能有效地控制,這便是系統論、信息論和控制論的應用。

4.3 材料生產的經濟分析

增加包括材料生產在内的企業經濟效益或利潤的途徑可能會:

(1)降低生產成本;

(2)較高價格出售產品;

(3)增加產量直到增加的收益足以補償增加的成本爲止。

成本分析影響上列(1)及(3),是生產經濟學中的重要内容,在微觀經濟學中的廠商理論,占有極爲重要的地位。在下面,着重介紹成本分析的基本概念和方法,然后簡要介紹社會分工的經濟效益。

4.3.1 成本分析

總成本(C_T)包括固定成本(C_F)及變動成本(C_V):

$$C_T = C_F + C_V \tag{7.35}$$

C_F 又叫間接費用,指即使没有生産也要開支的費用,包括固定設備的投資利息、折舊、税款、與産量無關的工資、辦公費用等;C_V 又叫直接費用,包括隨産量的增加而增加的原料、工資、能耗、設備磨損折舊等。若産量用 Q 表示,則平均成本爲:

$$K_T = \frac{C_T}{Q} = \frac{C_F}{Q} + \frac{C_V}{Q} = K_F + K_V \tag{7.36}$$

此外,還有(7.32) 所示的邊際成本爲:

$$K_M = \frac{dC_T}{dQ} = \frac{d}{dQ}(C_F + C_V) = \frac{dC_V}{dQ} \tag{7.37}$$

式中,C_F 是不隨 Q 而變的常數。圖 Ⅱ.14 示出 K_F、K_V、K_T 及 K_M 這幾種"單位成本"與産量 Q 之間的關系:

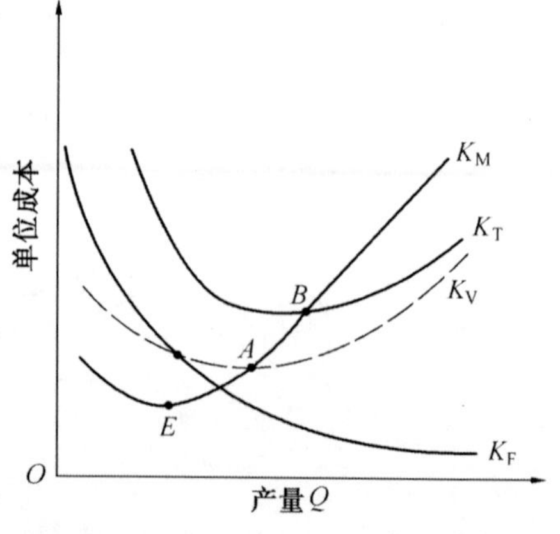

圖 Ⅱ.14　平均成本及邊際成本曲綫

(1) 由于 C_F 是常數,K_F 是隨着 Q 的增加而連續下降的。

(2) 在技術和設備條件不變的情况下,K_V、K_T 和 K_M 在開始時都是隨着 Q 的增加而遞減的;但當 Q 增大到一定限度,由于收益遞減律在起作用(參閲圖 Ⅱ.14),故隨 Q 的增加而遞增,都呈 U 形,故叫做 U 形成本曲綫。

(3) 由于 K_T 包括隨 Q 的增加而連續下降的 K_F,所以它由遞減轉爲遞增較 K_V 及 K_M 爲遲,即圖中 K_T 曲綫的最低點 B 位于 K_V 曲綫最低點 A 和 K_M 曲綫最低點 E 的右邊。

(4) 可以證明,K_M 曲綫通過 A 點和 B 點。由于 A 點是 K_V 曲綫的極小值,則:

$$\frac{dK_V}{dQ} = \frac{d}{dQ}\left(\frac{C_V}{Q}\right) = \frac{Q\dfrac{dC_V}{dQ} - C_V}{Q^2} = 0 \tag{7.38}$$

故:

$$\frac{dC_V}{dQ} = K_M = \frac{C_V}{Q} = K_V \text{[利用(7.35) 及(7.36) 式]} \tag{7.39}$$

同理,由于 B 點是 K_T 曲綫的極小值,則:

$$\frac{dK_T}{dQ} = \frac{d}{dQ}\left(\frac{C_F + C_V}{Q}\right) = \frac{Q\dfrac{d(C_F + C_V)}{dQ} - (C_F + C_V)}{Q^2} = 0$$

故:

$$\frac{dC_V}{dQ} = K_M = \frac{C_F + C_V}{Q} = K_T \tag{7.40}$$

(5) B 點叫做"經濟有效點 "(Point of economic capacity),因爲它是平均成

本(K_T)的最低點,又是 K_T 曲綫與 K_M 曲綫的交點。當 $K_M < K_T$ 時,多生產一件產品多花的代價[即邊際成本 K_M,見(7.37)]低于平均成本 K_T[見(7.36)],并使 K_T 繼續下降(圖 Ⅱ.14),這是有利的。當 $K_M > K_T$ 時,則相反,多生產會使平均成本上升。

由于上述的特點,從成本分析角度對本章3.2節的商品價格問題提出兩個觀點:

(6)在商品經濟情況下,市場機制會引導企業將邊際成本與產品價格看齊;對于鐵路、煤炭、鋼鐵等壟斷性國有企業,則必須依靠覺悟及法律做到這一點,提高社會的經濟效益。

(7)供給曲綫。K_M 綫位于 K_V 綫之下的一段并不能構成供給曲綫,因爲當價格低于平均可變成本 K_V 時,企業無論怎樣調整其產量,結果總是消耗多于產出。只當 $K_M > K_V$ 時,才構成圖 Ⅱ.9 中的供給曲綫 SS。當價格高于 K_V 時,企業從事生產可減少損失;當價格高于平均成本 K_T 時,才能獲利。

具體的成本分析是成本會計人員的工作,材料工作者應該從分析結果,尋求降低成本的技術措施和管理措施。例如,材料生產的配料方案,可以依據優化原理求最優解。在下面,以生產三要素的投入組合爲例,説明優化方法的應用。

4.3.2 生產要素的最優組合

產出的價值(g)是投入的生產三要素勞動(x)、資本(y)及資源(z)的函數,即:

$$g = f(x, y, z) \tag{7.41}$$

應該指出,上式是(7.22)的簡化,是在管理(α)、技術(β)、信息(γ)等不變的情況下的表達式。若用 p_x、p_y 及 p_z 分别表示 x、y 及 z 的單價,則總成本 C_T 爲:

$$C_T = xp_x + yp_y + zp_z \tag{7.42}$$

現在來求 C_T 恒定(約束條件)且 g 值最大(目標函數)時的 x、y 及 z 值。

設拉氏函數 L 爲:

$$L = g + \lambda(C_T - xp_z - Yp_y - zp_z) \tag{7.43}$$

式中,λ 爲任一數值,從(7.41)及(7.42)可知,$L = g$。最優解就是要滿足求極值的條件:

$$\frac{\partial L}{\partial x} = \frac{\partial g}{\partial x} - \lambda p_x = 0 \tag{7.44}$$

$$\frac{\partial L}{\partial y} = \frac{\partial g}{\partial y} - \lambda p_y = 0 \tag{7.45}$$

$$\frac{\partial L}{\partial z} = \frac{\partial g}{\partial z} - \lambda p_z = 0 \tag{7.46}$$

合并上列三式得到:

$$\frac{\partial g}{\partial x}\frac{1}{p_x}=\frac{\partial g}{\partial y}\frac{1}{p_y}=\frac{\partial g}{\partial z}\frac{1}{p_z}=\lambda \tag{7.47}$$

上式的意義是:生産三要素最優組合的條件,使一元錢不論用于增雇職工,或用于增加投資,或用于增加資源,應該取得同樣的邊際收益。因此,要獲得生産要素的最優組合,必須疏通流通渠道,鼓勵而不是限制流動,這是商品經濟的一個重要前提。

4.3.3 社會分工的經濟效益

爲了發揚各個企業、地區甚至國家的優勢,獲得較高的邊際效益,在自然經濟向商品經濟發展時,社會分工是完全必要的。分工的深化也會給科學技術的發展以及社會生産的革新創造條件,具有間接的經濟效益。

由于收益遞減律的作用,收益(G)隨分工度(F)的增加也是遞減,因此圖Ⅱ.15中G曲綫的$d^2G/dF^2<0$。但是,在另一方面,隨着分工的深化(即F增加),交換次數增加,這種交換總費用C(包括物質運輸、保險、信息交流等)却是隨F的增加而增加的,并且$d^2C/dF^2>0$。因此,由于社會分工得到的净産出爲:

$$Y=G-C \tag{7.48}$$

合適的分工度F^*應使Y爲最大,故:

$$\frac{dG}{dF}=\frac{dG}{dC} \tag{7.49}$$

交换技術如運輸、信息交流的進步,使C曲綫下移到C',則對應的最適分工度從F^*移至F'^*。總之,在不同的情況下,都不是分工越細越佳,都有一個最適的分工度。

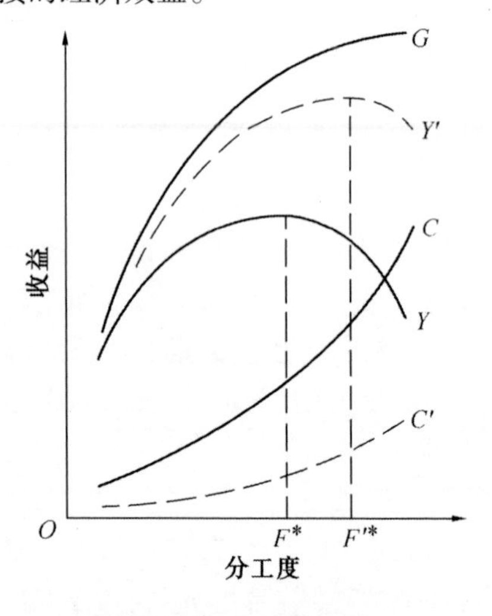

圖Ⅱ.15　最適分工度

5　結　語

第1節引言中,回顧了"Economics"從西方東傳時,曾有"計學"和"經濟學"兩個譯名,它們分别强調"方法"和"目的",都很重要,不可偏廢。西洋人的原意是"管家",并指明管理什么(7.3及7.4);直截了當。西洋人回答"What?",嚴復及日本人的意譯名却嘗試分别回答"How?"及"Why?",對比一下,悟到文化的差异。

學科之間可以相互啓示,從而擴大思路,并借用分析方法。

在第 2 節,借助于材料學的方法論,從功能、環境、結構三方面,介紹我國"社會主義市場經濟的特征",并從生物學中的競争和協調,理解經濟體制中的計劃經濟和市場經濟的區别。

經濟學(Economics)曾譯爲"計學",既有計算,也有算計,都需要應用數學,特别是導數的概念。同力學中的速度和加速度概念類比,平均速度表示過去現象,而瞬時速度 (ds/dt) 則表示現狀。在 3.1 節,介紹了數理經濟學中的邊際分析方法和收益遞減律;并進一步在 3.2 節討論了商品價格,引入需求彈性和供給彈性這種類似于力學中的概念。收益遞減律及商品價格律是經濟學中的兩個基本規律。

第 4 節定義了"材料經濟",列舉了它的兩個分支的主要内容;并示例地討論了兩個問題:

(1)物質與信息的流動與循環;

(2)材料生産的經濟分析。

本章只能介紹一些重要概念和方法;在第 11 章及第 9 章將分别從材料選用和材料科研兩方面涉及經濟因素的重要作用;在第 12 章的材料展望中,將會看到經濟因素的推動作用。因此,正如第 3 節中所指出的那樣:宏觀材料學是以經濟爲綫索,貫穿材料宏觀現象的研究,這是由于材料的定義中有經濟判據。

第 8 章　科技法律

“依法治國。” (8.1)

材料學問題屬于科技問題,因而科技法律適用于分析材料的社會問題。本章學習和宣傳國家軟科學重點研究項目——“科技法制系統工程研究”的成果之一《科技法學》([C26]),運用著者的《材料學的方法論》([A11])思路,介紹科技法律。本章分六節,分别論述六個問題:概述,功能,結構,環境,過程,能量。

1　概　述

本節將從邏輯和系統兩方面分析科技法律這個概念。

1.1　邏輯分析

采用定義和劃分這兩個邏輯方法可分别明確“科技法律”這個概念的内涵和外延。

1.1.1　定義

按照我國國家科委發布的《中國科學技術指南》:

“所謂科技法,指的是調整科學技術活動中社會關系的法律規範的總稱。” (8.2)

這是從“科技法”的一種“功能”來定義的。從第 2 節將會看到,科技法還有其他功能。此外,科技活動中的社會關系,除了科技法加以調整外,民法、刑法、行政法、勞動法、經濟法等,也都參與調整。在我國,“法律體系”通常是指部門法體系,即一國的全部現行法律規範可以劃分爲哪些部門,或者説一國現行法律的整體是由哪些部門構成的。劃分法律部門的判據一般有兩種:一是法律所調整的對象;二是法律的調整方法;前者是主要依據。

應該指出,科技法在我國社會主義法律體系中,是一個新興的法律部門;1993 年 7 月 2 日頒布的《中華人民共和國科學技術進步法》標志着我國有了第一部科學技術基本法,它與其他法律之間的關系,例如科技法與環境法調整範圍的劃分,還是探討中的問題。

1.1.2　劃分

按照主干性法律(法典或單行法)所適用的範圍,科技法可劃分爲如下八類

(列舉主干性法律):

(1)綜合性科技立法

指在科技領域中涉及面較寬廣、帶有基礎性的立法及其從屬性法律文件,例如科學技術進步法。

(2)科技研究開發法

是針對研究與開發活動或事業所制定的規範性法律文件的總稱,例如研究院(所)法、科學技術基金法、研究開發活動法、標準化法、計量法等。

(3)科技成果法

是有關科技成果的管理、保護、轉化、推廣、應用等方面的立法,例如促進科技成果轉化法、農業技術推廣法、專利法、著作權法、商業秘密法、科技成果管理法、軍工技術管理法等。

(4)技術貿易法

指有關技術市場管制、技術貿易組織管理和技術合同制度等方面的立法,例如技術市場法、技術合同法等。

(5)條件保障法

指爲科技進步活動提供條件和環境保障的立法,例如科技投入法、高新技術産業開發區法、科技人員法①、物資保障法①、科學技術普及法①等。

(6)科技獎勵法

獎勵科技人員、科技成果創造者的有關立法,例如科學技術獎勵法。

(7)專門領域的科技法

指特定科技産業或特定科技研究開發領域的立法,例如原子能法、信息法、生物工程法、太空法、海洋技術法等。

(8)國際科技交流與合作法

指促進國際科技交流與合作的國内立法,不包括我國加入、參與或簽訂的國際條約。

在上述科技立法體系中八個方面的主干性法律内,又可有若干從屬性法律文件。例如,計量法實施條例、國家測試中心管理條例都是主干性法律——計量法的從屬性法律文件;技術秘密(Know-how)保護條例、反不正當競争條例、反壟斷條例都是主干性法律——商業秘密法的從屬性法律文件。

1.2 系統分析

若"科技法律"是我們的研究對象——系統,則系統分析包含兩方面内容:系統與環境的關系,系統内各組元之間的關系。分述如下。

① 只表示立法的一个分类,并无具体立法。

1.2.1 科技發展對法律的影響

法律的産生和執行涉及立法和司法,科技發展對它們的影響以及對法律思想和法學方法論的作用,分述如下。

(1)對立法的影響

①隨着科技的發展,出現了新的立法領域,即科技成果只要用于生産,就會出現社會關系,從而需要法律來處理這些關系。1474 年,威尼斯共和國頒布了第一個專利法,開創了用法律來保護技術發明的先例。工業革命開始后,工業國家相繼頒布了專利法,承認了專利權,成立了專利機構。從此,國家便開始通過立法來管理科技活動。現代科技的發展,導致許多新法律的出現,如航空法、宇宙空間法、計算機法、原子能法、基因技術法等。

②科技的發展以及相應的社會關系的改變,對一些傳統的法律領域提出許多新的問題,例如,現代醫學的高速發展,使婚姻、家庭、財産繼承等方面的法律受到很大的冲擊;人工授精、試管嬰兒、人類胚胎移植等新技術的成功,使社會遇到新問題;静電復印技術的普及,大大削弱了版權法的效力;電子計算機創作的音樂、美術、詩歌等已大量出現,其版權歸屬也需研究。

③科技研究成果已大量應用于立法過程,例如,醫學、遺傳學和其他生物學原理有助于《婚姻法》的執行:關于禁止"直系血親和三代以内的旁系血親結婚";關于禁止"患麻風病未經治愈和患其他在醫學上認爲不應當結婚的疾病的人結婚"。此外,標準法、環境保護法、專利法等,都需要應用大量的科技成果。

(2)對司法的影響

司法過程的三個主要環節——事實認定、法律適用和法律推理都越來越多地受到現代科技進步的影響。借助于醫學、生物術、攝影、通信、計算機、微電子等技術及其他物理、化學、生物學的科學方法和理論,司法部門能够快而準地查獲證據,認定事實。此外,計算機在文件處理、信息檢索和協助推理判案三方面,都起到重要的輔助作用。

(3)對法律思想和法學方法論的影響

例如,由于生理學和醫學的發展,一些國家在法律上已接受"腦死亡"的概念;人們强調對犯罪的精神病理因素持寬容態度。又如,世界出現"信息社會"的趨向,各國之間的空間距離大爲縮短,各個社會之間的相互影響以及人們關于時效及時限的觀念大爲增强。因此,在立法時,不能不考慮國際法、國際慣例和其他國家法律的規定,以求得本國法律適用的方便和有效。

在法學研究的方法論上,也出現交叉的趨向,例如法律信息論、法律系統論、法律控制論等。"科技法律"既是由于社會發展的需要而出現的新的部門法律,又是在"科學技術"與"法學"之間的交叉地帶所形成的"交叉科學",這是學科的豐收地帶。

1.2.2　**法律對科技發展的影響**

科技對于人類社會有正、負兩方面作用：它既能帶來財富和利益，也會造成灾難和損失。法律對科技發展的作用便是“興利”與“除害”。

(1)運用法律管理科技活動，確立一國科技事業的地位，規範國際競爭與合作的準則。

(2)促進科技經濟一體化、科技成果商品化。

(3)抑制和預防科技活動和科技發展所引發的各種社會問題。

在第2節“功能”中，將進一步討論這個問題。

1.2.3　**科技法律内的系統分析**

類比于《材料學的方法論》([A11])對“微觀材料學”系統分析，采用圖Ⅱ.16，説明以下五節(2至6節)之間的關系。

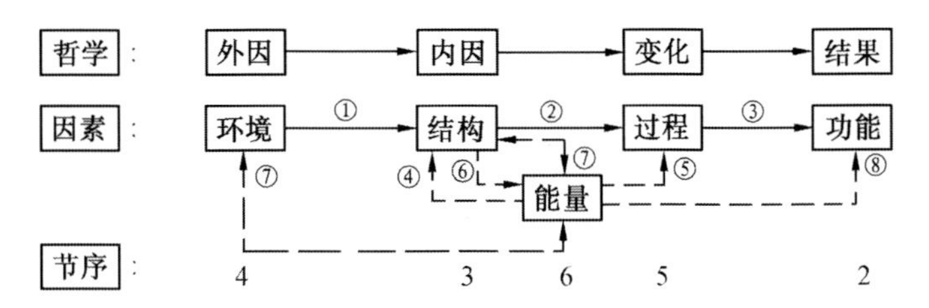

圖Ⅱ.16　科技法律五因素與微觀材料學五因素的類比
(①～③與④～⑧的説明分别見第4節與第6節)

2　功　能

對于人、材料和事的分析，我傾向于在闡明概念之後，先分别討論才能、性能和功能，它們分别是人、物和事的變化結果；它們是由外因(環境)通過内因(結構)引起的過程所造成的。本節討論科技法功能之後，第3、4及5節分别論述結構、環境和過程；第6節闡明科技法的能量。

科技法的功能可分爲規範功能和社會功能兩大類，分述如下。

2.1　規範功能

一切法律都具有規範功能，科技法的規範功能在科技活動領域内實現。與其他部門法的規範功能一樣，表現爲指引、預測、評價、强制、教育和激勵六種。一般對于法的强制功能印象深刻，造成“法者罰也”的錯覺。其實，法還有其他五種鼓勵守法的積極作用。我國古代法家，例如韓非，就强調賞罰并用：

“治國之有法術賞罰，猶若陸行之有犀車良馬，水行之有輕舟

便楫也，乘之者遂得成。伊尹得之，湯以王；管仲得之，齊以霸；商君得之，秦以强。"(《韓非子·奸劫弑臣》) (8.3)

"夫善賞罰者，百官不敢侵職，群臣不敢失禮，上設其法，而下無奸詐之心，如此則可謂善賞罰矣。"(《韓非子·難一》) (8.4)

科技法的規範功能簡述如下。

(1)指引功能

對人們行爲的指引是一種規範的指引，具有權威性，這種指引可分爲確定性指引和非確定性指引。

確定性指引表明在一定場合是必須如此行爲或不得如此行爲的，人們没有選擇的余地；一般都規定了相應的后果，即法律的后果。這種立法的意圖在于防止人們做出違反法律的行爲。例如，規定不得侵犯他人專利權；簽定和履行技術合同不得有欺詐行爲。非確定性指引表明人們在一定場合下可以這樣行爲，至于人們是否這樣行爲，由行爲人憑自己意願加以選擇。這種立法的意圖在于鼓勵或容許人們從事法律所指引的行爲。

(2)預測功能

這種功能具有兩種含義：一方面，行爲人可以預測有關人可能采取的行爲；另一方面，行爲人可以預測自己的行爲在法律上是有效還是無效，是受法律的肯定還是否定。例如，依據技術合同法，一方當事人在履行合同時，可合法地期望另一方當事人相應地履行合同；如果一方當事人由于非法定原因而不履行合同，則可預測到另一方當事人的求償行爲以及法律對自己違法行爲的態度。

(3)評價功能

人們依據科技法，可以判斷、衡量某種行爲在法律上是有效的或是無效的，是合法的或是違法的；如果是違法的，是屬于何種違法，程度是輕還是重，必定招致何種制裁等。所有這種評價都是依法做出的。法律評價只是針對人們的實際行爲做出的，對人們的思想或心理活動，法律不能發揮評價功能。

(4)强制功能

强制的對象只是違法者的違法行爲。科技法的强制功能不僅是外在的，而且是内在的。違反科技法的行爲，不僅將招致法律制裁，而且往往由于這種行爲也違反了自然規律，從而受到來自自然規律的懲罰。例如，違反章程的操作行爲，不僅要受到法律制裁，還可能會機毁人傷而受到自然規律的懲罰。人們遵守科技法，不僅需要有法律意識，也要有科技知識。

(5)教育功能

法律的實施，不僅對違法者有教育作用，而且對試圖違法者起着預警作用，對社會公衆也起着守法的教育作用。當人們的合法權益受到法律保護而起到預期后果時,也會對社會公衆起着示範性的教育作用。此外,科技法的教育功能還教育人們尊重科學,尊重客觀規律,尊重知識,尊重人才;這種影響往往是潛移默化的。

(6)激勵功能

表彰或奬勵性的科技法律規範的實施,對于激發人們從事科學研究和技術開發、科技成果的合理利用與推廣,鼓勵人們積極從事促進科技進步的工作,具有重大意義。科技法的這種功能,同主要用于制裁不法行爲的刑法一類法律,有着顯然不同的特征。

2.2 社會功能

科技法的社會功能可以概括爲如下相輔相成的四個“保障和促進”:

(1)科學技術進步;

(2)科技成果的合理使用和推廣;

(3)國際的科技交流與合作;

(4)協調人和自然的關系。

科技法一般通過如下八種形式體現其社會功能:

(1)確認科技進步在社會發展中的地位;

(2)確認國家發展科技的目標、任務、方針、政策、原則和制度;

(3)確認科技發展中的各種關系以及這些關系中的主體、客體和事實的法律地位;

(4)劃定各種主體在法律上的權利、義務或職權、職責的範圍;

(5)保護以上所確認的法律地位以及所劃定的權利義務關系或職權出現的關系;

(6)管理、調整和監督科技關系和科技活動;

(7)規定人們行爲的法律后果,借以激勵合法行爲、制裁違法行爲;

(8)規定解決法律關系主體間糾紛或其他法律問題的機構、方式和程序,以保障法律的實施。

3 結 構

設系統的結構、組元的集合與組元間關系的集合分别用 S、E 與 R 表示,則:

$$S = \{E, R\} \tag{1.23}$$

在下面,依次討論縱向和横向結構。

3.1 縱向結構

圖Ⅱ.17 示出與科技法有關的縱向結構。

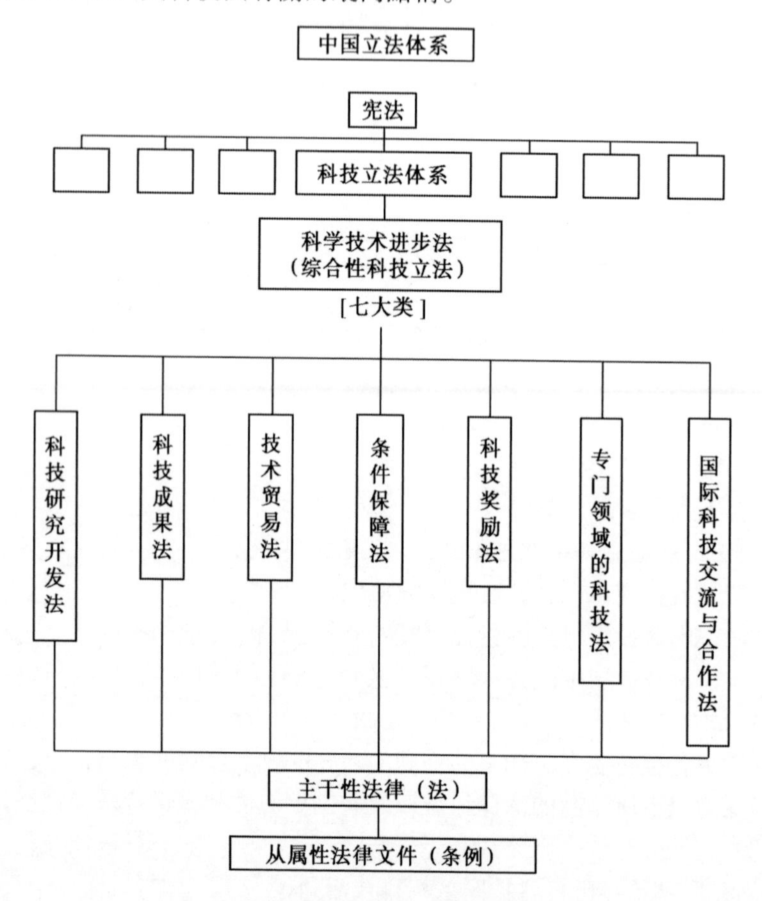

圖Ⅱ.17　我國科技立法體系的縱向結構

在我國,根據憲法規定,全國人大及其常務委員會行使"國家立法權",其他有關國家機關可分別行使制定法規、規章等規範性法律文件之權:國務院制定科技行政法規;國務院有關部委制定科技行政規章;地方人大及其常務委員會制定地方性科技法規。

我國科技立法較晚,這是由社會經濟、科學技術的發展形勢導致的。20 世紀 80 年代以來,我國政府確定了"經濟建設必須依靠科學技術,科學技術工作必須面向經濟建設"的指導方針和相應政策,開始了科技體制改革,先后制定和實施了科技發展的中長期總體規劃和各種層面的計算,例如:"星火計劃","火炬計劃","科技成果推廣計劃","八六三計劃","國家重點科技攻關計劃","基礎性研究計劃"等。我國的科技事業正朝着明確的戰略目標迅速發展,"科學技術是第一生産力"和"科教興國"的戰略思想正成爲全民之共識,這爲建立我國科技立法體系,創立了良好的社會環境。1993 年 7 月 2 日頒布的《中華人民共和國科學技術進步法》是我國第一部科學技術基本法。正如圖Ⅱ.17 所示,它是"綜合性科技立法",必須依據《中華人民共和國憲法》——國家的根本大法制定,不得與憲法相抵觸,否則歸于無效;在它的下面,有七大類法,各種主干性法律,大量的從屬性法律文件;這便是"科技立法體系的縱向結構"。

3.2 横向結構

科技法是一個新興的部門法,是從老的部門法中分立出來的。從(1.23)可以看出,論述結構 S,就是在尋求組元 E 及關系 R。現從如下兩方面討論横向結構:科技法與其他部門法之間的關系;科技法内的横向結構。

3.2.1 科技法與民法之間的關系

民法是調整平等關系主體的公民之間、法人之間、公民與法人之間的財産關系和人身關系的法律。它與科技法之間的關系和區别表現如下。

(1)淵源關系

科技法主要是從行政法、民法中分立出來的,因而科技法與民法有着歷史淵源關系。例如,《技術合同法》、《專利法》等是由民法轉屬于科技法的。因此,它們之間有着交叉關系。

(2)所調整的社會關系不全同

民法只調整平等主體之間的關系,而科技法却調整平等主體之間或不平等主體之間的關系。

(3)調整手段有所不同

民法堅持以等價、有償的原則調整;而科技法雖也堅持有償原則,但很難以等價爲原則,這是因爲精神財富(科技成果)往往很難精確計算其價值。科技法可通過獎勵方式調整社會關系,而民法和其他部門法却很難采用這種方式。

3.2.2 科技法與行政法之間的關系

行政法是調整國家行政關系的法律規範的總稱。它與科技法之間的關系和區别如下。

(1)淵源關系。

同 3.2.1(1)。

(2)所調整的社會關系不全同

行政法調整國家行政關系,這種關系的當事人必有一方是國家機關,因而當事人雙方往往處于不平等的地位;大多數科技法關系的雙方都是在平等主體之間發生的。

(3)調整手段有所不同

在大多數情況下,科技法都采用平等、有償的原則;而行政法的調整,一般以權力性、命令性和雙方關系的不平等性爲特征。對違法行爲,行政法主要采用行政制裁;而科技法則兼有行政制裁和民事制裁。

3.2.3 科技法與環境法之間的關系

環境法是保護環境和自然資源、防治污染和其他公害的部門法,通常指自然資源法和環境保護法,前者指對各種自然資源的規劃、開發、利用、治理和保護等方面的法律,如《森林法》、《草原法》、《漁業法》、《礦産資源法》、《土地管理法》、《節約能源管理暫行條例》等;后者指保護環境、防治污染和其他公害的法律,如《環境保護法》、《海洋環境保護法》、《水污染防治法》、《大氣污染防治法》等。關于科技法與環境法之間的關系,我國法學界存在不同的認識,但環境法的調整對象,不僅涉及科技領域的社會關系,也涉及其他領域的社會關系,而且科技法作爲一個部門法,也不應太廣泛,因此,這兩種法以分開爲宜。

3.2.4 科技法與經濟法之間的關系

經濟法在我國也是近十余年才興起的部門法,顧名思義,它是調整社會經濟關系的法律規範的總稱。但是,經濟關系也是一個很大的社會關系領域,除開經濟法外,民法、行政法等部門法在不同程度上,也在調整經濟關系。《民法通則》頒布后,澄清了這幾種法的界限:民法主要調整平等主體之間的財産關系,即横向的財産、經濟關系;不是平等主體之間的經濟關系,主要由經濟法、行政法調整。

科技法與經濟法的關系和區别分述如下。

(1)兩者具有交叉關系。如上所述,經濟法調整縱向的經濟關系,而科技法則調整因科技活動引起的科技關系。在一般情況下,二者的界限是清楚的。若縱向的經濟關系和科技關系同時存在于某一社會關系之中,如政府科技撥款,便出現了交叉關系。

(2)所調整的社會關系有所不同。經濟法僅僅調整縱向的經濟關系;而科技法既調整科技活動中平等主體之間的横向關系,也調整不平等主體之間的縱向關系。

(3)采用的手段也有不同。經濟法既然調整縱向經濟關系,則采用的手段主要是行政的;而科技法的調整則綜合運用行政的和民事的手段。

3.2.5 科技法内的横向結構

在圖Ⅱ.17 中,平列了七大類科技立法[(1.23)中 E],但没有討論這些 E 之間的關系 R,只是指出有許多主干性法律和從屬性法律文件。

在科技法學文獻中,曾有建議將科技法分爲科技基本法、科技行政法、科技民法、科技勞動法、科技刑法等,這個建議值得進一步探討,是一個尚未解決的問題。

建立這種横向結構時,應該遵照《中華人民共和國科學技術進步法》給出的框架,因爲如圖Ⅱ.17所示,它是我國第一部科學技術基本法。這部法律以鄧小平關于“科學技術是第一生產力”的科學論斷爲依據,總結了建國以來發展科技的成功經驗和十四年科技體制改革的重大政策,確定了我國科技立法的總的指導思想和基本原則,并建立了科技法律制度體系的框架。這個框架包括五部分:

(1)從事科技事業和科技實業的主體法律制度組合,包括科技行政管理體系、研究開發機構、科技人員、企業技術創新等。

(2)增强科技實力和促進科技長入經濟,將科技工作的如下三個層次納入法制軌道的法律制度組合:

①科技工作直接爲經濟建設服務的法律制度,例如技術合同與技術市場、科技成果轉化、科技計劃、知識產權等法律制度;

②加速高技術產業的發展的法律制度;

③基礎研究和應用基礎研究方面的法律制度。

(3)依靠科技進步,解決社會發展重大問題,促進社會經濟持續發展的法律制度,例如人口控制、改善環境、提高社會公共設施技術水平、促進人體生命健康的醫藥衛生保健等的法律制度。

(4)爲提高科技成果的產出率的有關法律制度。

(5)其他組織管理方面的法律制度,例如國際科技合作、國防科技、科技信息網絡、生物資源出境控制等法律制度。

上述框架列出横向結構(S)的組元集合(E),仍須尋求組元間關系的集合(R),才能確定 S。

4 環　境

從圖Ⅱ.16可以看出,“環境”是一切系統變化過程的外因,對于科技法來説,本節僅從立法來説明環境對法律過程的影響。

法律是調整人類社會關系的一種規範,而如圖Ⅱ.16所指出的那樣,科技法要調整科技活動中的社會關系。這種調整便是科技法的形成,即立法過程。現從社科和科技兩方面,試圖説明當前的社會環境和科技環境對我國科技法的形成極爲有利。

4.1 社會環境

當代中國正處于社會主義初級階段,社會主義的本質在于解放和發展生產力,消滅剥削階級,消除兩極分化,最終達到共同富裕。對于生產力,應該如何理解?馬克思早就説過:

"生產力里面也包括科學在内。" (8.5)

1982年,鄧小平豐富和發展了馬克思主義的科技生產力理論:

"科學技術是生產力,而且是第一生產力。" (8.6)

我曾嘗試用"生產力"(P)的結構來理解這個重要思想([B26])。在給定的社會環境(e)中,生產力(P_e)取决于系統的結構(S),依據(1.23)結構的定義,P_e 取决于系統的組元($x,y,z,\alpha,\beta,\gamma$)和組元間關系(用函數 f 表示):

$$P_e = f(x,y,z,\alpha,\beta,\gamma) \tag{8.7}$$

式中,x、y 及 z 分别爲勞力、資本及資源,屬硬件;α、β 及 γ 分别爲科技、信息及管理,屬軟件。同類相加、异類相乘,可較好地表明交互作用:

$$P_e = [X(x) + Y(y) + Z(z)] \cdot [A(\alpha) + B(\beta,\alpha) + \Gamma(\gamma,\alpha)] \tag{8.8}$$

(1) 科技函數 $A(\alpha)$

1991年5月,江澤民在中國科協全代會上講話指出:"科學技術爲勞動者所掌握,就會極大地提高人們認識自然、改造自然和保護自然的能力;科學和技術和生產資料相結合,就會大幅度地提高工具的效能,從而提高使用這些工具的人們的勞動生產率,就會幫助人們向生產的深度進軍。"我理解:這里所提到的"掌握",便是(8.8)式中的$[X(x)] \cdot [A(\alpha)]$,這就指出了科技教育的重要性;所提到的"結合",便是(8.8)式中的$[Y(y) + Z(z)] \cdot A(\alpha)$。(8.8)中$[X + Y + Z] > 0$,欲使 $P_e > 0$,則要求$[A + B + \Gamma] > 0$,只有真科學技術,才有 $A > 0$。

(2) 信息函數 $B(\beta,\alpha)$

一方面,信息科學是一門科學;另一方面,如何對待和分析信息,又受信息提供人員的動機和水平影響。因此在(8.8)中,我用 $B(\beta,\alpha)$。在國際競爭激烈的當代,引用國際信息宜注意:

① 適用性 —— 針對國情,不應盲目引進。

② 滯后性 —— 公布的資料較實際情况滯后若干年。

③ 欺騙性 —— 由于競爭需要,有些企業公布甚至鼓吹已放弃領域的科技資料,應去僞存真,免誤入歧途。

我國春秋戰國時代,争奪十分激烈;《孫子兵法》第十三篇"用間",可供獲取和分析信息以及技術保密參考。

(3) 管理函數 $\Gamma(\gamma, \alpha)$

一方面,從科學管理到管理科學,Γ 受 α 的影響;另一方面,如何管理,又受管理人員道德水平和業務能力的影響。因此在(8.8) 中,我用 $\Gamma(\gamma, \alpha)$。

Γ 同 B 一樣,可大可小,可正可負。内耗、低能、不勤政,則 Γ 小;若腐敗而不廉政,則 Γ 爲負,抵消科技函數 A 的正值作用。

至此,我初步認識了四點:

① 由于科學技術(α) 影響了(8.8) 中其他五個因素,而它的函數 $A(\alpha)$ 又是正值,從它的重要性認識到它是"現代生產力中最活潑的因素和最主要的推動力量",因而初步理解"科學技術是第一生產力" 的深遠意義。

② 爲了發揮科學技術的實際作用,要十分注意"信息" 和"管理" 的作用:不要使它們的函數 B 及 Γ 爲負值,抵消科技函數 A 的正作用;而要增大它們的正值,從而增强 A 的正作用。

③ 盡管我國科技的某些領域在世界範圍内并不落后,但在實際上,并未導致發揮第一生產力的作用,從中可以探索"管理" 的作用和影響。

④不注意科技信息的適用性、滯后性及欺騙性,將會導致浪費。

1992 年 10 月召開的中共中央第十四次全國代表大會,將建立社會主義市場經濟體制確立爲我國經濟體制改革的目標;1993 年 3 月,第八届全國人民代表大會第一次會議通過的憲法修正案,將此載入國家根本大法;1995 年 5 月 6 日,中共中央、國務院發布《關于加速科學技術進步的决定》;同年 5 月 26 ~ 30 日召開全國科學技術大會,提出了"科教興國"的偉大戰略方針;1996 年初,中共中央又提出"依法治國,建設社會主義法制"的治國方略,這已爲全國人大八届四次會議批準的《國民經濟和社會發展"九五"計劃和 2010 年遠景目標綱要》所肯定。這一系列的重大措施,爲科技法的建立,創造了優良的社會環境。

4.2 科技環境

在本章 1.2.1(1),我們已簡明地指出科技的發展對立法的影響,這是世界的大勢所趨,我們應急起直追,加速我國科技法體系的建立。

5 過　程

本節分四小節,依次論述科技法運行過程的概念、特點、兩個階段、利益。

5.1 概念

科技法的運行過程是社會$\xrightarrow{①}$科技法$\xrightarrow{②}$社會的過程,即社會提出對科技法的要求,促使法律的形成①;然后用科技法去調整社會關系②,實現其立法目的的過程。在第①階段,由于科技、經濟、社會的發展,提出以法律調整科技領域的社會關系的要求,國家根據這種要求,創制科技法,確立在科技活動領域中指引人們行動的準則。在第②階段,科技法作爲社會關系的調整器而運作,被人們遵守、執行、適用,從而發揮其功能,并實現其目的。

5.2 特點

科技法的運行有如下四個特點:

(1)這種運行是人的活動的結果和表現,這里所説的人是泛指,既指個人,也指國家機關、社會團體、企業事業單位乃至國家整體。

(2)這種運行借助于國家强制力的保障。

(3)第①階段的運行表現爲法律規範的形成,即權利、義務被設定;第②階段則表現爲令行禁止,即主體的權利得到享受、義務被履行、禁令被遵守。

(4)從運行結果來看,國家有利于科技進步的社會關系模式化,并轉化爲現實的社會關系,從而形成促進科技進步的社會環境和法律秩序。

(5)科技法的運行并不是孤立進行的,它不僅受到其他相關法律運行的强烈影響,而且受到經濟、科技、政治、道德、宗教、文化系統運行的强烈影響,因此,科技法的運行要與這些系統的運行相互配合,相互促進。

5.3 兩個階段

5.3.1 第一階段

一般經過如下五個過程:

(1)提出立法案

在我國,首先由黨和政府提出科技政策。黨中央根據科技、經濟、社會發展的規律和現實,提出科技發展的總方針和總政策(例如 1985 年中共中央《關于科技體制改革的決定》)以及有關領域的政策(例如高科技領域的特殊政策),由有關部門,特别是政府主管科技工作的部門,再根據黨中央的政策,針對具體領域,爲解决某一方面問題而提出較爲具體的政策(如産業政策,技術選擇政策,科技人員政策,有關資金、税收、貸款、物資等政策)。由有立法提案權的人提出立法案。

(2)形成法律草案

一般成立起草工作小組,進行調查研究,總結規律和經驗,發現問題,提出對策,提交法律草案;有時由提案人直接提出法律草案。

(3)審議法律草案

由全國人大及其常務委員會進行審議。

(4)通過法律草案

由全國人大代表不記名投票,需獲全體代表(不是出席會議的代表)的半數以上同意才能通過。由全國人大通過的科技法是科技基本法。

(5)頒布法律

由國家主席根據大會的決定,以主席令的方式公布爲法律。

5.3.2 第二階段

這個階段的一般情況的運行機制主要是:法律規範—法律事實—法律關系—享受權利和履行義務的行爲—實現法律關系。這些運行是通過法律執行和法律監督來完成。此外,在特定情況下,還會出現法律適用問題:

(1)科技爭議發生,但法律主體之間不能自行解決時;

(2)違法情況出現而必須加以處理時;

(3)依法必須由主管機關審核批準時;

(4)依法必須由主管機關分配資源時。

總之,法律主體靠自己不能使科技法繼續運行的情况下,便要借助于法律適用的手段。法律適用都經過下列一些過程:

(1)調查研究;

(2)選定適用于經甄別認定的事實和情况的法律規範;

(3)針對事實、情況和選定的法律規範做出法律推理、法律解釋;

(4)做出裁决并制作和送達裁决文書;

(5)執行裁决文書中的要求或采取措施以保證其實現。

5.4 利益

利益,俗稱"好處",它含有如下兩方面意義:

(1)利益始終是一定主體的利益。在這里,主體既可以是個人,也可是人的聚合體,如團體、單位、派别、階級、社區、國家等。

(2)利益是主體生存與發展的客觀需要,它以一定方式獲取資源,從而使這種需要得到滿足。

人們利益的多樣性,决定了社會關系的復雜性;對利益的分配、調整、控制,呈現着復雜的社會圖景。在下面,分别論述利益對于科技法形成和實施的影響。

5.4.1 利益與科技法形成的關系

人們在科技的生産(研究與開發)、科技産品(知識産品,如著作、技術)的分配和交换(如技術轉讓、科技進出口貿易)的過程中,逐漸形成人們的利益關系結構。人們的利益决定了人們在科技生産、分配和交换中的行爲的方式,并逐漸形成一定的行爲規則。這些規則中,有的反映爲道德規範,有的反映爲習慣,另一些則形成法律,具有極大的權威性。立法案的提出,實際上是一種利益關系的形成和利益要求成熟的反映。

從國家利益考慮,科技法案的提出、草案的擬定、審議、通過和公布爲法律的全過程,都是爲了國家自身利益的要求。

一方面,利益是科技法運行的内在動力;另一方面,科技法也是保護正當利益、調整利益關系的有力工具,這反映在如下三個方面:

(1)科技法確認一定的利益是正當的、合法的,則以法律形式確認利益主體、主體需要以及主體爲滿足需要而獲取相應資源的行爲都是合法的、正當的。

(2)科技法對正當利益實現過程中發生的法律關系加以確認。

(3)科技法否定不正當利益,制止獲取不正當利益的行爲,排除對正當利益實現過程的干擾和阻礙。

5.4.2 利益與科技法實施的關系

追求正當利益的合法行爲,是推動法律正常運行的力量;而追求不正當利益的違法行爲,則是引起法律適用的原因之一。

作爲行爲動力的"利益",其作用有二:

(1)推動主體行爲的動機。爲了利益,推動主體采取合法行爲來滿足自己的利益的要求;反之,若主體需要與滿足該需要的行爲受法律否定,而主體硬要去滿足這種需要時,便使主體産生違法行爲的動機,推動主體實施違法行爲去獲取不正當的利益。

(2)需要和獲取資源的綜合考慮,即實現兩者的結合,推動人們去尋求和采取最經濟的行爲。人們爲滿足需要而獲取資源的行爲,都要耗費一定的既得資源(體力、智力、財力、榮譽等)。以最小耗費而獲取最大利益的經濟原則,對于合法行爲和違法行爲的選擇,具有内在的導向。即使是在社會主義社會,利益推動人們選擇行爲的經濟原則,仍然會推動一些人選擇違法行爲來實現自己的利益。

合法行爲對于推動科技法和其他法律的運行,尤其是對于實現法律的目的具有重要意義:

(1)合法行爲是實現法律規範的惟一形式;

(2)一定社會關系的主體,也只有通過合法行爲,才能將法律的權利和義務轉化爲自己的現實的權利和義務;

(3)只有通過合法行爲才能實現社會管理的功能。

6 能 量

在微觀材料學領域内,應用“能量”這個概念,可簡易地説明許多問題。如圖Ⅰ.16 所示:能量控制結構的穩定性④和過程的進行⑤;從結構可計算能量⑥;環境與結構可交换能量⑦;某些功能(人才的才能,材料的性能如韌性,法律的功能)也是一種能量⑧。在下面,從“含義”與“作用”兩方面,説明科技法能量與科技法的運行。

6.1 含義

任何法律(包括科技法)都有其能量,它能够調整社會關系、推動科技進步,它是一種國家强制力,是下列三種力的合力:

(1)物質力量

包括下述三因素:

①人員——從事立法、執法、司法活動的立法法官、檢察官、警官、警察、獄政人員、行政官員等;

②有關法律活動的物質投入;

③用于法律活動的人力資源和物質資源的結合方式和狀況,包括法律機構的設置、相互關系、相互配合、内部結合和工作程序、人員素質及配置、法律設施等。

(2)精神力量

這主要指科技法所體現的科學性、邏輯性等因素對人們的説服力,以及社會對法律的價值觀等。

(3)傳統力量

這主要指人們守法、執法、司法的素質,這是一個社會的文明素質,即社會的傳統力量。

6.2 作用

國家耗費一定的人力和物質資源,在原有的文化和文明的基礎上,形成包括科技法在内的法律能量,通過鼓勵合法行爲與制裁違法行爲的方式,影響人們的行爲,調整社會關系,發揮 2.1 節所論述的六種規範功能和 2.2 節所論述的四種社會功能。

很明顯,法律的能量越大,則法律推動社會前進的力量越大。參考物理學中力的三要素原理:

$$\boldsymbol{F} = M\boldsymbol{a} \tag{8.9}$$

式中,推動力 $\boldsymbol{F}$ 是矢量 ,其三要素爲大小、方向和着力點;質量 M 爲標量,我國約有 13 億人口,設每人的平均質量爲 m,則:

$$M = \sum_{i=1}^{1.3\times10^9} m_i = 1.3 \times 10^9 m \tag{8.10}$$

要使這個巨大的 M 有可覺察到的 $\boldsymbol{a}$,則必須有巨大的 $\boldsymbol{F}$:

$$\boldsymbol{F} = \sum_{i=1}^{1.3\times10^9} f_i \tag{8.11}$$

增大 $\boldsymbol{F}$ 的途徑從力的三要素考慮:

(1) 教育和培訓,提高國民素質,增大 $|f_i|$;

(2) 政策和宣傳,調整力的方向,減小抵消;

(3) 政策引導和法令限制,控制着力點,防止團團轉。

第 9 章　材料科研

(［A8］第八章，［B9］，［B30］)

"材料科研的結果應有學術或/和經濟效益。"　　(9.1)

1　引　言

圖Ⅱ.2 示出，1996 至 2010 年我國的大局是：爲了實現兩個根本轉變，必須實施兩個基本戰略。在第 6 章"生態材料"中，我們論述了"可持續發展"戰略；本章及第 10 章將以"材料科研"及"材料教育"爲例，分別論述另一個基本戰略——"科教興國"的實施：一個談科研的"科"，另一個談大學人才培養的"教"。這樣選題，只是著者有些實踐，學習思考后，有些認知。

辦大學，一般都期望辦成研究型大學；當教師，也希望參加科學研究。這些期望和希望是可以理解的，也應鼓勵。

首先，要明確什么是"研究"？它與"學習"有什么區别？

俗話說："研究研究"，主要是認真分析問題；《辭源》謂："研究是窮究事理。"英文將研究叫"Research"，其中"search"是探索，反復(re-)探索構成研究。目前在國内外將研究與開發(Development)并稱爲科學研究，簡稱爲 R&D。

首先，推敲一下，學習與科研之間，有什么區别？如圖Ⅱ.18 所示，將一個事物置于個人的判斷，若屬"未知"，再置于科學界進行判斷，若仍屬"未知"，才有必要進行科研，否則通過學習，就能達到"已知"。因此，發現與發明的參考點是科學界整體，不是個人，進行科研之前，要進行文獻檢索，將本應"學習"的事，變爲"科研"，這是一種很大的浪費。

科學技術是生産力，科研是發展科技的一種重要手段。科研是"科學學"的主要内容，它既是一種技巧，也是一種藝術。在科學發展史中可以看出，科研既自覺或不自覺地受着哲學的支配；而科研成果的反饋，又影響了哲學的發展。從宏觀材料學考慮，必須十分重視成果的經濟效益和社會效益。

本章對材料科研的類型、選題、方法、科研水平、評價和管理各問題扼要地提出一些看法。

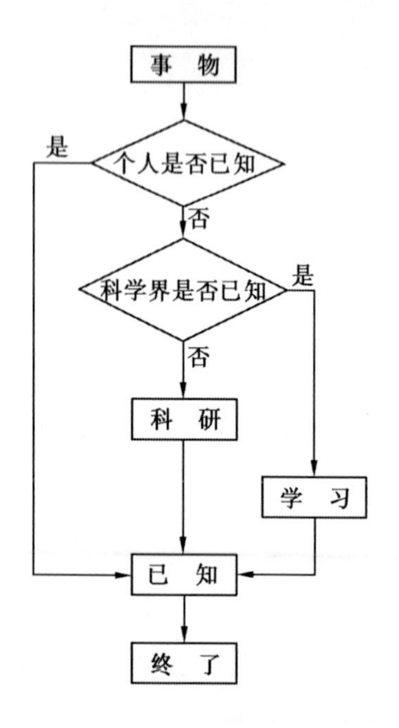

圖Ⅱ.18 學習與科研

2 類 型

對科學研究的分類,可以明確科學研究這個概念的外延,即具有科學研究所反映的特有屬性的具體類型。爲了明確概念,定義和分類(或劃分)是十分必要的,當然也是較困難的。

因此,應該迎難而上,對于科學研究要嘗試進行分類,只有這樣,才能明確概念和要求,制定政策和采取措施。

美國科學基金會(NSF)及聯合國教科文組織(UNESCO)對于科學研究分爲基礎研究(Basic research)、應用研究(Applied research)及發展或開發(Development)三類,定義如下:

①"基礎研究——是没有特定的商業目的而進行的、爲了使科學知識進展的原始性研究。它可以是提出單位現在或將來感興趣的領域。" (9.2)

②"應用研究——是爲了特定産品或工藝而進行的、發現新科學知識的研究。" (9.3)

③"開發——是將研究結果或其他的一般科學知識轉移到産

品或工藝所遇到的非常規問題所涉及的一系列技術活動。” (9.4)

若采用這些定義,則它們的共性是一個“新”字:“原始性”當然是嶄新的;“非常規”也有新意。因此,有些“科研”,只是常規的檢驗,既不是研究,也稱不上開發。這三類研究的主要區别在于應用:基礎研究没有特定的商業目的,或只是現在或將來感興趣的領域;應用研究却是針對特定産品或工藝;開發則進一步將成果轉移而進行物化,創造經濟效益。

從技術發展史來看,不是取消哪一種科研,而是依據國家的經濟條件和長遠利益,確定合適的比例,這就需要國家制定政策,予以保證。關于理論聯系實際的問題,可以有多種方式:進行如定義(9.1)所規定的基礎研究,若有意識地注意可能的實際應用,就可能有實用的效益;若進行如定義(9.2)及定義(9.3)所示的應用研究及開發工作,若有科學判斷力,則可抽出需要解決的基礎理論問題。依靠專家和系統工程,剖題而進行各類科學研究,有可能形成理論與實際密切結合的整體。

3 選　題

提出一個問題往往比解决一個問題更重要,科研選題若不合適,則或者出不了成果,或者成果只是低水平的重復,意義不大。因此,科研選題是十分關鍵的。

在第2章的2.5.1節,曾以新詩“牧羊人”[(2.66)]描繪大學的研究生導師治學、研究擇路的遭遇,可供參考。

選題的方法因科研類型而异。在下面,借用生物學、軍事學、經濟學、固體物理學中的著名原理,提出幾點對基礎性科研選題的看法。

(1)生存競争,適者生存

將達爾文的進化論應用于科研選題,需要説明“適”、“競争”和“生存力”三點。

“適”就是要符合社會的選擇原則,即國家的科學技術方針:經濟建設必須依靠科學技術,科學技術必須面向經濟建設。科研選題必須深刻理解并符合這個方針。

任何“競争”,都有一個規則。美式足球賽允許擋人、擠人、打倒人,抱球前進。我國的科研競賽,各有自己的跑道,應在自己的跑道上奮力前進。

科研的“生存力”,主要是比貢獻,擺實力。應該記住,學科的界限從來是模糊的,學科的領域從來是在變化的。若能站得高,則看得遠,當强大實力隊在主戰場競賽時,弱小的力量可在學科的邊緣形核而壯大。美國的“硅谷”成長是一個很好的實例。這便是科研的戰略,也是科研的藝術。

(2)加强協調,繼續生存

人類社會中,既有競争,才能前進;又要協調,才能維持强大的生存力。吃“大鍋飯”,是社會結構中很落后的關系。赫胥黎從生物進化論得出這樣的看法:一個否定生存斗争這種天性的人類社會,必然要從外部遭到毀滅;一個被這種天性統治的社會,必然要從内部遭到毀滅。競争與協調,從來是人類社會需要解決的大問題。科研協調有各種含義,既有學科之間的協作,相互啓發借鑒;也有科研隊伍内部的協調,揚長避短;也有科研隊伍之間的協作,增强集團競争力和生存力。爲了保持良好的協作關系,必須有合作的倫理道德。

(3)明確科研類型,選題選人

《孫子兵法》謀攻篇指出:“知彼知己者,百戰不殆。”科研選題時,知彼者,了解題目的類型和難度;知己者,了解自己隊伍的能力。只有這樣,才能百戰而不敗。

(4)收益遞減律的借鑒

如圖Ⅱ.19所示的、表示投入産出關系的、經濟學中的收益遞減律,當$d^2g/dx^2 < 0$,則邊際收入dg/dx便會遞減。科研有效益(經濟的或學術的)問題,可類比和借用經濟學原理。經濟就是計算和選擇,因此,科研選題時,可以借用經濟學中的收益遞減律。

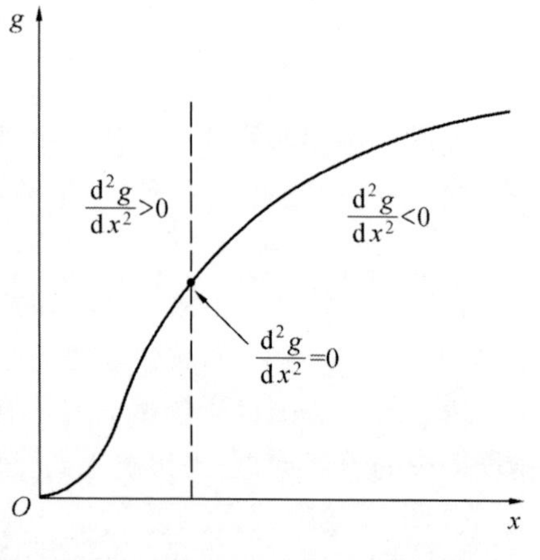

圖Ⅱ.19　投入(x)産出(g)曲綫

以材料科學中位錯理論爲例,自從1934年Taylor、Orowan、Polanyi分别獨立地提出位錯假説,1955至1956年Hirsh等人利用電子顯微鏡在薄晶體中觀察到了位錯及其運動以來,位錯的研究一直很活躍。但是,到了20世紀70年代以后,這種活躍的勢頭已經大爲減弱。這種現象可用收益遞減律來説明:位錯周圍的彈性問題已經基本解決,并進入教科書;而位錯中心的問題難度大,既需要運用量子力學,又要求大容量的計算機,從事這方面科研工作,投資大,收益少;此外,還有不少的新興工作,吸引了有才華的科學家。

科技工作者自選科研課題以及科技管理人員組織科研課題時,都應該自覺地注意收益遞減律的作用。

(5)形核理論的啓示

在科研過程中,不管是實驗觀測還是理論分析,都是復雜的思維過程。在這些過程中,人腦中形成新概念和新理論。可從固體物理中的形核理論受到啓示,這對科研選題,是很有參考意義的。

圖 Ⅱ.20 中 OA 是溶解度綫。溫度爲 T_1 時,成分爲 C_1 的 1 號合金及成分爲 C_2 的 2 號合金均爲單相 α。溫度爲 T_2 時,2 號合金仍爲 α,而 1 號合金則有過飽和度 ΔC 及過冷度 ΔT,應有新相 β 析出。形核理論導出初期的形核速度 I 爲:

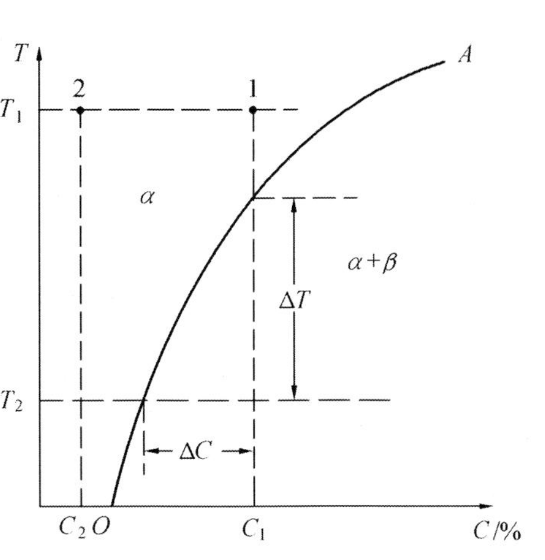

圖 Ⅱ.20　二元系相圖

$$I = A\exp\left(-\frac{\Delta G^* + Q}{RT}\right) \quad (9.5)$$

$$\Delta G^* = K_1 \frac{\gamma_{\alpha\beta}^3}{(\Delta G_V + \Delta G_S)^2} \quad (9.6)$$

$$\Delta G_V = K_2(\Delta T) \text{ 或 } K_3(\Delta C) \quad (9.7)$$

$$\Delta G_S = K_4\delta^2 \quad (9.8)$$

式中,ΔG^* 是形核功;Q 是溶質原子的擴散激活能;T 是絶對溫度;$\gamma_{\alpha\beta}$ 是 α/β 的相界面能;R 是氣體常數;ΔG_V 是對應于 ΔC 或 ΔT 的單位體積體系的化學自由焓變化,爲負值,是析出過程的推動能量,它正比于 ΔT 或 ΔC;ΔG_S 是彈性應變能,爲正值,它正比于原子尺寸不吻合度 δ 的平方,它與 $\gamma_{\alpha\beta}$ 都是析出過程的阻止能量;A、K_1 至 K_4 都是比例系數。

若將腦中析出 新概念和新理論的過程類比于上述的均匀形核理論,則圖 Ⅱ.20 中的 C 便是知識量,因而得出幾點看法:

(1) 析出的必要和首要條件是系統處于過飽和狀態,因此,博學和廣泛地搜集資料,才能增加 C;冷靜的思考、降溫可增加 ΔT;輕松的環境、降壓與降溫一樣可增加 ΔC。

(2) 相界面能 $\gamma_{\alpha\beta}$ 以三次方的關系影響形核功 ΔG^*;而 ΔG^* 又以指數關系影響形核速度;彈性應變能 ΔG_S 爲正值,抵消了負值 ΔG_V 的一部分,也以 $(\Delta G_S + \Delta G_V)^2$ 的關系增加 ΔG^*;不吻合度 δ 不僅以平方的關系增大 ΔG_S,也以類似的關系增大 $\gamma_{\alpha\beta}$。由此可以看出和理解:與傳統概念(母相 α)析出吻合度很差的概念和理論(新相 β)是多么的困難;科學史中這種重大事例并不罕見。

但是,依據非均匀形核理論,振動和刺激影響了起伏,有助于形核。最有效形核的地點是界面,完全潤濕的界面可以使 $\Delta G^* = 0$,非常有效地促進了形核。

這個道理也很簡單,依靠已有界面的支持,即受交叉學科的支持,較易形核。

上述分析提供了一個很重要的選題啓示:尋求學科的結合,在界面上易于孕育出新概念和新理論。材料科學中的金屬學,開始時,典範地結合了冶金學和機械學,在發展中,又不斷地與物理、力學和化學結合,分别形成金屬物理、金屬力學和金屬化學。當前,以材料爲整體,與系統學、經濟學、未來學、科學學等的結合,在界面上正孕育而形成宏觀材料學。

話説天下大勢,合久必分,分久必合,在科研選題上,也要"迎接交叉科學的時代"([C27])。

4 方　法

依據科研類型,正確選題之后,便要選好科研人員;實質上,應該是從已有的科研人員及科研類型去選題。在下面,簡述科研方法。

科研方法可分爲三大類:

(1)系統分析法;

(2)假説法;

(3)直覺和機遇法。

前兩類是理性的方法,第(3)類爲非理性的方法。因人因題而异,可選用不同方法。分三小節介紹如下。

4.1 系統分析法

一般采用的系統分析法的思路如下:首先明確目標,然后進行分析,最后用圖解法標明科研的步驟。在下面,示例説明。

4.1.1 尋求韌性最佳的工藝

(1)目標

這個問題在材料成分固定的條件下尋求韌性最佳的工藝或探尋斷裂的機理,前者是材料工程問題,后者是材料科學問題。

(2)分析

運用性能分析的相關法思路:

性能→結構→工藝→設備

其中,"性能"是目標,"結構"是理解性能和選擇工藝的橋梁環節,"工藝"是另一個目標,"設備"是限制條件。這是一個雙目標選擇問題,先確定最佳韌性所對應的結構,然后在"設備"這種限制條件下,考慮到"經濟"因素,確定工藝。

韌性用 X_C 表示,依據問題的要求,可以是 a_K、K_{IC}、J_{IC}、δ_C 等。在圖 Ⅱ.21

中,用 S 及 P 分别表示“結構”和“工藝”。關于斷裂機理的研究,則采用第 4 章 2.1 中所討論的“相關法”及“過程法”。

(3)步驟

圖Ⅱ.21 示出上述兩類問題的科研步驟。

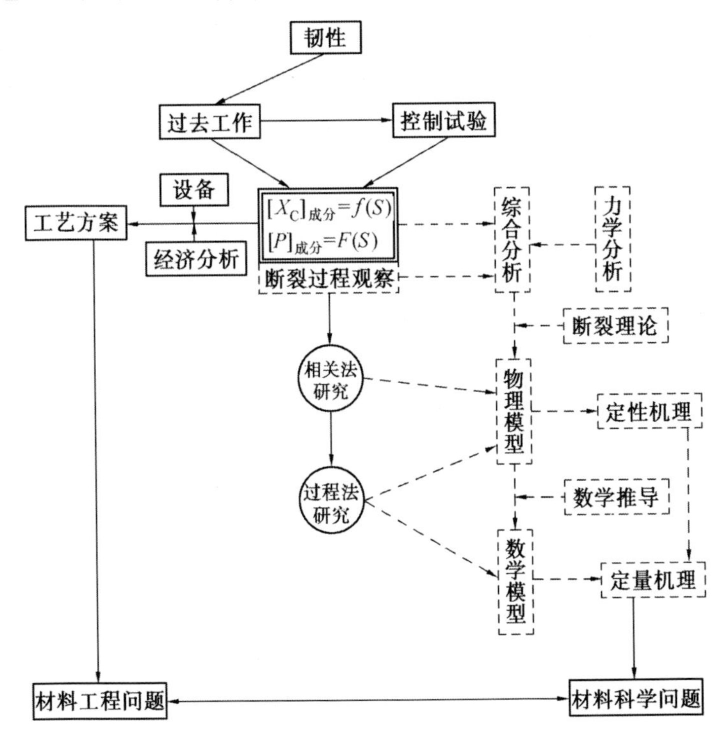

圖Ⅱ.21 韌性與韌化的研究方法

4.1.2 尋求滿足性能要求的材料和工藝

(1)目標

這是一類不計成本的材料工程問題。在一般情況下,性能的要求較高,首先不計成本。若有幾種材料都能滿足要求,當然選用成本較低的材料和工藝。

(2)分析

爲了避免不必要的科研,首先要進行判斷(圖Ⅱ.22 中步驟①),只有現有的材料和工藝不能滿足要求時,才綜合運用經驗(步驟②)及理論(步驟③),提出可能滿足性能的結構(步驟④),推論獲得這種結構的工藝(步驟⑤)。然后設計試驗,進行試驗;只當試驗結果滿足要求時,才算完成科研任務。

(3)步驟

示于圖Ⅱ.22。

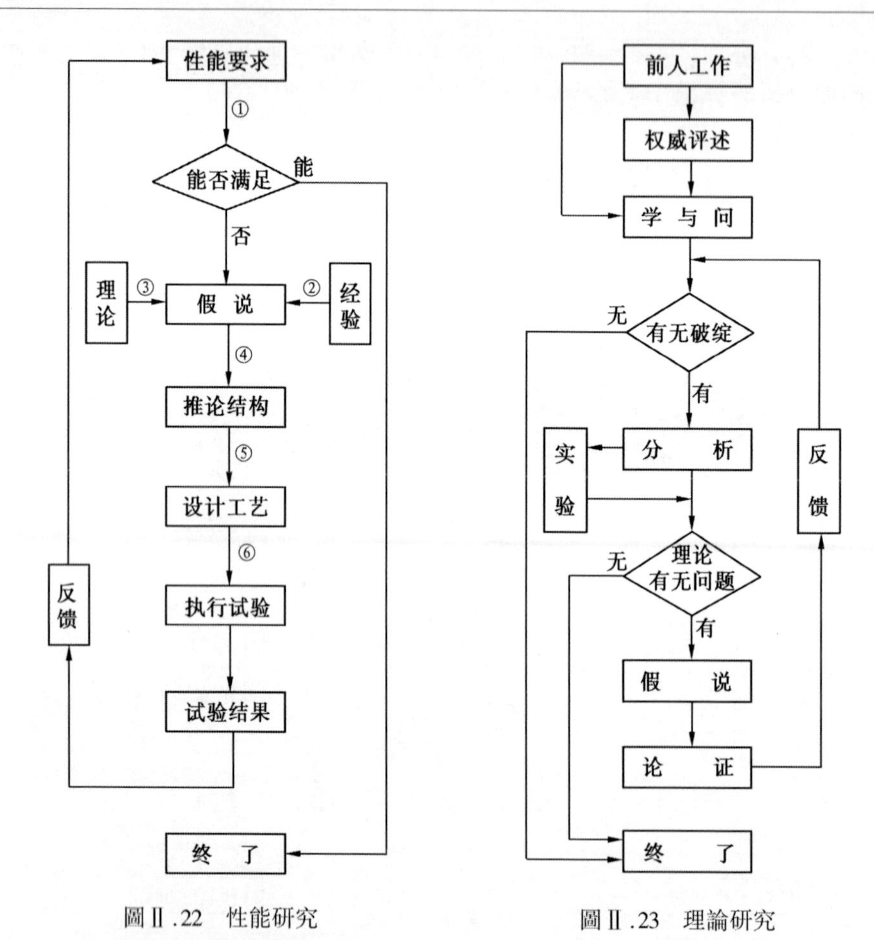

圖Ⅱ.22　性能研究　　　　圖Ⅱ.23　理論研究

4.1.3　材料理論問題的研究

(1)目標

發展或否定現有的理論,提出新的看法,然后進行歸納和演繹的證明,建立新理論。

(2)分析

發現舊理論出現的破綻,便是理論將要躍遷的開始。學而問,非但解惑,也要置疑,實事求是地判斷是否有破綻?如確有,才是在喜悦之后開始艱巨的工作。(見圖Ⅱ.23)

如何提出假説?在下節詳細介紹。

4.2　假説法

人們通常説,進行科研要有一個“想法”,或者説是工作“假説”,或簡稱爲“假説”(Hypothesis)。假説不一定全是假,譯名不妥,易于誤會;它實質上是思維開始時所提出的想法或建議,“想法”較“假說”爲佳,從俗,以后仍用假說。

恩格斯有一句名言:

“只要自然科學在思維着,它的發展形式就是假說。”([C12]p201)

(9.9)

系統分析法的圖Ⅱ.22及Ⅱ.23都指出了假說的重要性;而圖Ⅱ.21中的“綜合分析”實質上也是假說法,因爲分析的結果——“物理模型”,也是一種初步的設想或假說。從這幾個方面驗證了(9.9)的論斷。

從圖Ⅱ.24可以進一步看出假說法在發現中的關鍵作用:演繹法只能“發展發現”,因爲研究結果不會超過前提;而歸納法通過所提出的假說,通過驗證后,可以獲得新發現。當然,從新發現導出的結果,也就是假說法導出的結果,需要從兩方面反復驗證,才能得到廣泛承認:

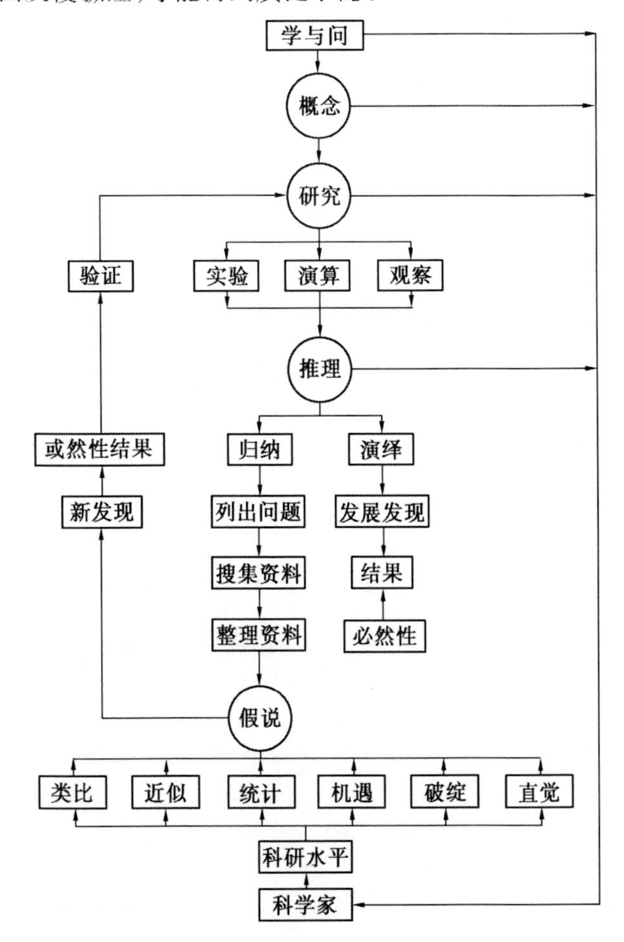

圖Ⅱ.24 發明和發現思維圖

(1)歸納驗證——從大量的事實,進行考核;

(2)演繹驗證——以假說爲大前提,其他的判斷爲小前提,導出新的結論,然后搜集事實或進行控制條件下的實驗,進行考核。

想法或假說是很重要的,目前各國的實驗和工藝水平都比較接近,因而在未驗證之前,想法也保密,否則在競爭中將會落后。各種工作中的"智囊團"的出謀劃策作用,是十分值得重視的。

圖Ⅱ.24 所示的提出假說的各種方法中,類比、近似、統計、破綻法屬于理性推理的方法;而機遇和直覺則屬于非理性的方法。前者在本節介紹,后者在 4.3 節討論。

4.2.1 假說法在形式邏輯中的位置

從形式邏輯的教科書([C10]),可以總結出如圖Ⅱ.25 及表Ⅱ.6 所示的推理方法的比較,以及如圖Ⅱ.25 所示的三種思維形式——概念、判斷和推理之間的關系。從表Ⅱ.6 的幾個特征來看,假說法屬于歸納法,但從假說推出結論,要用到演繹推理以及其他的科學原理,因此圖Ⅱ.26 用虛綫表示這種關系。假說法雖然只是一種歸納方法,但它又貫穿在其他歸納方法之中,是一種極爲

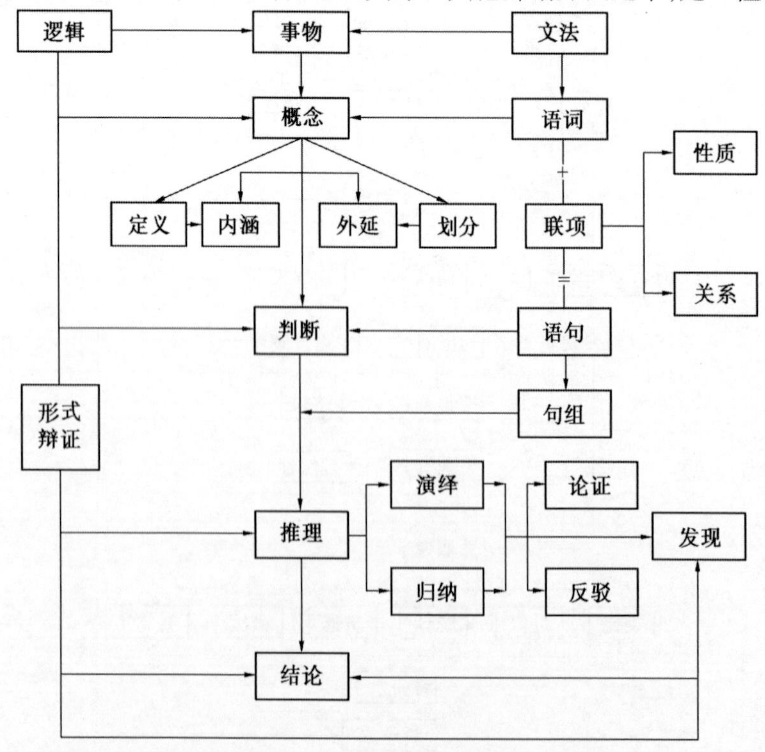

圖Ⅱ.25 邏輯分析的總結

表Ⅱ.6　演繹法和歸納法的比較

	演　繹　法	歸　納　法
前提與結論之間聯系	必然聯系	或然聯系
認識發展過程	一般到特殊	特殊到一般
結論判斷範圍	没有超過前提	超過前提

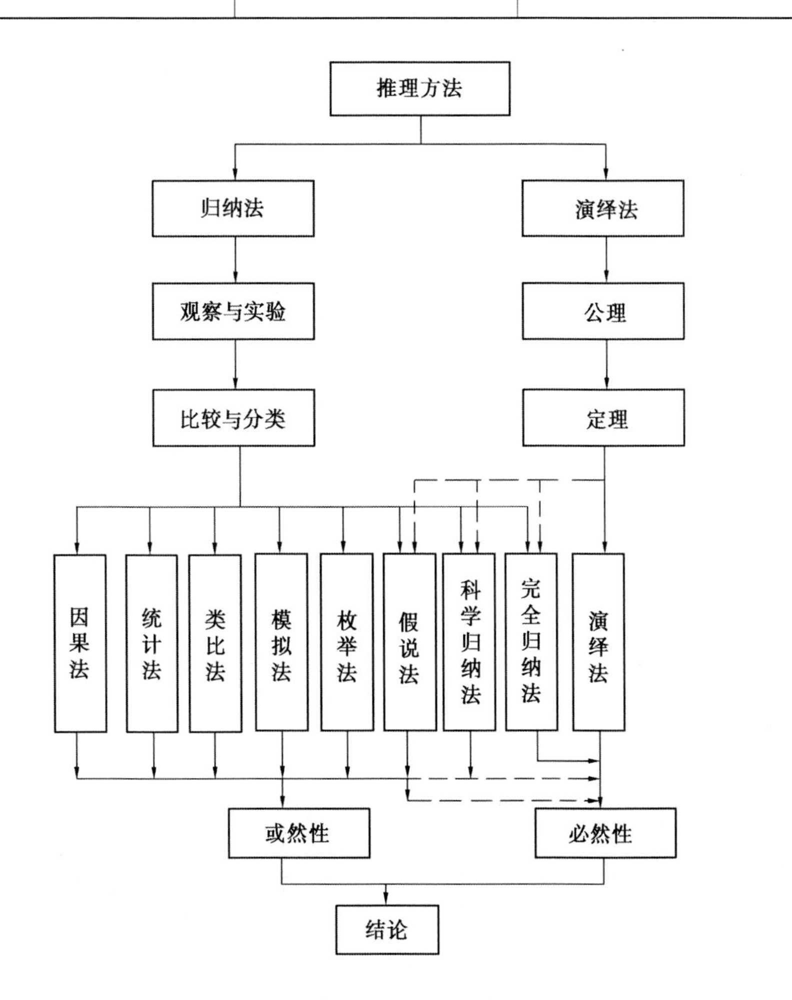

圖Ⅱ.26　演繹法和歸納法的比較

重要的科研方法。對于假説,采用如下的定義:

“根據已有知識,人們對于所研究的事物或現象做出初步的解釋,這就是假説。”[C10]　　(9.10)

4.2.2 提出假說的方法

對圖Ⅱ.24所示的、提出假說的各種方法示例簡要地說明如下,并對科學家科研水平略予評述。

(1)破綻法

圖Ⅱ.23曾示出破綻法的系統分析。例如,材料理論强度與實際强度之間巨大差异這個破綻,促使人們有各種各樣的設想,終于在1934年,Taylor、Orowan、Polanyi分别提出位錯假說,企圖彌補這個破綻。又例如,1900年Drude-Lorentz提出的金屬的自由電子氣理論,運用氣體分子動力論所導出的結果,成功地說明了金屬的導電性、導熱性、光學性質、Wiedemann-Franz定律等。但是,自由電子氣理論的一個主要破綻是自由電子的比熱容。依據氣體分子動力論,每個自由電子的比熱容應爲$3k/2$,而實驗值只有它的1/100。這個破綻導致了1928年Sommerfeld提出的量子自由電子理論,Bloch的能帶理論以及1926年的Fermic-Dirac統計,成功地彌補了電子比熱容的破綻。

位錯理論與固體電子論已成爲材料科學的兩根重要支柱。

(2)類比法

類比法按照形式邏輯中的定義爲:

> "我們觀察到兩個或兩類事物在許多屬性上都相同,便推出它們在其他屬性上也相同,這便是類比法。" (9.11)

則這種方法的可靠程度决定于兩個或兩類事物的相同屬性與推出的那個屬性之間的相關程度。采用不同事物中的關系進行類比,可以提高類比法的可靠性和創造性;這種關系便是事物的"結構",利用同構進行類比,更有意義。

在第2章2.2至2.4節,我們已詳細地介紹這種創造性思維和高效的表述方法。

(3)統計法

在熱學中的兩方面理論——熱力學及統計物理學,分别采用了圖Ⅱ.25所示的演繹法及歸納法中的統計法。熱力學從三個基本定律出發,演繹出大量的推論,并具有高度的可靠性和普遍性。愛因斯坦在高度評價熱力學時說過這樣的話:

> "理論推理前提越簡單,它所聯系的不同事物越多,它的應用範圍越廣泛,則這個理論給人的印象越深刻。因此,經典熱力學給了我深刻的印象,它是具有普遍内容的惟一的理論。對于它,我深信,在它的基本概念適用的範圍内,它絶不會被推翻。" (9.12)

熱力學之所以具有這種高度的可靠性和應用的普遍性,正是由于它不考慮各種物質的具體結構;也正因爲如此,它不能給出物質的具體知識,它只是一種宏觀的表象理論。

但是,統計物理却是在物質微觀結構和統計學原理的基礎之上,運用力學定律研究極大數目的微粒的綜合作用,從微觀量的統計平均結果,理解物質的宏觀性質。這種統計方法建立的統計物理正好彌補熱力學之不足,二者的結合,可以彼此聯系、互相補充地研究熱運動。

從"狀態等幾率"這個假説出發,人們先后于 19 世紀 60 年代建立麥-玻(Maxwell-Boltsmann)統計,1924 年建立玻-愛(Bose-Einstein)統計及 1926 年建立費-狄(Fermi-Dirac)統計。麥-玻統計對粒子的能量没有限制,而后兩種統計則采用了量子力學中的測不準原理,叫做量子統計。與此對應,則麥-玻統計便是經典統計。玻-愛統計對每一相格中所容許的微粒數没有限制,而費-狄統計采用了泡利不相容原理,每一相格中至多容許一個微粒。相格體積 $\Delta\tau_i$ 爲:

$$\Delta\tau_i = \Delta x_i \Delta y_i \Delta z_i \Delta p_{xi} \Delta p_{yi} \Delta p_{zi} = h^3 \tag{9.13}$$

式中,x、y、z 爲位置坐標,p_x、p_y、p_z 爲動量分量。

統計法建立的統計物理在物質科學或材料科學中得到極爲廣泛的應用。它的成就得到熱力學大師吉布斯(Gibhs)高度的評價:

"從歷史的發展過程來看,統計力學雖源于熱力學的研究,但它值得獨立地發展,一方面由于其原理簡單而優美,另方面它導致新的結果,使熱力學以外的領域的一些舊真理置于新的光彩之中。" (9.14)

統計法的第二類應用是從樣本具有某屬性推出總體具有某屬性,這類應用的關鍵是客觀地選樣本和數據的權重。統計法的第三類應用是大量實驗數據的數理統計處理,例如,建立性能參量與結構參量之間的相關性關系,并計算相關系數 R。

若如圖 Ⅱ.27 所示,$y = mx + b$,則:

$$m = \frac{\sum xy - \frac{\sum x \sum y}{N}}{\sum x^2 - \frac{(\sum x)^2}{N}} \tag{9.15}$$

$$b = \frac{\sum y - m\sum x}{N} \tag{9.16}$$

$$R = \frac{m\sigma_x}{\sigma_y} \tag{9.17}$$

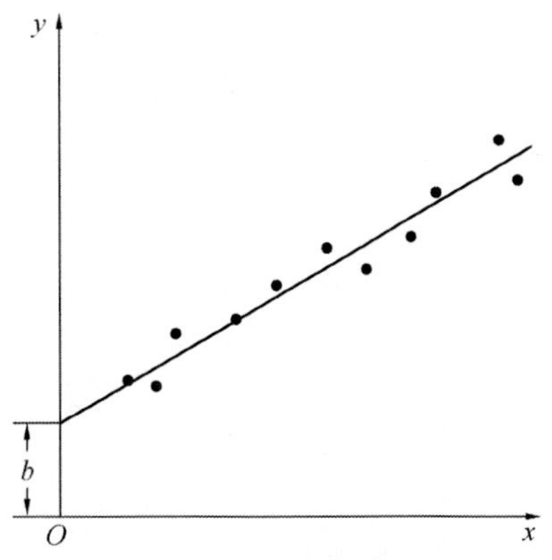

圖Ⅱ.27 實驗數據的處理

式中,N 是實驗數據(x_i,y_i)數,σ_x 是標準

偏差:

$$\sigma_x = \left(\frac{\sum x^2 - \frac{(\sum x)^2}{N}}{N - 1} \right)^{\frac{1}{2}} \tag{9.18}$$

對于同一參量觀測 N 次,按上式求 σ,按下式求平均值 $\bar{x}$:

$$\bar{x} = \sum x / N \tag{9.19}$$

則觀測值爲 $\bar{x} \pm k\sigma$ 的幾率 p 爲(按照高斯誤差理論):

k	0.00	0.32	0.67	1.00	1.15	2.00	2.58	3.00
p	0.00	0.25	0.50	0.68	0.75	0.95	0.99	0.997

若 $\bar{x} = 25.13$,$\sigma = 0.03$,則 $\bar{x}$ 值爲 25.13 ± 0.09 的幾率爲 99.7%;在這範圍之外的幾率只有 0.3%。

從上面的示例介紹可以看出,統計法在科學研究中,有着廣泛的應用。

(4) 近似法

實際的情况是復雜的,依據已有的知識,能够對所研究的問題,抓住本質,進行近似的假説,處理“理想”的情况,然后對照實際情况,對近似模型進行修正。所以這種方法又叫做理想化方法,愛因斯坦和英費爾德([C4])曾以這種方法爲綫索,論述了物理學發展史。

以熱力學爲例,第一定律只是能量轉變與守恒定律的擴大,只是在能量項中增加了熱能,是力學定律的延伸。第二定律的“可逆性”是一種近似。理想氣體定律只當 $p \to 0$ 時才精確:

$$pV = RT \tag{9.20}$$

適用于溶液或固溶體的拉烏爾(Raoult)定律只當 $x_i \to 1$ 時才精確:

$$p_i = x_i p_0 \tag{9.21}$$

而熱力學第三定律適用于 $T \to 0$ 的情况:

$$\lim_{T \to 0} [\Delta S_{(c)}] = 0 \tag{9.22}$$

上述三式都只精確地適用于極限的情况(壓力、濃度或温度),Guggenheim 將這三個極限性定律并稱爲熱力學第三原理。

實際情况與理想情况有偏離,則進行修正。例如,範德瓦爾斯于 1880 年考慮了氣體分子占有體積 b 以及氣體分子之間有交互作用,修正了(9.20)爲:

$$\left(p + \frac{a}{V^2}\right)(V - b) = RT \tag{9.23}$$

由于 a 及 b 的效應很小,一般可忽略不計。對于與理想溶體有偏離時,則引入活度系數來修正(9.21)式。

在物理學中，還有許多理想化的假定，例如“絶對黑體”、“無摩擦的運動”、“光波機制的確定”、“電磁理論的建立”等。又例如，爲了驗證均勻形核理論，設計無雜質的微滴試驗。

提出近似的理想化假定，是科學研究中的一個重要方法。

4.3 直覺法及機遇法([C28])

一種突如其來的穎悟或理解，叫做直覺。直覺是腦内下意識活動，有時會出現在睡眠之中。産生直覺的典型條件是：對問題進行了一段時間專注的研究，并渴求得到解答；當放下這項工作之后，在其他的場合，常常會冒出一種使人感到喜悦的獲得解答的思路。文獻[C28]列出一些史例，例如，愛因斯坦説，他有關時間與空間的深奥概括是在病床上想到的；亥姆霍兹説，巧妙的設想往往是在一夜酣睡之后的早上，或是當天氣晴朗緩步攀登樹木葱蘢的小山時；達爾文關于進化變异的趨向，是在坐馬車的途中想起來的……

新概念和新知識有時起源于研究過程中某種意外的觀察或機遇現象，例如，倫琴發現 X 射綫，Richet 發現生物的誘導敏感作用，Durham 發現抗血清，Wilm 意外地發現鋁合金的時效硬化……

直覺和機遇都是非理性的方法，能够有所發現，需要幾個先决條件：

(1)長時期的思索和追求。機遇偏愛有準備的頭腦；她只垂青那些懂得怎樣追求她的人。因此，要留意意外之事。

(2)直覺和機遇是一種刺激或振動的促進形核，爲了獲得足够的知識過飽和度(參考圖Ⅱ.20)，學習、降温和降壓都是有助的。

5 科研水平

針對提高科學研究人員的水平，特别是從事基礎研究和應用基礎研究的水平，提出幾點看法：

(1)科學家的品質

最基本的兩條品格是對科學的熱愛和難以滿足的好奇心。聰明、勤奮和堅忍不拔的精神，都是科研成功所需的必要條件。

(2)科研的戰略

較長期的科研計劃和設想是戰略問題。一個是選人，另一個是選題。對于基礎研究，主要是支持人；對于應用研究和開發，支持的是項目。選題可參考第3節，值得特别强調的是其中的“界面形核”，當甲學科與乙學科結合時，甲學科中一些普通的概念、原理或技術應用到乙學科，可能是非常新奇而有效的。材料學從本質上講,是一門交叉的邊緣學科,不要放弃或忽視"移植"方法。依據選題的"適者生存"的原則,在適當的時候要戰略轉移。

(3)科研的戰術

《孫子兵法》的十三篇對科研的戰術,具有十分有益的作用。對于科研工作,要有充分準備,集中兵力發動進攻,占領陣地,必要時,要迂回作戰,或暫時擱置難題,先掃清外圍問題。對于成果,要跟踪綫索,擴大收獲;對于發現和發明,要善于運用系統法和各種假説法。

(4)科研戰斗

必須有攀登科學技術高峰的拼搏精神和毅力。成功時的最大報酬是做出新發現時感到的激動,也要準備將會遇到痛苦的失敗。Kelvin 寫道:

"我堅持奮戰五十五年,致力于科學的發展。用一個詞可以道出我最艱辛的工作特點,這個詞就是失敗。" (9.24)

一個人的創造力也許由于對一個問題的長期接觸而衰退。恢復戰斗力的一個措施就是更换領域,這不是"逃兵",而是不自覺地在領域的界面上形成新的概念,保持敏鋭的頭腦,做出更多的貢獻。

6 評價和管理

科研管理的内容很多,可歸納爲事、物、財、人、信息五類:事即課題的始終;物即設備;財包括經費和經濟效益;人包括選用和評價;信息包括獲得、存儲和利用。這些科研管理的内容都是爲了科研的目標或效益,科研成果的評價也必須首先針對這種目標或效益。作爲本章的結語,圍繞科研效益,對評價和管理提幾點看法。

6.1 科研效益

如圖Ⅱ.28 所示,第 2 節所討論的三種科研類型有不同的效益,不能强求一致。

(1)開發

是科研與生産之間的橋梁,其成果應有明顯的經濟效益,在這類科研的全過程,應交替地有技術評價和經濟評價,依據這些評價結果做出决策:確定課題,選擇或變動技術路綫以及最后的成果評定。應該指出,開發工作所獲經濟效益也包括了基礎研究和應用研究的貢獻,從這個角度講,這兩類研究具有間接的經濟效益。

(2)應用研究

具有明確的應用目標,它的經濟效益需要發展工作的肯定和證實,因而只能預測。由于應用研究具有“發現新科學知識”的特點[(9.3)],因而它具有導致技術上的突破以及開辟新工業領域的學術效益。

(3)基礎研究

主要的效益是學術效益,它豐富了人類科學知識的寶庫,應用研究和開發工作從這個寶庫汲取營養。因此基礎研究的經濟效益是潛在的,難以估量的。

由于這三類科研工作有不同的目標和效益,評價時有不同的判據和方式,不能雷同。

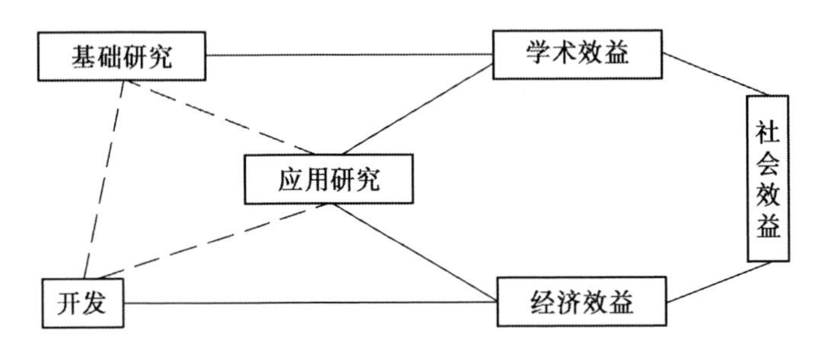

圖Ⅱ.28　科學研究的效益

6.2　科研效率

效率有時間的概念、速率的概念,如何加速科研效益的獲得,是科研管理的目標。科研成果必須有新意,因而科研是具有創造性的勞動,在正確選題(參見第3節)之后,對于不同類型的課題如何適當管理,特別是處理好人際關系和信息流動,是提高科研效率的重要方面。分述一些觀點如下:

(1)開發工作應加强管理,對立題及各階段應進行技術評價和經濟評價,依據評價結果進行調整。應用研究在立題時應注意應用背景及前景的分析和論證、技術路綫是否可行和是否具有新意;進行時注意階段成果或進展情況的檢查。基礎研究則支持人,而不是支持項目;只要人選恰當,就可以放心,因爲科學家對他所從事的工作總比管理人員知道的更清楚。過多的干預會影響創造性;更重要的是,爲他們準備良好的工作環境——物質的和精神的。

(2)科研組負責人或學術帶頭人除開道德品質端正及具備一定學術威望之外,要具備組織才能。對于基礎研究和應用研究更應挑選想像力豐富的人,因爲這些人足智多謀,更富啓發性。一個研究集體應該建立共同的目標集中研究,而每個成員又要相對獨立。青年的獨創精神和拼搏精神與成熟科學家的豐富經歷相結合,是十分有益的。

(3)競争與協調是人類社會需要解決的、在各行各業中的共性問題(參見第7章2.1節)。科研組内以及科研組之間當然都有競争與協調問題。大的科研項目特别要强調協調,而科研中的各種競争必須是公平的,并有一定的競争規則。

(4)在信息爆炸的當代,信息的搜集、整理、儲存和調用是十分重要的。正如圖Ⅱ.18所指出的那樣,科研與學習是有區别的,發現和發明的參考點是科學界整體,不是個人。文獻檢索是必需的,但有一定的滯后性;參加國内和國際學術會議以及國内、國際的學術訪問,可以彌補這種滯后性。

第 10 章　材料教育

"科教興國,關鍵在人才。" (10.1)

依據圖Ⅰ.7 的整體部署,本章是材料學與教育學的交叉,討論材料界的人才培養問題。中國的這類人才,尚屬于中國的人才。著者于 1957 年擔任教授以來,尚未下崗;以前,又在國内外大學的有關科系,注册爲學生 7 年。半個多世紀,在巨變的政經風雲中,總是低頭學習,"低頭拉車";只是近 20 余年在改革開放的大好形勢的鼓勵下,才"抬頭看路",認真思考。

按照本書"實踐出認知"的指導思想,本章分析三個問題:

(1)簡言中國的人才([B26])。

(2)初論人文素質教育([B33])。

(3)學習論([B36])。

1　簡言中國的人才

古漢字,"才"及"材"通用;遵古訓"言簡意賅",參照本書第 4 章"簡易材料論"思路;類比材料,淺言中國的人才六點。

1.1　定義

類比人才與材料、知識分子與物質,參考(1.7)得到:

"中國的人才是能爲中國社會高效地做出貢獻的知識分子。" (10.2)

在這里,"人才"屬于"知識分子"。凡是通過不同途徑(不限于在正規學校學習)真正掌握知識的人,統稱爲知識分子;不是所有知識分子都是中國的人才,定義中那個定語便是"種差"。

這是一個德才兼備的定義:"德"要求爲中國社會做貢獻,不限國籍;"才"便是下面將討論的"才能"。

1.2　才能

從人才的定義可以看出"才能"包括:

(1)貢獻

多多益善,并非搗亂,有好的含義。

(2)有用

爲了不誤會,"有用"肯定是好。

(3)高效地

既有"效率"中快的含義,也有"效益"上省的含義。

合并則爲"才能是具有多快好省做貢獻的能力。"

1.3 知識結構

從材料的性能可以看出,在給定的環境中,人才的才能取决于他的知識結構:

使用環境 → 知識結構 → 才　能　　(10.3)

鄧小平在給北京景山學校的題詞中指出:

"教育要面向現代化,面向世界,面向未來。"　　(10.4)

(1)面向未來

生産要解决"今天"的問題,科研成果將在"明天"得到應用,教育質量將在"后天"受到考驗。在這里,今天、明天和后天,只是時間的相對含義。

(2)面向世界

我們已經是、而且必須是開放社會,因而要面向世界,在時間及空間組成的多維空間中進行多維思維,洋爲中用,古爲今用。

(3)面向現代化

爲了適應現代化的需要,應培養學生具有系統概念、分析方法、綜合能力。

爲了培養能够"三個面向",在知識結構方面要加强三個方面:基礎是未來的潛力,方法是爲了培養應變能力,外語是爲了面向世界。

1.4 環境

對于(10.3)所列的使用環境來説:一方面,用人單位要創造良好的工作環境,另一方面,"人才"也可選擇工作單位,這樣,可以人盡其才。因此,應該允許人員的合理流動。

1.5 過程

關于人才的教育和使用過程簡述如下。

(1)教育過程

類比圖Ⅰ.3,教育問題也有如圖Ⅱ.29所示的五個環節,也應該是:

“面向社會,抓兩頭,帶中間。” (10.5)

材料企業不重視設備,則競争力下降;一個社會在實際上輕視教師,則后患無窮。

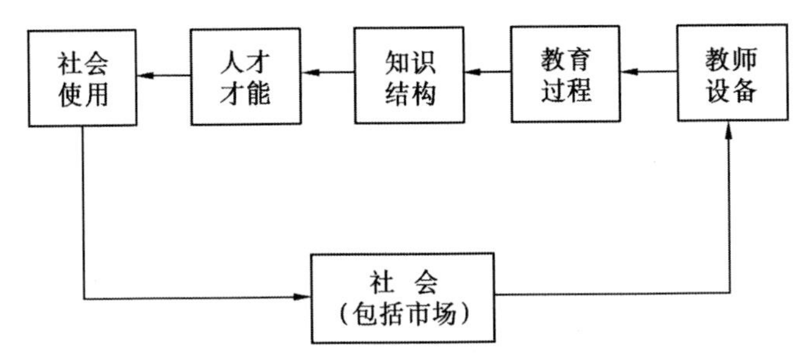

圖Ⅱ.29 人才教育問題的五個環節

分析教育過程,還有三個問題:

①推動力。解决求知欲問題。

②阻力。疏通學習渠道,講究學習效果與效率,重視教育心理學應用,改善學習的物理環境。

③學習内容的更新。計劃經濟體制下的統一教學大綱甚至統一教材,難于適應發展,勞而效低。

(2)使用過程

與自然過程類比,人才的使用過程也有方向、路綫和結果,不過,判據不同。

①方向。要符合人才的價值準則,這是“應有現象”D,通過調查,“實際現象”是 A,則工作方向便是要解决問題 Q:

$$Q \equiv A - D \tag{10.6}$$

②路綫。依靠法令(例如教師法)和政策,保證過程方向。

③結果。人盡其才,才盡其用。

1.6 能量

包括材料科學在内的自然科學,應用能量的觀點,可以説明大量的問題(參見第 4 章 2.5 節)。雖然物質是守恒的,能量是守恒的,或者物質和能量之和是守恒的,但信息(或知識)却并不守恒,取之不盡,用之不竭。但是,“知識就是力量”,知識對于人才的作用,可類比于能量對于材料的影響。示例地陳述兩個問題。

(1)儲能待放

通過學、思、問,可以增加學問;不罔不殆,提高人才腦内的知識濃度。

“君子學以聚之,問以辯之。”(《易·乾》) (10.7)

"學而不思則罔,思而不學則殆。"(《論語·爲政》) (10.8)

博學才易有新概念析出。脱溶沉澱理論指出:過程的推動力是自由焓的下降 ΔG,而 ΔG 却正比于過飽和度 ΔC:

$$\Delta G = -K\Delta C \tag{10.9}$$

若在學科的界面非均勻形核,便出現維納在《控制論》所指的"最大收獲的領域"。

(2) 過程的推動力

與(4.17)相關,在恒温恒容條件下過程方向的判據是:

$$(\mathrm{d}F)_{T,V} < 0 \tag{10.10}$$

寫成增量式,并應用統計熱力學公式:

$$F \equiv U - TS \tag{10.11}$$

$$S = k\ln W \tag{10.12}$$

式中,F、U 及 S 分别是系統的自由能、内能及熵,T 爲温度,k 爲玻耳兹曼常數,W 爲狀態數,得到:

$$(\Delta F)_{T,V} = [\Delta U - kT\Delta(\ln W)]_{T,V} \tag{10.13}$$

欲使 $(\Delta F)_{T,V}$ 的負量增大,可有三條途徑:

① 教育培訓,提高潛能(ΔU);

② 提高工作熱情,使 T 升高;

③ 廣開思路,則狀態數 W 及熵 S 均大。

2 初論人文素質教育

2.1 破題

1996 年以來,人們對于大學的人文素質教育,頗感興趣。什么是素質? 什么是人文素質? 明確概念后,便于判斷和推理:教育的内容、方式和作用? 對德、智、體三育起什么作用?

每個人身上,都深深地被打上業務出身的烙印;由于著者的業務出身的限制,本節側重地思考理工科大學的人文素質教育,并嘗試用著者建立的"材料學的方法論"([A11],[A15]),分析這方面問題。

2.2 概念

以下將采用定義和類比的方法,由簡到繁地,從素→素質、人文→人文素質,明確它們的内涵。

2.2.1 素質

(1)定義

漢文中,“辭”通“詞”,有“文詞”(“文辭”)、“言詞”(“言辭”)、“辭典”(“詞典”)等。《辭源》索詞之源,并釋其意;《辭海》爲詞之海,所收之詞已擴充到1840年以后的新詞,并補充詞之現代含義。

“素”,《辭源》之㊉意(p2401)中,第㊄意爲“始,本”;因而“素質”之㊂意(p2403)中,第㊀意爲“本質”。《辭海》對它們,有進一步的發揮,“素”的㊇意(p1222)中,第㊂意爲“構成事物的基本成分。如元素,因素”;對“素質”,則釋義如下(p1222):

> “素質——人的先天的解剖生理特點,主要是感覺器官和神經系統方面的特點。素質只是人的心理發展的生理條件,不能決定人的心理的內容和發展水平。人的心理來源于社會實踐。素質也是在社會實踐中逐漸發育和成熟起來的,某些素質上的缺陷可以通過實踐和學習獲得不同程度的補償。” (10.14)

這個釋義的優點是:既認爲人的素質是人的心理現象的生理條件,又指出它在社會實踐中可以改變。不足之處是太長,挂一而可漏多。例如,人的素質可以“改變”,變好也可變壞;發育也是一種改變,什么叫“成熟”? 不確切;心理發展、內容、水平、條件等都屬于“心理現象”;“補償”也是人的素質的一種變化,補償的方法除實踐和學習外,也可采用器械,例如,耳不聰、眼不明的人,影響他或她的“聰明”素質,可以采用助聽器或眼鏡來“補償”。依據亞里士多德的“四因論”,釋迦牟尼的“諸法因緣起”、毛澤東的“矛盾論”等中外古今的哲人學説(參考表Ⅰ.7),事物的變化都是由外因和內因引起的,在給定的外界條件下,這種變化的現象取决于內因。

依據上面的討論,(10.14)的釋義可簡化并改爲:

> “人的素質是人的先天的感覺、神經等生理特點,可以通過后天的社會實踐改變。在給定的自然和社會環境中,人的心理現象取决于人的素質。” (10.15)

在下面,通過與“材料學”、“心理學”的類比,可進一步明確“人的素質”這個概念。

(2)類比

從釋義(10.14)可以看出,人的素質是人的心理過程的內因,類似于材料現象(圖Ⅱ.30)的結構(S)。

如圖Ⅱ.31所示,人才的才能和知識結構分别類似于材料的性能和結構,可在教育過程中改變;系統的功能也相似。

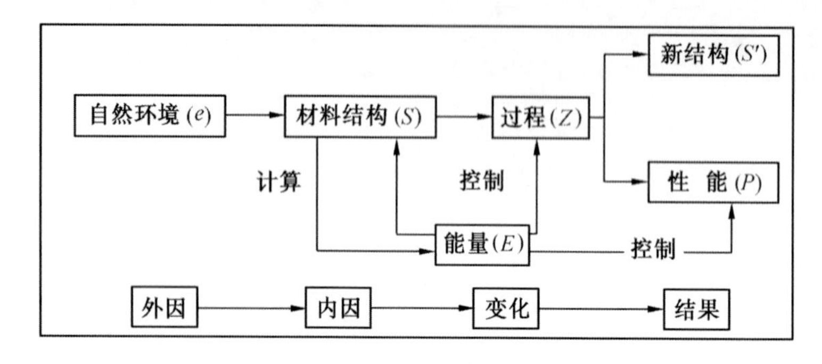

圖Ⅱ.30 材料的性能、結構、過程、能量及環境之間交互關系

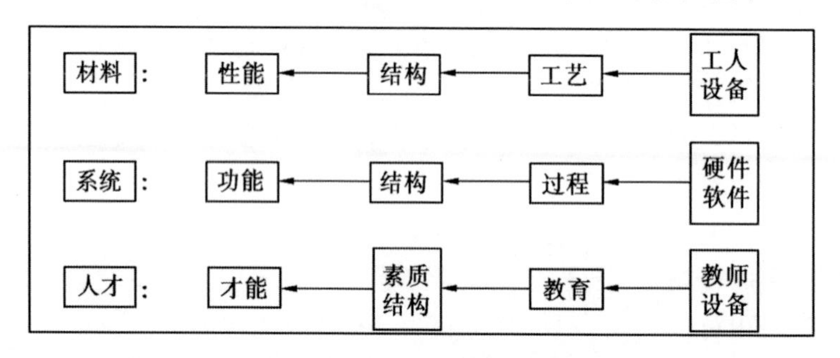

圖Ⅱ.31 人才、材料和系統的類比

如圖Ⅱ.32所示,人的素質在政治環境的作用下,在政治運動(例如"文化大革命")過程中:一方面有所表現;另一方面,素質也可發生變化($S \rightarrow S'$);這種變化的方向可好可壞,變化的性質可以是可逆的或不可逆的。這種政治運動也是一種社會實踐[參見釋義(10.14)]。

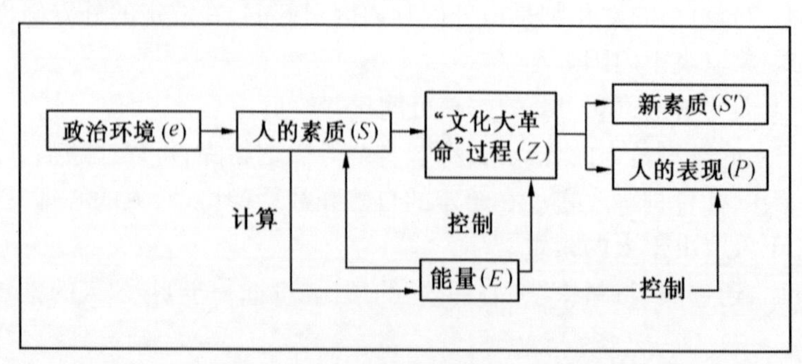

圖Ⅱ.32 人的表現、素質、過程、能量及政治環境之間的交互關系

人的表現是人的素質的心理過程,現在試用材料學的五因素來思考心理學內容和人的素質。

物、人、事的道理分別有物理、人理、事理;心理則是譯名的誤會,心理絕不是"心臟"活動的道理,心理現象不是跟心的活動而是跟腦的活動直接聯系的。若將"Psychology"譯爲"腦理學",未免太晚;也很奇怪,現通用心理學。

采用《普通心理學》([C29])的定義:

"心理學是研究心理現象的科學。" (10.16)

這個定義還需要進一步明確,什么是心理現象,假如我們再說:

"心理現象是心理學研究的對象。" (10.17)

這就犯了"循環定義"的錯誤。

心理現象包括"心理活動"和"心理特征"兩大部分,分述如下。

(1)心理活動——又叫心理過程,包括:

①感覺——對客觀事物個別屬性的反映;

②知覺——對這些事物各部分和屬性的整體反映;

③注意——心理活動對一定事物的指向和集中;

④記憶——認知、識記和回憶感知的事物;

⑤思維——對客觀現實的概括的、間接的反映。

經過思考,掌握事物不能直接感知的方面和屬性,了解事物的本質和規律,包括形成概念,做出判斷,進行推理。

上面五個現象并稱爲認識過程;心理活動還有下述的情緒過程和意志過程:

⑥情緒和情感——對客觀事物采取的態度;

⑦意志——自覺地確定目的并支配其行動以實現預定目的心理過程。

(2)心理特征——各個人的特點,包括:

⑧能力——爲了順利地、成功地完成感知或思維活動,重要的心理前提是具備某些能力。例如,學習活動需要觀察力、記憶力、概括力、理解力等。許多心理活動都要求記憶的清晰、思想的敏捷、反應的靈活等,這些都是能力。

⑨性格——個性中鮮明表現出來的心理特征,可以區別一個人與衆不同的、明顯的、主要的差异,表現在行爲之中。

上列兩個方面都是過去心理活動的結果,儲存于個人的腦中。

類比于材料學的四論:心理過程是一大類過程;心理特征中的能力,既是能量,又是性能;而性格是完成各種心理活動的素質,也是進行心理過程的內部結構,它是有層次的,既有微觀的生理組織,包括腦的結構(細胞、分子、原子等),也有宏觀的"智慧結構"等。

材料是無生物,既無感情,又無意志;但可通過處理,改變內部結構,從而改變性能。人類是高等動物,在漫長的進化過程中,發展了大腦結構,改變了性格,提高了素質。在環境的刺激下,發生如圖Ⅱ.33所示的各種反應,由感覺到知覺,由注意到認知、識記,并能回憶和運用知識進行思維。一方面,這些能力是過去心理活動的廣義教育所累積的;另一方面,與已具備的感情和意志結合,形成了性格。

心理活動的物質基礎是包括大腦在内的各種生理組織,但環境如何通過這些生理組織而起作用,尚有待從不同結構層次深入探索。

附帶指出,圖Ⅱ.33也是計算機的工作框圖。

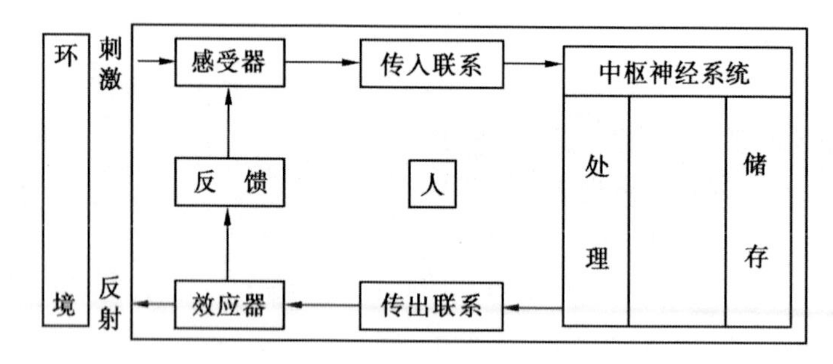

圖Ⅱ.33 刺激-反射聯系圖

2.2.2 人文及人文學

"人文指人類社會的各種文化現象。"(《辭海》p302) (10.18)

"人文是文治和教化。……今指人類社會歷史發展過程中所創造的全部物質財富和精神財富,也特指社會意識形態。"(《辭源》p1357) (10.19)

"人文科學源出拉丁字 Humanitas。廣義指對社會現象和文化藝術的研究,包括哲學、經濟學、政治學、史學、文藝學、倫理學、語言學等。"(《辭海》p304) (10.20)

王同憶主編譯的《英漢辭海》,將"Humanities"譯爲"人文學",因爲它所采取的方法有别于自然科學。

"Humanities 是關于人類及其文化的知識,如哲學、文學、藝術等有别于科學的知識。"(見 The American Heritage Dictionary of the English Language) (10.21)

在西方,也將人文科學(或人文學)叫做"Liberal arts";在上述英文字典中,釋義如下:

"Liberal arts:學術的智力訓練,如文學、歷史、哲學及抽象科學,它們提供一般的普遍的文化知識,有别于較狹的實用的技能訓練。" (10.22)

看來,人文學包括文學、藝術、歷史、哲學等,而社會科學包括政治學、經濟學、社會學、法學等;二者并稱爲文法科,或簡稱爲文科。狹義的人文學僅指文、史、哲等文科,廣義的人文學則包括文法科。自然科學與工程技術則并稱爲理工科,或簡稱爲理科。文理滲透是指這兩大類學科之間的滲透。

2.2.3 人文素質

基于上面對于“素質”及“人文”的理解,則“人文素質”只是人類的一種素質,是一種共性的素質;與此對應的,有“科技素質”,在這里,“科”是指狹義的自然科學,“技”是指狹義的工程技術。

對于理工科大學,人文素質教育及科技素質教育分别是德育及智育所必需;若要德才兼備,則這兩種素質教育,不可缺一。

對于文法科大學,在科技迅速發展成爲第一生産力的今天,吸收科技方法和内容,走理滲入文的道路,將有利于對學生全面素質的培養。

應該强調指出,知識不恒等于能力。學習了人文方面的課程,理解這方面的知識,只是提高人文素質的一個條件;不等于説,有了這方面知識的人,他的德方面的素質就提高了。很明顯的例子是,貪污蜕化變質分子,口頭上仍是滿口仁義道德。

2.3 人文素質教育

爲了提高全民族的素質,促進社會主義物質文明與精神文明,貫徹執行我國《教育法》第一條的規定,人文素質教育對于受教育者在德、智、體三方面全面發展,都將起到重要作用。

2.3.1 目的和内容

(1)德育

首先,是愛國主義教育。爲什么國家服務,是人才的首要問題。《人民日報》1996年“五一”社論指出:“弘揚愛國主義精神,增强民族自尊心、自信心和自豪感,使‘振興中華’成爲12億人的共同追求。”爲此:

①進行中國歷史和中華民族優秀文化傳統教育,這種文、史、哲的人文教育,使受教育者從理智上和感情上熱愛中國,以振興中華爲己任。

②愛國有理智主義和浪漫主義觀點,這種意志和情感都是前述的心理活動,應該從“教育”心理學角度認真研究([C30]),改進教學内容和方式,并對有關政策提出建議。

第二,經濟建設理論的學習。經濟是上層建築的基礎,應該認真學習鄧小平建設有中國特色社會主義理論以及黨中央制定的方針,我國的經濟工作都是在這個理論的基礎上和這些方針指導下進行的。

第三,進行社會主義的世界觀、人生觀、價值觀、社會公德、職業道德教育,清除“文化大革命”所導致的自私自利負面效應。

(2)智育

爲了貫徹執行鄧小平給北京景山學校的題詞[(10.4)],前面提到的知識結構要加强的三個方面,都涉及文、史、哲等的人文素質教育。我贊成:

“今后的大學不再培養容易落后的專家,而要培養能够適應變化情況的通才。” (10.23)

因爲:

“專家是對于越來越少的事物知道的越來越多的人。” (10.24a)

此外,大學四年,難于培養出專家;即令培養出“專家”,也極易落后,缺乏后勁。以詩述之:

“人間正道是滄桑,專家落后正茫茫。
環境巨變需通才,新園异花分外香!”
“三個面向是目標,堅實基礎最重要。
面向世界需外語,掌握方法傲明朝!” (10.24b)

(3)體育

體育鍛煉是健身的主要方法,而豐富多彩的人文素質教育,可以陶冶人的情操,幫助樹立正確的人生觀,使人處于高尚的精神境界,對受教育者的身心健康,也會是有益的。

2.3.2 方式與方法

建議如下七點:

(1)加强大學,特别是理工科大學的人文素質教育,是涉及精神文明建設的大事,學校的黨政領導應該作爲重要的使命來完成。大學校長是教育家,應該有足够的人文素質,才能認識到這種教育的重要性,完成這種重要使命。

(2)精簡陳舊、重復、繁雜的專業課程,在不增加學生負擔的前提下,安排人文素質教育的内容。

(3)科學與技術也含有豐富的人文素質教育的内容,專業課教師若能挖掘這方面内容,如方法論、技術史等,對提高學生的人文素質,將會起到重要的交叉滲透作用,效果可能更好。

(4)開設人文學的選修課,如中西哲學概論、中西文學鑒賞、自然科學史、科學方法論、藝術欣賞、心理學概論、經濟學概論、法學概論等。關鍵的問題是選擇教師和精選教學内容,希能做到深入淺出,啓發興趣,引人入勝。

(5)結合形勢需要,聘請校外名流,做專題報告,使學生能在浪潮前沿思考。

(6)加强校園的文明建設,營造育人的文化環境,可收到潛移默化的效果。一句名言,一幅名畫,一首名歌,也許使人終身難忘。

(7)組織有益于人文素質提高的社會實踐活動,例如社會調查、參觀訪問、公益勞動、社會服務等。

2.4 結語

破"人文素質教育"之題,采用了定義和類比于材料學和心理學的方法,由簡到繁地:

素——→素質——→人文素質
人——→人文——↑

首先嘗試明確"人文素質"這個概念的内涵。其次,討論"教育",討論人文素質教育的内容和目的,及其對德、智、體三育的作用。最后,建議互補的七種人文素質教育的方式。

類比于材料和系統,"人的素質"是人類心理過程變化的内因,它既是先天的生理特點,也可通過后天的社會實踐而改變;人文素質教育便是這類社會實踐。

人的心理過程包括感覺、知覺、注意、記憶、思維、感情、意志等;這些變化的内因,即人的素質結構,有智慧結構、微觀(從細胞到分子、原子)生理組織等層次。外因如何通過内因而變化,有待深入的探索。

3 學習論

3.1 引論

從小學到研究生院,我學習了 19 年;摘了學生的帽子,從事教育和科研工作,又是 53 年,總是在學習;展望今后 15 年(1996 至 2010 年)大局,爲了實現兩個根本轉變、實施兩個基本戰略,許多新概念、新事物,又必須學習。真是:"活到老,學到老。"否則,人雲亦雲,還易犯錯誤。

試擇經歷數則,闡明"學習"的重要性。

(1)在中國的大學培養人才。什么是中國的人才?

"中國的人才是能爲中國社會高效地做出貢獻的知識分子。" (10.2)

人才屬于知識分子,他們需要學習,掌握知識,具有才能。

(2)在許多場合,遇到"專家"這個稱呼。我在從事"專家系統"的研究時,找到了一個饒有風趣的專家定義是:

"專家是對于越來越少的事物知道的越來越多的人。" (10.24a)

要"知道",就必須學習。

(3)作爲教師,應該學點講"腦理"的教育"心理"學。使我大吃一驚的是,一本厚爲 833 頁共十八章的《教育心理學》([C30])中,第三編“學習”占去了六章 207 頁,約占全書的三分之一,可見學習的重要性。

(4)我國經典古籍《十三經注疏》([C1])中,多處論及學習。例如,《禮記·正義》中“學記第十八”專論學習,早已提出類比法:

“良治之子,必學爲裘。良弓之子,必學爲箕。”([C1]p1524) (10.25)

“占之學者,比物丑(同比)類。”([C1]p1524) (10.26)

《禮記·正義》中“中庸第三十一”所總結的:

“博學之,審問之,慎思之,明辨之,篤行之。”([C1]p1632) (10.27)

淵遠而流長。《周易正義》中“乾”論及“學與問”:

“君子學以聚之,問以辯之。”([C1]p17) (10.28)

《論語·爲政第二》論“學與思”:

“學而不思則罔,思而不學則殆。”([C1]p2462) (10.29)

(5)時下科研,重復頗多。這是由于没有區分“科研”與“學習”。如圖Ⅱ.18 所示,將一個事物置于個人的判斷,若屬“已知”,則不必列題研究;若屬“未知”,再置于第二個判斷,若整個科技界仍屬“未知”,才有必要進行科研,否則,通過學習,就能達到“已知”。把本應“學習”的事,變爲科研,這是一種很大的浪費。

(6)科研貴在創新,科研選題時,我贊賞類比與交叉,因而應該廣泛地學,才能有所類比和交叉,這便是(10.27)中的“博學之”。類比于圖Ⅱ.20 所示的二元相圖,若 C 表示“知識量”,則博學使過飽和度(ΔC)增加,在傳統概念(母相 α)中可析出新概念(新相 β)。依據固體物理中的非均勻形核理論,從動力學考慮,在學科界面上,較易形核。爲此,也需要“博學之”。

“科教興國”的關鍵在于人才的培養,上面的經歷六則,從教育和科研兩方面,嘗試論述學習的重要性。在下面,嘗試運用本人提出的“材料學方法論”([A11],[A15])的思路,在明確“學習”這個概念之后,扼要論述環境、提高才能、知識結構、學習過程四個命題。

3.2 概念

什么是學習?

“學習①《禮記·月令》:‘[季夏之月]鷹乃學習。’學,效;鳥頻頻飛起,指小鳥反復學飛。②求得知識技能。” (10.30)

這個釋義就會涉及對《論語·學而第一》1.1 的理解:

“子曰:‘學而時習之,不亦説乎?’” (10.31)

在這里,“説”同“悦”,無争議;有争議者,“時”與“習”二字。宋代大儒朱熹在《四書章句集注》中把“時”解爲“時常”,是用后代的詞義解釋古書;楊伯峻引《孟子·

梁惠王上》内的一句話:"斧斤以時入山林"中"以時"是"在一定的時候"或者"在適當的時候",王肅的《論語注》正是這樣解釋的。"習"一般人認爲是"温習"(程子認爲,習,重習也。);但古書中,"習"還有"實習"、"演習"之意,如《史記·孔子世家》:"孔子去曹適宋,與弟子習禮大樹下。"這一"習"字,更是"演習"之意。此外,孔子所授的六藝中,禮、樂、射、御、書、數,尤非演習和實習不可,空談不行。因此,楊伯峻將(10.31)譯爲:

"學了,然后按一定的時間去實習它,不也高興嗎?" (10.32)

我贊賞這個譯文,這便是"學習"的正確含義。

孔夫子是偉大的教育家,雖然他率領學生,周游列國,求官活動的成效不大,但是,終身爲師,親授六藝,著書立説,類似于"學而時習之"的許多話,千古流傳,值得重視和借鑒。

3.3 環境

環境是事物變化的外因,"學習"這個事也不例外。

從1966至1976年,在神州大地所涌現的"文化大革命",人們爲了活命和生存,被迫學習講假、大、空話,充分暴露了人類的動物天性。總結各方面人士在這個史無前例時期的學習心理,也許可加深理解"適者生存"這個生物學原理。在那個時期,宣揚知識無用,知識越多越反動,誰敢、誰願真正學習?學習的目的何在?要學的話,便是適應生存的、低級生物式的學習,多可憐。

打倒了"四人幫",這伙人肆意摧殘科教事業、迫害知識分子的那種環境,一去不復返。爲了建設中國特色社會主義,爲了"四個現代化"的宏偉事業,又必須尊重知識,尊重人才。中國人的學習又轉向人類正常生活的軌道,處于正常的環境中。

在市場經濟體制下,可能出現知識價值很高、知識分子價格很低的情況,這要認真分析,采取措施,營造對社會有益的學習的社會環境。

3.4 目的——提高才能

爲什么學習?

"廣義來説,可以把學習視爲與生命并存。"([C30]p199) (10.33)

生存競争,適者生存;爲了適,必須學。高等動物的生活就是學習,大家易于體會。低級生物是否如此?已有證明,草履蟲經過練習,能够減少在毛細管中旋轉所需的時間,這顯然是由經驗引起的行爲變化。

動物的級别越高,則嬰兒期越長,學習能力越强,本能行爲的固定性也相應減少。例如,原生動物一生出來,實際上就是一個成熟的有機體,幾乎没有嬰兒期。而人呢？出生的嬰兒，若無照顧，便會死亡；人的學習能力强，也易變，行爲的固定性也低。

通俗地説，學習有如吃飯，目的是吸收營養。吃飯（或廣義的飲食）是爲了維持人體的生命和成長；而學習則使人的精神生命健康成長。學習的目的是爲了提高人的能力或才能，這就包括兩個方面——技能和品質：前者是各行各業的具體技術能力；后者包含道德品質和科學素質；這分别可促進人類的物質文明和精神文明的發展。

學習的目的不僅是適應環境，而且要改變環境。在自然界，若没有人類的干預，則“生存競争，適者生存”的規律使生命力强盛的本地雜草，靠着它們長期獲得的特殊適應能力，將會淹没外來的禾苗，使人類顆粒無收。因此，人類需要農業知識，用創立和維持人爲狀態的園藝過程原理來對抗宇宙過程原理。但是：

> “大自然常常有這樣一種傾向，就是討回她的兒子——人——從她那兒借去而加以安排結合的、那些不爲普遍的宇宙過程所贊同的東西。”（[C5]p9）　(2.86)

在金屬材料界，人類學習礦冶的知識，從大自然母親那兒借來金屬礦石（采礦），耗費能源，甚至污染環境，將礦石還原爲金屬（冶金）；進一步加工而制成汽車、飛機、船舶、橋梁、高樓大厦……（機械工程、土建工程……），有時是威風十足，赫然而存。但是，大自然的風雨、日照、潮汐……不停地工作，而人造環境又無意而無情地協助，通過腐蝕、磨損、斷裂等方式，將金屬構件損壞、氧化，使大自然母親能討回本來是屬于她的東西——礦石。就是人本身，也是浩劫難逃。

但是，作爲人類整體，通過學習，掌握知識，提高能力，仍在與大自然做斗争：對于材料，反抗失效，抑制或减少各種失效破壞；對于人體，期望延年益壽，進行醫藥研究；這些，都需要學習。在人類社會，壞人總是有陰謀地陷害好人，劣質商品總是用僞裝欺騙人民，因而需要教化的倫理過程和刑罰的法律過程來改變這些社會環境。

在適應和改變自然和社會環境之外，學習還有其他的功能，例如，提高人的水平，即儲存知識能量，待機釋放。專家不僅掌握而且運用知識做出貢獻，前提是學習。

專家也要博學，博于專何用？

(1)知識越豐富，則産生重要設想的可能性越大；

(2)有重要獨創性貢獻的科學家，常常是興趣廣泛而博學的人；

(3)工作停滯不前時，從外行的交談中或對貌似無關的現象觀察中，可以獲得啓示；

(4)移植是發展科學的一種重要方法,只有博學的人,才能善于采用移植。

讀書和學習也可提高人的精神境界。有錢,是物質上的富。在能維持生命的條件下,窮人不一定在精神上是窮,而有些大發的富人,也許精神境界很低,窮得可憐:

"我很窮,窮得一無所有,只剩下金錢。" (10.34)

總之,學習的目的在于提高人類適應和改變自然環境和社會環境的能力,提高人類的精神境界,做文明人。

3.5 內容——知識結構

類比于材料,從微觀分析考慮,在給定的使用環境中,人才的才能取決于他的知識結構[(10.2)]。

從宏觀分析(圖Ⅱ.29)考慮,也應該是:

"面向社會,抓兩頭(社會使用,教師、設備),帶中間(三個環節)。" (10.35)

而"知識結構"是核心環節。

學習是一個終生的問題,俗話說:"活到老,學到老",便是這個意思。在這里,補充"在職學"的幾個問題。

(1)專業培訓

在校讀書時,很難預測今后干什么事業。走上了工作崗位之后,有戰略眼光的管理人員——領導或老板,爲了本身的利益,對招收進來的人才坯子,爲了適應崗位工作及未來發展,進行有計劃的專業培訓。這一方面可提高工作人員的工作質量;在另一方面,也有助于穩定工作人員,因爲他們"陷得越深",則拔出也越難。

(2)適應工作崗位的自學

埃德加·富爾在聯合國教科文組織出版的《學會生存》一書中指出:

"未來的文盲不再是不識字的人,而是沒有學會怎樣學習的人。" (10.36)

走上了工作崗位,便要抓緊自學,否則,不能適應工作要求,就有下崗失業的危險。自學有兩方面:向有經驗的人學,向書本學。

在市場經濟體制下,人與人之間有競爭,向有經驗的人學,難度較大。首先,要認識:

"滿招損,謙受益。"([C1]p137) (10.37)

這樣,才願意學;有經驗的人才有可能願意教。另外一個渠道是業余自費參加短訓班。

向書本學,一方面,要有一套學習方法;另一方面,要有一定的基礎;否則,學不好,學不懂。書到用時方知少。

(3)廣泛地自學

在能適應工作崗位之后,爲了今后的發展,必須廣泛地自學。當今的時代,是多種觀念相互冲擊和匯合的時代,在時空構成的多維空間中,要綜合中外古今的多維思維,洋爲中用,古爲今用。爲此,必須廣泛地自學,不要固步自封,思想僵化。站得高,才能望得遠;而高水平的人必須博學。

3.6 方法——學習過程

學習是從未知到已知的過程。起點是“未知”,因人、因時而异,歸納起來,可有三類:

(1)受命而學,例如必學的文件、規章等,“文革”期間,這種事最多,被動性最大;

(2)因任務而學,例如管理領導、科研任務、開設課程等,這是帶着問題學;

(3)主動地、廣泛地、經常地學,主動性最大。

它們之間的共性是“學”與“習”,依據個人經歷,總結幾點學習過程的體會,供交流。

3.6.1 認真地學

謹記《老子》第 71 章的一句話:

“知,不知,上;不知,知,病。” (10.38)

切忌不懂裝懂,因爲這是學術界的“病”人,應進醫院治病。不知或知之不確切,便要學而思問。例如,我在材料學界工作了幾十年,學生問我:什么是材料? 當時,我給不出確切的“定義”,日后思與問,采用“屬 + 種差”的定義方法,得到:

“材料是人類社會所能接受地、經濟地制造有用器件(或物品)的物質。” (1.7)

其中,“物質”是屬,“物質”前那個定語是“種差”。從“種差”得到材料的五個判據——判斷物質是否是材料的依據:資源、能源、環保、經濟、質量。采用這個定義 18 年,頗爲自恰。采用這種方法,我嘗試定義“中國的人才”[見(10.2)],得到德才兼備的判據。

3.6.2 學、思、問的結合

學習和理解古語警句[見(10.26)至(10.28)]中關于學、思、問的論述,我很留戀在幸福的中壯年代里,在科技領域内,于圖書館的避風港内,無畏地獨立學習和思考:

“定期翻閲,耳目清新;

分析對比，慎思善問。

頓悟方法，如釋重任；

廣闊興趣，開拓新徑。”　　(10.39)

因此，勤學、慎思和善問要結合。

在動亂的年代里，觀察和體驗史無前例的衆生相，也是學；留待適當時候去思和問，也可能會有收獲，彌補失去的寶貴年華。

3.6.3 博學之

很幸運，1977年后，中國知識分子真正地得到了思想解放，敢于、也有條件博學中外古今的名著，我采用和受益于：

(1)從特殊到一般，再從一般到特殊的《實踐論》([C31]p271)方法，首先從各種材料的特殊規律上升爲五論——結構、性能、環境、過程、能量，然后嘗試外延到其他物、事、人，貫通物理、事理及人理。

(2)分析事物變化的《矛盾論》([C31]p287)，特別是内因和外因的辯證關系。

(3)“系統論”和“邏輯學”的方法，嘗試分別做到：

①概念明確，判斷恰當，推理正確，結論有用；

②建立模型，尋求優化，利用反饋，有效控制。

(4)重視維納《控制論》關于豐收地帶的警句：

“在科學發展上，可以得到最大收獲的領域是各種已經建立起來的部門之間被忽視的無人區。”([C8]p2)　　(2.48)

(5)推廣“類比法”在提出“假説”時的應用，突出結構的類比，采用結構(S)的廣泛的定義，便于推廣：

$$S = \{E, R\} \qquad (1.23)$$

式中，E是系統中組元的集合，R是E間關系的集合。

(6)將“經濟學”中“宏觀”及“微觀”概念返回到自然科學，提出“宏觀材料學”、“宏觀腐蝕學”等。

3.6.4 學以致用

學是爲了用；若能用，則又增强了學的效果。我一輩子也學了不少東西，只有用過的，才理解深，記得牢；這種“牢”與“深”正比于“用”的程度。教是爲了使受教的人學到東西，變“不知”爲“知”，那么，就要設法聯系受教者的過去經歷和未來可能的工作，使其能“用”到所學的東西。對教者來説，“教”就是“用”，多教多用，加深理解；“教學相長”，有這種含義。

對于知識結構，我强調基礎、方法和外語，正是由于這三者的用途甚廣。

3.6.5 專與博

專與博孰先？大有争論。“博士”之稱號，當今也名實不符。漢字“博”爲大、廣、通達、多聞、衆多、豐富之意，而“博士”則多爲專科之士。唐代江南俗稱賣茶人爲“煎茶博士”外，六國時有博士，秦漢相承，諸子、詩賦、術教、方技，都立博士。漢武帝置五經博士，唐有國子諸博士，律學博士、算學博士、醫學博士等。英文將博士叫做“Doctor”：

“博士是獲得學院或大學在任何專科所授予最高學位的人。” (10.40)

看來，古今中外，博士都是專科博士，專中博，由專而博。博而不專，則爲“萬金油”，治不了大病。事物道理有相通和可類比之處，由專入博易，某一領域的深度是達到廣度的基礎，也就是説，專是博的基礎。在另一方面，博又有助于專。

從實踐與認識來看，也應是先專后博，由博再專，螺旋式上升：

專→博→專→博→ (10.41)

總之，我對于學習的觀點是：學、思、問并用，才能提高；學以致用，用有助于學；先專后博，博有助于專。

3.6.6 整理資料

由于教學與科研任務的需要，我需要學習，學習之后的資料，有筆記，有議論……這些廣義的資料，如何整理分類以便查閱？這是學習方法的一個重要方面。

我習慣于用活頁紙，便于組裝。問題的關鍵在于設計一個分門别類的方法，便于儲存資料和隨后的查閱和整理，否則，年代久了，將是一大堆廢紙。

藉助于礦冶術語，以個人經歷爲例，簡述資料整理方法之一。從 1960 至 2002 年，由于教學和科研工作的需要，將學習資料及札記的活頁紙匯成 154 本，學習而獲的礦石及脉石均在其中。經選礦和精冶，編著出版了 19 部專著(見參考文獻 A)，殘存者爲第一礦區。從 1971 至 1996 年，習做韵文 758 首，曾選 285 首，以時間爲經，主題爲緯，交織而成《士心集》([A13])，留存者爲第二礦區。從 1980 至 2002 年，仿《培根論説集》體裁，選冶而成宏觀方面論文 64 篇發表(見參考文獻 B)，余者爲第三礦區。偷閑時，仍視察礦區，并整頓以備日后開、采、選、冶之用。

3.7 結語

第 3.1 節的引論擇個人在教育和科研方面的經歷六則，闡明“學習”在實施“科教興國”戰略時的重要性；在第 3.2 節論述“學習”這個概念之后的第 3.3 至第 3.6 節，運用我提出的“材料學的方法論”思路，依次論述了環境、提高才能、

知識結構、學習過程四個命題。我是湘人,願引楚人屈原《離騷》互勉:

"路漫漫其修遠兮,吾將上下而求索。" (10.42)

按照圖Ⅰ.7的整體安排,下兩章涉及從宏觀上論述材料的現實和未來的問題,即材料的選用和材料的展望。

第 11 章　材料選用

“材料的生命，在于應用。”　(11.1)

生產材料的目的是爲了應用，正如圖Ⅱ.11 所指出的那樣，材料消費者的需求，拖動整個循環的材料流動，是整個循環的推動力。因此，從宏觀材料學考慮，材料生產者的任務是在自然和社會條件約束下，既要滿足材料消費者的要求，也要激發材料消費者的新需求。

材料的選用包括材料的選擇和應用。本章先用系統分析的方法提出問題，然后討論選擇材料的方法，并簡介决策論，最后，簡述材料管理問題。

1　提出問題

從圖Ⅱ.34 所示的系統分析可以看出，材料選擇與材料各種問題之間的邏輯關系，依據選用的目的而有如下的各類材料的選用問題。

(1)防止失效事故。依據失效原因，選用恰當的材料和工藝。這類失效既可發生在使用階段，也可發生在生產制造階段，這就分別涉及材料的使用性能和工藝性能。本章將以“淬裂”問題爲例，説明這類選材的方法。

(2)選擇成本最低而又滿足最低使用性能的材料。這是價值工程(Value engineering)在材料問題的應用，也是多目標的决策問題。

(3)材料生產成本的比較分析。這涉及第 7 章第 4.3 節知識的應用。

(4)適應科技、社會和市場的發展，選擇材料。這是帶戰略性的選材問題。分别示例説明如下：

①科技成果。1906 年發明了三極真空管，直到 20 世紀 50 年代，它一直是電子綫路的主要部件。1947 年發明了晶體管，硅成爲現代信息和通信的主要材料。光導纖維的應用，使信息和通信從電子時代進入光子時代。1973 年超導材料 Nb_3Sn 的轉變温度只有 23 K，1986 年底到 1987 年初中、美、日三國科學家獨立地宣布鋇釔(或鑭)銅氧系超導體的轉變温度已超過液氮的氣化温度(77.3 K)，這些材料的應用，可以對電子和儀器工業帶來重大影響，并爲電力超導傳輸、制造大功率電磁鐵和新一代粒子加速器等先進技術提供了可能。又例如，如能從材料及設計上改進陶瓷材料的韌性，則能在 1 473 K 長期穩定受載使

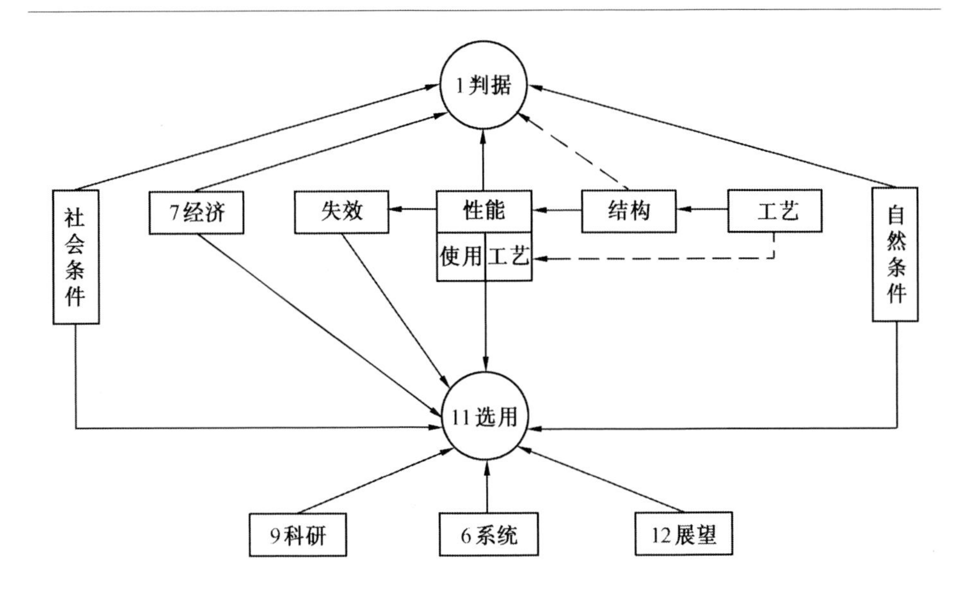

圖Ⅱ.34 材料選擇與其他材料問題之間的關系(數字爲章次)

用的 Si_3N_4 及 SiC,將顯著地提高燃氣輪機的熱效率。因此,高技術的發展有賴于先進材料(Advanced material)的出現。關于材料的發展及展望見第 12 章。

②社會條件的限制。不同的國家在不同的時期,都以指導性或指令性法規,限制材料的使用。例如,戰爭時期,各國對大量使用稀缺元素的合金鋼中的成分都有限制性規定。又例如,1973 年石油禁運所導致的能源危機,迫使美國政府以法律規定了汽車耗油量的上限以及排氣中氧化氮和一氧化碳的最高含量,因而促使美國的汽車公司研究高強度低合金鋼、鋁合金、塑料、石墨纖維等在汽車中的應用以及轉化器中的催化劑問題。選材的這些限制便是材料的資源、能源及環保三個判據[參見(1.15)]。

③市場預測。消費者對産品式樣的嗜好和購買力影響了産品的檔次,從而影響了對材料的選用。這些問題有賴于對市場要求的判斷,涉及心理學、技術美學、預測學等方面知識。

綜上所述,材料的選用是一種復雜的判斷問題,需要應用本章第 5 節所介紹的“决策”方面技術,即明確問題,包括目標函數及限制條件,然后分析問題,最后提出選用方案。

第 2 至第 4 節依次地示例介紹性能選材法、成本選材法及多目標選材法;第 5 節簡介决策論;第 6 節討論材料的管理。

2 性能選材法

2.1 使用性能

設計工程師慣于從各種材料手册中查閱和比較各種材料的性能,然后選用。近年來,由于計算機的普遍應用,已將這些性能匯編爲數據庫,便于檢索和專家系統調用。

若有兩種主要性能時,則可應用如圖Ⅱ.35 所示的"坐標分類法"進行篩選。例如,對于所需用的奥氏體耐熱鋼,設計部門提出兩個主要的力學性能要求:900 K-10^5 h 持久强度大于 100 MPa,900 K 時效 10^5 h 后室温冲擊韌性(α_K)值大于 500 kJ/m^2,則以這兩個數值爲原點,將數據(手册查出的或實驗測定的)繪于圖Ⅱ.35 中,第Ⅰ象限的鋼種 A、B、C 均可滿足設計要求;第Ⅲ象限的鋼種 X、Y、Z 性能最差,持久强度及時效后冲擊韌性都達不到設計要求。

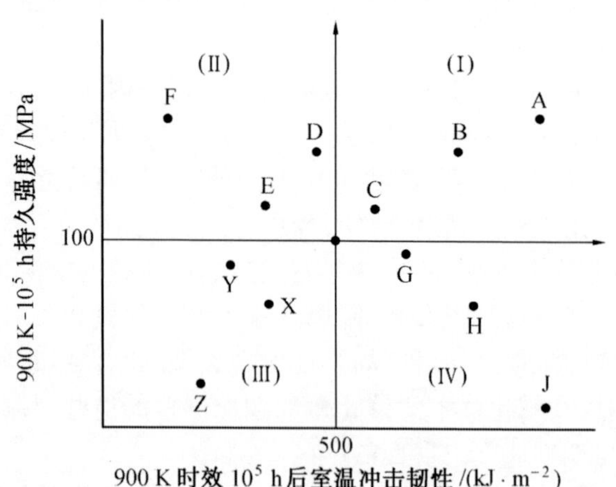

圖Ⅱ.35 坐標分類選材法

2.2 工藝性能

本節從選材角度示例地分析"淬裂"這個失效問題,即淬裂性問題。

2.2.1 淬裂過程

淬火過程有兩個變化使部件的尺寸改變:一個是冷却的收縮,另一個是馬氏體轉變的膨脹。圖Ⅱ.36 示出 1.0%C - 1.5%Cr① 滚珠鋼從850 ℃淬火至

① 百分数表示 C、Cr 的质量分数。

20 ℃的綫尺寸隨温度的變化:奥氏體及馬氏體的平均綫熱膨脹系數分别爲 $23\times10^{-6}/℃$ 和 $10\times10^{-6}/℃$;馬氏體轉變的綫膨脹量爲 0.7%;850 至20 ℃的平均收縮系數爲 $12.5\times10^{-6}/℃$。

淬火過程中部件各部分,例如表層和心部,冷却和相變的進行是不均匀的,并且有先有后,因而就會有不均匀變形,從而産生内應力,這種内應力叫做淬火應力。若局部地區的淬火應力過大,便會産生塑性變形,甚至開裂。這種淬裂現象涉及淬火應力的分布、熱處理工藝所導致的冷却條件、鋼材的熱學性質、形變和斷裂特性、M_s 温度、淬透性等。

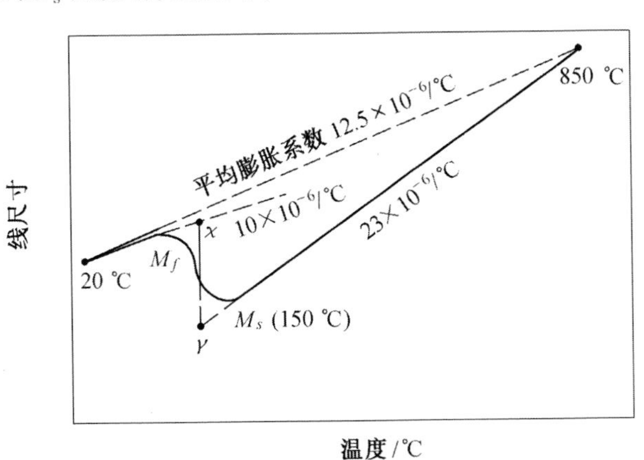

圖Ⅱ.36　1.0%C-1.5%Cr 滚珠鋼綫尺寸隨温度的變化

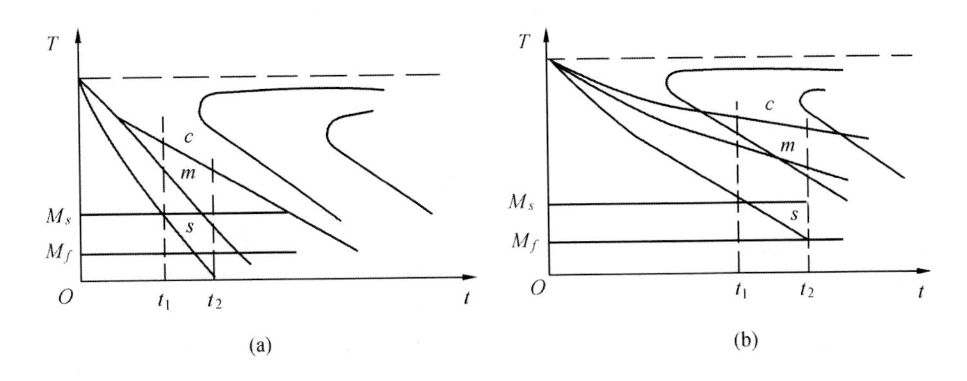

圖Ⅱ.37　鋼的恒温轉變曲綫和冷却曲綫

圖Ⅱ.37 示出鋼的恒温轉變曲綫和鋼件表層(s)、中層(m)和心部(c)的冷却曲綫。在圖(a)所示的全淬透的情况下,當部件各部分的温度都高于 M_s 時,即 $t < t_1$ 時,由于表層冷却較快,較大的收縮使表層産生壓應力,中層及心部産生拉應力。冷却速度差别越大,則這種内應力越大。當表層温度低到 M_f 以下,而心部温度仍然高于 M_s 時,即 $t = t_2$,則表層的馬氏體轉變引起的體積膨

脹,使表層產生拉應力,心部則產生壓應力。在圖(b)所示的未全淬透的情況下,在表層進行馬氏體轉變的時間範圍内(t_2-t_1),心部處于高温的珠光體或上貝茵體,較易適應表層的體積變化,因而淬火應力較小。

因此,淬火應力的性質和大小取决于冷却曲綫和相變曲綫的相對位置,前者取决于熱處理工藝,后者取决于鋼的成分,涉及鋼種的選擇。從熱處理工藝考慮,影響淬裂趨勢有如下幾個因素:

(1)表層與心部的冷却曲綫越接近,則淬火應力越小。對于圓柱體解熱傳導方程:

$$\frac{\partial T}{\partial t} = D_{\mathrm{t}} \frac{\partial^2 T}{\partial x^2} \tag{11.2}$$

$$D_{\mathrm{t}} = \frac{k}{c\rho} \tag{11.3}$$

得到:

$$\frac{T_0 - T}{T_0 - T_{\mathrm{s}}} = 1 - \mathrm{erf}\left(\frac{x}{2\sqrt{D_{\mathrm{t}} t}}\right) \tag{11.4}$$

式中,D_{t} 叫做熱擴散系數或導温系數;k、c 及 ρ 分别是材料的熱傳導系數、比熱容及密度;T_0 爲開始時的温度,即奥氏體化温度;T_{s} 爲表面温度,即淬火介質的温度;T 爲距表面爲 x 及時間爲 t 時的温度;erf(z) 爲 z 的誤差函數。從(11.4)可以看出,影響冷却曲綫有兩個參量:一個是 D_{t},它是隨鋼種而變的,對于合金調質鋼,它的變化不大;另一個是熱導距離 x,這是隨部件的尺寸而變的。因此,對于給定的鋼種和熱處理工藝,部件越大,則淬火應力越大。當鋼種及部件尺寸不變時,可能采用控制冷却的方式,使表層和心部的冷却曲綫較爲靠近。這種措施的原則是:避免珠光體轉變的鼻尖,在 M_{s} 以上的温度均温。例如,對電站用大鍛件,從 860 ℃ 奥氏體化出爐后,空冷幾分鐘,使温度下降,但不低于珠光體鼻尖温度;然后油淬,保温足够的時間,使表層和心部均温在 M_{s} 以上,再拿出空冷,使馬氏體緩慢形成;最后再油淬,促進心部轉變。

(2) 當部件的表面有宏觀缺陷時,或者有應力集中部位時,淬火應力甚至低于材料的屈服强度,也可産生開裂。這是因爲應力集中使有效應力提高,或者淬火應力與宏觀缺陷的組合使應力場强度因子(K_{I})大于材料的斷裂韌性(K_{IC})。高碳工具鋼及模具鋼的屈服强度與抗拉强度的比值較高,斷裂韌性也低,較易淬裂。淬火裂紋不僅可在淬火過程出現,也可在淬火后停放一段時間發生。后者是由于不均匀淬火應力在停放過程的松弛作用可産生局部的應力集中引起的。基于這些考慮,部件的設計應盡可能避免不必要的應力集中;部件的機械加工應避免表面缺陷;淬火后應盡快地回火,如無適當的回火爐待用,也應設法先在 150 ~ 200 ℃ 進行消除淬火應力處理,這對形狀復雜的工具模具尤爲必要。

(3) 淬火裂紋易從表面開始,并且一般是拉伸應力産生開裂。因此,若在表面産生壓縮應力,不僅對防止淬裂有利,而且可提高材料的疲勞强度。表面高頻淬火或表面火焰淬火,只使表面層發生馬氏體轉變,可使表面處于壓縮應力狀態而心部處于拉伸應力狀態。

上面三條是合理使用材料,下面分析正確選擇材料的問題;前者是淬裂的外因,后者是内因,變化是外因通過内因而發生的。

2.2.2 **鋼種選擇**

調質鋼的導温系數 D_t 相差不大,影響淬裂的主要内因是 M_s 及淬透性。

(1) M_s 温度越高,則淬火應力越小。M_s 高時,則表層形成馬氏體時,心部處于塑性較好的高温態,易于適應表層相變的體積變化,因而淬火應力低。

(2) 淬透性。加入合金元素的主要目的之一是提高淬透性。前面提到,部分淬透部件的淬火應力較低,因此,只需要足够而不是過剩的淬透性。此外,增碳及加入合金元素,不僅提高淬透性,也降低了 M_s,增加淬透趨勢;碳是降低 M_s 點最强烈的元素:

$$M_s(℃) = 539 - 423w(\mathrm{C}) - 30.4w(\mathrm{Mn}) - 17.7w(\mathrm{Ni}) - 12.1w(\mathrm{Cr}) - 7.5w(\mathrm{Mo}) \tag{11.5}$$

式中,$w(\cdot)$表示鋼中該元素的質量分數。因此,應盡可能降低鋼中碳含量。

綜上所述,正確選擇調質鋼,應考慮如下兩條原則:

(1)選擇足够而不是過剩淬透性的鋼種,這樣,才能在保證淬透性的前提下獲得 M_s 盡可能高的鋼種。

(2)在保證所需强度的基礎上盡可能選擇碳含量低的鋼種。

2.3 性能遞增選材法

現以工具鋼爲例,説明這種選材法的應用。全世界成千的工具鋼號,若加以合并,不過幾十種,爲了便于選擇工具鋼,可按使用性能及工藝性能,以 $w(\mathrm{C}) = 1\%$的碳素工具鋼爲中心(圖Ⅱ.38)將工具鋼分爲如圖Ⅱ.39 所示的十二類。表Ⅱ.7列出各類工具鋼的典型成分,可供參考。

我們首先考慮爲什么要使用合金工具鋼,即在碳素工具鋼中加入合金元素后對性能起了什么影響。我們知道碳素工具鋼[例如 $w(\mathrm{C}) = 1\%$]的價格最便宜,應該盡可能采用它。但是,它需要水淬才能淬透,硬化層很薄,淬火時易于變形;在使用時易于因熱而軟化;韌性及耐磨性在某些情况下也感到不足。爲了改善這些性能,應該加入如圖Ⅱ.38 所示的各種合金元素,并對碳量作適當的調整。根據這些考慮,我們可以將工具鋼分爲如圖Ⅱ.39 所示的十二類。假如碳素鋼或某種合金鋼不能滿足要求時,我們可以根據圖Ⅱ.39 作適當的移動。自然,作這種移動時,還應該考慮工具形狀及熱處理工藝是否適當,同時還應該考慮其他的工藝性能,例如加工及切削性等。

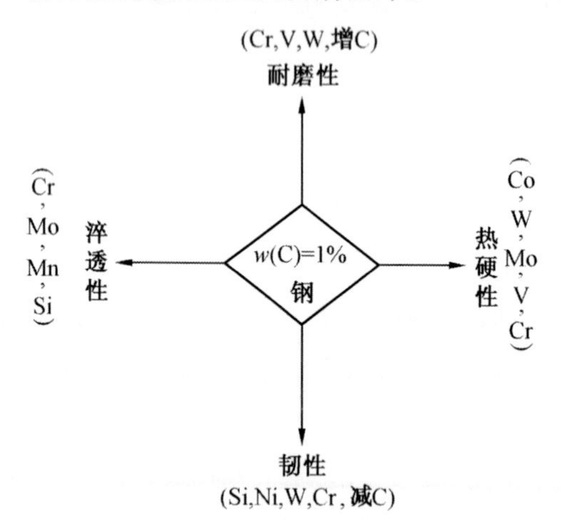

圖Ⅱ.38　改善 w(C) = 1%的工具鋼性能的方向及合金元素的影響

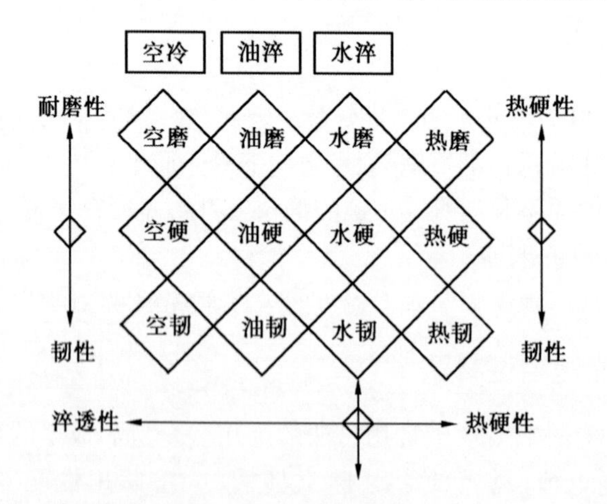

圖Ⅱ.39　工具鋼的分類

值得指出,圖Ⅱ.39 及圖Ⅱ.40 中的耐磨性、韌性及抗熱軟化性只是相對的,不應該將同一水平綫上鋼種的韌性及耐磨性看做相等;而耐熱工具鋼雖列于同一垂直綫上,也不表征它們的耐熱軟化性相等。根據國外一些比較性的數據,圖Ⅱ.41 較爲正確地表示它們間的相對關系。

本節所介紹的三種方法,首先考慮性能是否能滿足使用及工藝要求;對于性能都能滿足要求的各種材料,當然是選用價格或成本最低的材料。下一節將從經濟角度討論選材的方法,即成本選材法。

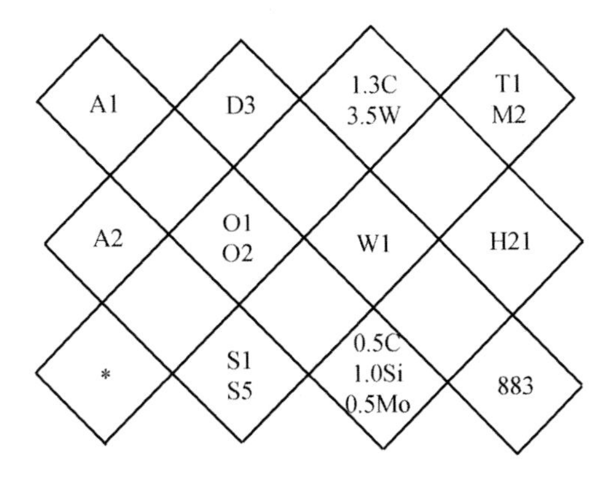

圖 Ⅱ.40　美國工具鋼的分類

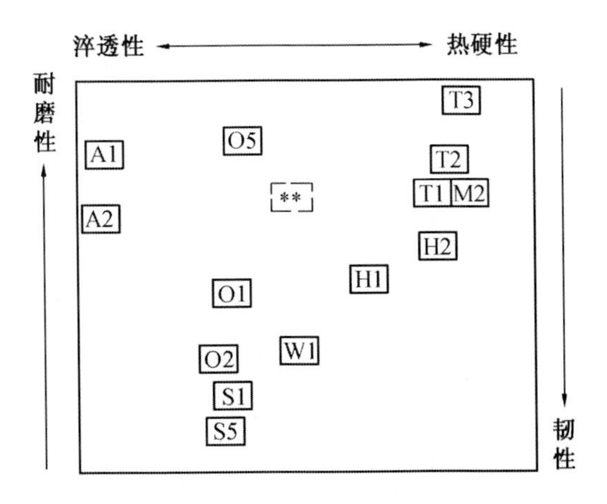

圖 Ⅱ.41　美國工具鋼的相對性能圖［C32］

表Ⅱ.7　典型工具鋼的化學成分①

類型	質量分數/%								美	前蘇	商業牌號
	C	Mn	Si	Cr	V	Mo	W	Co			
水硬	1.00	—	—	—	—	—	—	—	W1	y10	No.11 Special
	1.00	—	—	—	0.25	—	—	—	W2	—	—
水磨	1.30	—	—	—	—	—	3.5	—	—	—	K-W
水韌	0.50	—	1.0	—	—	0.5	—	—	—	—	Solar
油硬	0.90	1.00	—	0.5	—	—	0.5	—	O1	9×BΓ	—
	0.90	1.60	—	—	—	—	—	—	O2	—	Stentor
油磨	2.10	—	—	12.0	—	—	—	—	D3	X_{12}	Hampden
	2.25	—	—	12.0	—	1.0	—	—	D4	—	—
	1.50	—	—	12.0	—	1.0	—	—	D2	—	—
	1.00	—	—	12.0	—	1.0	—	—	D1	—	—
油韌	0.50	—	—	1.5	—	—	2.5	—	S1	—	—
	0.50	0.80	2.0	—	—	0.4	—	—	S5	—	—
	0.75	—	—	1.0	—	—	—	1.75	—	—	RDS
空硬	1.00	—	—	5.0	—	1.0	—	—	A2	—	No.484
空磨	1.50	—	—	12.0	0.9	0.8	—	—	—	—	No.610
	1.25	—	—	5.0	1.0	1.0	—	—	A3	—	—
空韌	0.70	2.00	—	1.0	—	1.4	—	—	—	—	Vega
熱硬	0.35	—	—	3.5	—	—	9.5	—	H 21	—	T-K
	0.35	—	—	5.0	0.4	1.5	1.5	—	H 12	—	—
熱磨	0.70	—	—	4.0	1.0	—	18.0	—	T1	P18	Star-Zenith
	0.85	—	—	4.0	2.0	—	18.0	—	T2	—	—
	0.85	—	—	4.0	2.0	5.0	6.3	—	M2	—	—
	0.80	—	—	4.0	1.5	5.0	4.0	12.0	M6	—	—
熱韌	0.40	—	1.10	5.0	0.9	1.4	—	—	—	—	No.883

①Carpenter Steel Co.

3　成本選材法

對于消費材料的單位,若制造工藝的費用沒有差异,則從材料的成本或購買費用,可選用不同的參量選用材料(3.1節);否則,需綜合考慮材料和工藝費用來選用材料(3.2節)。

3.1　材料成本法

若制造工藝的費用沒有差异,則使用材料的單位對不需要熱處理的鋼種,采用不同的經濟參數來比較和選用。

(1) 等强度的相對質量 $R_{w\sigma}$;

(2) 等剛度的相對質量 $R_{w\Delta}$;

(3) 等强度的相對成本 $R_{c\sigma}$;

(4) 等剛度的相對成本 $R_{c\Delta}$。

設計時若使用屈服强度,則計算 $R_{w\sigma}$ 及 $R_{c\sigma}$ 時,選用屈服强度。剛度用變形量 Δ 來表述,載荷相同時,則 Δ 越大,剛度越小。很容易看出,變形及所需要的屈服强度因負荷方式而不同,并與結構部件的幾何形狀有關。例如,直徑爲 D、長度爲 l 的圓柱形部件,當中心拉伸負荷爲 F 時,其拉伸變形量 Δ_t 及拉伸應力 σ_t 分別爲:

$$\Delta_t = \frac{Fl}{AE} = \frac{4Fl}{\pi D^2 E} \tag{11.6}$$

$$\sigma_t = \frac{F}{A} = \frac{4F}{\pi D^2} \tag{11.7}$$

式中,A 爲截面積,E 爲楊氏模量。如這種圓柱形部件作爲簡單横梁使用,中心負荷仍爲 F,而支點間距爲 l',則最大彎曲量 Δ_b 及最大應力 σ_b 分別爲:

$$\Delta_b = \frac{Fl'^3}{48EI} = \frac{4Fl'^3}{3\pi ED^4} \tag{11.8}$$

$$\sigma_b = \frac{MY}{I} = \frac{32M}{\pi D^3} \tag{11.9}$$

式中,M 爲撓矩,I 爲轉動慣量,Y 爲距中心軸的距離。

如 C 爲單位質量的成本,ρ 爲密度,σ_s 爲屈服强度,令下標 1 及 2 分別代表兩種鋼號,則在上述兩種情況下,可以計算各種經濟參數。表 Ⅱ.8 列出這些結果,在計算時,假定 1 號鋼的各種參數爲 1。從這些數據可以看出,當 $E_1 \approx E_2$ 及 $\rho_1 \approx \rho_2$ 時,如 2 號鋼爲强度大而成本高的低合金高强度鋼,即 $C_2 > C_1$,$\sigma_{s2} > \sigma_{s1}$,從質量參數考慮,$(R_{w\sigma})_2$ 雖然大于 $(R_{w\sigma})_1$,但 $R_{w\Delta}$ 却没有區別。從成本參數考慮,2 號鋼不一定比 1 號鋼經濟:$(R_{c\Delta})_2 > (R_{c\Delta})_1$;而 $(R_{c\sigma})_2$ 是否小于 $(R_{c\sigma})_1$,則取决于 $\left(\frac{\sigma_{s1}}{\sigma_{s2}}\right)^n$ 是否小于 $\left(\frac{C_1}{C_2}\right)$,$n$ 隨部件的形狀而异。

現以單軸拉伸爲例,説明表 Ⅱ.8 中數據的計算方法。從(11.7) 得知 $D \propto (1/\sigma_t)^{1/2}$,在等强度的判據下,材料的屈服强度 σ_s 大時,則所需 D 值小:

$$\frac{D_2}{D_1} = \left(\frac{\sigma_{s1}}{\sigma_{s2}}\right)^{1/2} \tag{11.10}$$

材料的體積 $V = lA = l(\pi D^2/4)$,l 相同時,$V \propto D^2$,故:

$$\frac{V_2}{V_1} = \left(\frac{D_2}{D_1}\right)^2 = \frac{\sigma_{s1}}{\sigma_{s2}} \tag{11.11}$$

材料的質量 $W = V \times$ 密度 ρ,則:

$$R_{w\sigma} = \frac{W_2}{W_1} = \frac{V_2}{V_1} \times \frac{\rho_2}{\rho_1} = \frac{\sigma_{s1}}{\sigma_{s2}} \times \frac{\rho_2}{\rho_1} \tag{11.12}$$

材料的成本 $C = W \times$ 單位質量的價格 C,故:

$$R_{c\sigma} = \frac{C_2}{C_1} = \left(\frac{\sigma_{s1}}{\sigma_{s2}}\right) \times \left(\frac{\rho_2}{\rho_1}\right) \times \left(\frac{C_2}{C_1}\right) \tag{11.13}$$

虎克定律指出:

$$E = \frac{\sigma}{\varepsilon} = \left(\frac{F}{A}\right)\left(\frac{l}{\Delta_t}\right) \tag{11.14}$$

從上式及(11.7)得到:

$$\Delta_t = \frac{Fl}{AE} = \frac{4Fl}{\pi D^2 E} \tag{11.15}$$

在等剛度的判據下,而 F 及 l 又相同,則:

$$D \propto (1/E)^{1/2} \tag{11.16}$$

故:

$$R_{w\Delta} = \frac{W_2}{W_1} = \frac{V_2\rho_2}{V_1\rho_1} = \frac{D_2^2\rho_2}{D_1^2\rho_1} = \left(\frac{E_1}{E_2}\right)\left(\frac{\rho_2}{\rho_1}\right) \tag{11.17}$$

$$R_{c\Delta} = \left(\frac{E_1}{E_2}\right)\left(\frac{\rho_2}{\rho_1}\right)\left(\frac{C_2}{C_1}\right) \tag{11.18}$$

對于碳素及低合金結構鋼,$E_1 \approx E_2, \rho_1 \approx \rho_2$。表 Ⅱ.8 中結構鋼的關系式,采用了這種近似。

從上面的分析,可以得到如下幾點看法:

(1)用低合金高强度鋼代替碳鋼,屈服强度提高了,只在等强度的判據下,可以節約鋼材,節約的程度與屈服强度的比值也因載荷方式而不同,不能因爲屈服强度提高 30% 就認爲能節約鋼材 30%。若使用等剛度判據,并不能節約鋼材。

(2)使用强度高的鋼種,若采用等剛度判據,肯定會增加成本;若采用等强度判據,是否有經濟效益,取决于屈服强度的比值及鋼材價格的比值。

(3)對于交通運輸,例如車輛、船舶等用鋼,爲了减少運輸費用,增加運輸量,應該考慮采用 $R_{w\sigma}$ 及 $R_{w\Delta}$;對于固定結構,例如橋梁、房屋等,則應使用 $R_{c\sigma}$ 及 $R_{c\Delta}$。至于改用鋼種所引起的經濟效益的分配,則隨經濟體制的不同(例如計劃經濟、商品經濟等),而有不同方法。

(4)上面的分析只考慮材料的屈服强度和變形,在下面,將結合材料工藝綜合地分析成本。若有低温韌性、大氣腐蝕、可焊性、耐磨性等問題,則應參考第 2 節的方法,將這些因素作爲約束條件,或采用第 4 節的多目標選材法。

表Ⅱ.8　材料經濟參數的計算公式②

公式	部件及載荷	可變尺寸①	$R_{w\sigma}$③	$R_{w\Delta}$③	$R_{c\sigma}$③	$R_{c\Delta}$③
一般公式	受拉或受壓的圓柱體	D	$[\rho]/[\sigma_s]$	$[\rho]/[E]$	$[\rho][C]/[\sigma_s]$	$[\rho][C]/[E]$
	受彎或受壓的圓柱體	D	$[\rho]/[\sigma_s]^{2/3}$	$[\rho]/[E]^{1/2}$	$[\rho][C]/[\sigma_s]^{2/3}$	$[\rho][C]/[E]^{1/2}$
	受壓的細長圓柱體	D	—	$[\rho]/[E]^{1/2}$	—	$[\rho][C]/[E]^{1/2}$
	受彎、扭或內壓的圓柱管	管壁厚	$[\rho]/[\sigma_s]$	$[\rho]/[E]$	$[\rho][C]/[\sigma_s]$	$[\rho][C]/[E]$
	受彎的矩形截面板	板厚	$[\rho]/[\sigma_s]^{1/2}$	$[\rho]/[E]^{1/3}$	$[\rho][C]/[\sigma_s]^{1/2}$	$[\rho][C]/[E]^{1/3}$
近似公式④	受拉或受壓的圓柱體	D	$1/[\sigma_s]$	1	$[C]/[\sigma_s]$	$[C]$
	受彎或受壓的圓柱體	D	$1/[\sigma_s]^{2/3}$	1	$[C]/[\sigma_s]^{2/3}$	$[C]$
	受壓的細長圓柱體	D	—	1	—	$[C]$
	受彎、扭或內壓的圓柱管	管壁厚	$1/[\sigma_s]$	1	$[C]/[\sigma_s]$	$[C]$
	受彎的矩形截面板	板厚	$1/[\sigma_s]^{1/2}$	1	$[C]/[\sigma_s]^{1/2}$	$[C]$

① 變動部件尺寸,保持等强或等剛度。② 文獻[*C*33],*p*182 ~ 187。③ 材料 1 的經濟參數爲 1,求材料 2 的 R 值。

④ 近似公式適用於同類材料,如結構鋼。$[\sigma_s] = \sigma_{s1}/\sigma_{s2}$;$[C] = C_2/C_1$;$[\rho] = \rho_2/\rho_1$;$[E] = E_2/E_1$。

3.2 生產成本法

從原材料制成部件全過程的成本分析,提供選材的另一種方法。

汽車工業消費大量材料,主要是金屬材料。以美國汽車工業爲例,從20世紀60到70年代,汽車所用塑料從小于1%也只增到4%。但由于塑料易于成形和裝配,特别是降低質量,已使美國80年代的某些牌號汽車塑料用量達到10%。

選用塑料制造汽車部件時,除使用性能需要滿足要求外,對生產成本要進行計算和比較,計算結果爲選材的依據,并提供成本的組織和各項的敏感性。

表Ⅱ.9以汽車用冷却風扇葉片爲例,列出成本所包括的項目及其占總成本的百分數。計算時,輸入如下信息:材料及其價格,部件的幾何形狀、質量及產量,和其他數據,代入計算方程,由計算機輸出如表Ⅱ.9所示的結果。

表Ⅱ.9 塑料制造汽車用冷却風扇葉片的成本分析①

工　藝	注射成形		壓制成形		反應注射成形	
成　本	每件/$	占總/%	每件/$	占總/%	每件/$	占總/%
變動成本						
材料費	1.551	56.3	1.591	82.9	1.829	64.4
電　費	0.052	1.9	0.038	2.0	0.045	1.6
直接工人費	0.063	2.3	0.086	4.5	0.114	4.0
小　計	1.666	60.5	1.715	89.4	1.988	70.0
固定成本						
主機費	0.209	7.6	0.038	2.0	0.176	6.2
模具費	0.443	16.1	0.039	2.0	0.320	11.3
管理費	0.254	9.2	0.041	2.2	0.197	6.9
建築費	0.019	0.7	0.014	0.7	0.008	0.3
裝置費	0.021	0.8	0.006	0.3	0.018	0.6
輔助設備費	0.027	1.0	0.020	1.0	0.034	1.2
維持費	0.006	0.2	0.001	0.1	0.007	0.2
投資利息費	0.111	4.0	0.043	2.2	0.092	3.2
小計	1.090	39.5	0.203	10.6	0.851	30.0
總成本	2.756	100.0	1.919	100.0	2.839	100.0
原材料價/($·$lb^{-1}$)②	1.68		1.66		1.66	
材料報廢率/%	0.04		0.06		0.18	
每年直接工時/(人·$時^{-1}$)	2 264		3 089		4 069	
直接工人數	4.2		5.7		4.5	
模中工件數	8		6		10	
成件時間/s	54.0		40.0		121.1	
機器開工率/%	30.6		30.8		51.4	
模具壽命/年	1.11		1.05		1.74	
廠房面積/$ft^2$③	3 378		2 511		1 404	

其他數據:產量—每年50萬件;單件質量—0.90 lb;直接工人的工資—每時$14;電費—$0.060/(kW·h);利息(年)—10%;材料—尼龍+30%(質量分數)玻璃。

①[C34]。②1 lb(磅)=0.45 kg。③1 ft^2(平方英尺)=9.29×10^{-2} m^2。

使用這種方法的步驟如下(以表Ⅱ.9爲例):

(1)市場調查

從市場上已有的23種材料中,挑選使用性能可滿足要求而價格較低的幾種作爲候選者。

(2)工藝分析

對候選材料可能采用的工藝進行分析,抽出影響成本的因素。

(3)成本計算

對材料和工藝的各種組合,應用計算機及適當公式計算。

(4)敏感性分析

對影響成本的主要項目進行單項分析。例如表Ⅱ.9的例中,原材料費占總成本的56.3%~82.9%,原材料費若下降50%,則總費用約下降30%~40%。此外,產量及投資回收期若變動50%,則總成本可分別變動8%及10%。

(5)决策

依據Ⅱ.9的結果,建議選用尼龍+30%(質量分數)玻璃加强的塑料及壓制成形的工藝生產,并采取措施增加產量及降低原料價格。

4 多目標選材法

選材都是多目標的决策問題,這些目標有成本和性能兩類。成本分爲變動成本及固定成本兩大項(表Ⅱ.9),在市場調查及工藝分析基礎上,易于計算。在第4章第2.1節,我們給出了性能的定義:

"材料的性能是一種參量,用于表征材料在給定外界條件下的行爲。" (4.3)

考慮到材料的應用,可將性能分爲使用性能及工藝性能。應該指出,上述定義中的外界條件除自然條件外,也包括社會條件,特别是人類的喜愛和社會的選擇。

本章第2及第3節所討論的是,將多目標簡化爲單目標與性能或成本,實質上,性能本身,也有多目標,例如圖Ⅱ.35。本節將進一步介紹多目標選材法,或叫"多屬性的效用分析"(Multi-attribute utility analysis)。

4.1 問題和目標

當前可供選擇的材料(金屬、陶瓷、高分子、復合材料等)品種(各種鋼、各種工程塑料等)很多,而計算機又可迅速處理復雜信息,因而可將選用材料的問題表述爲:

"給出一套材料 X,每一個具有性能 x,選擇 X_i,用于 Y,使成本最低,并能滿足部件的使用要求 Z。" (11.19)

將價值工程用于材料的選用,則上述定義簡化爲:

"選擇能滿足部件對材料的最低要求而成本又是最低的材料。" (11.20)

當然,也可將對材料性能及成本的要求并稱爲特性(Characteristics),則(11.19)可改寫爲:

"給出一套材料 X,每一個具有性能 x_i,選擇 X_i,用于 Y,具有最佳的使用特性。" (11.21)

(11.19)至(11.21)明確地表述了選材是一個求極值的優化問題(Optimization)。因此,要明確限制條件及目標函數(參見第 4 章)。

(1)限制條件

不同國家和地區在不同的歷史時期,對材料的生産和應用,關于資源的利用、能源的消耗、環境的保護等,都有一些指導性文件或指令性的法規。此外,國内外材料市場、外貿政策等,與資源、能源、環保等,同樣是求極值的限制條件。

(2)目標函數

成本的概念是明確的,也較易計算。但是,人爲地而又不合理地規定價格,對成本計算將會帶來一些假象;對于開放社會,宜采用國内及國際價格進行分别計算,才會有應變能力。

對于"特性"、"要求"、"性能"等的確定是較爲困難的,需要依據科學知識和實際經驗進行判斷。爲了協助判斷,向有經驗的專家提問咨詢是有用的,但要注意專家的選擇,即對所提問題確有判斷能力,不要盲目追求"專家"數量。其次,要精心設計所提問題,使問題的答案便于整理和量化。

4.2 評價技術

4.2.1 分級法

類似于圖Ⅱ.35 所示的坐標分類選材法,示例地考慮"質量"和"成本"雙參數組合的六種系統:

系　統	A	B	C	D	E	F
質量 W/kg	6	8	5	6	8	5
成本 C/美元	30	32	32	35	36	38

將上表中的數據標于圖Ⅱ.42中,然后進行選擇。若以可接受的最低要求 $W=7$ kg、$C=37$ 美元兩直綫的交點爲原點,則位于第Ⅲ象限的A、C、D系統均可滿足要求。這種方法叫做排除分級選材法,將不符合要求的B、E、F三系統排除。但是,對于符合要求的A、C、D三系統,特别是系統數目較多時,仍需用其他方法選擇最佳者。

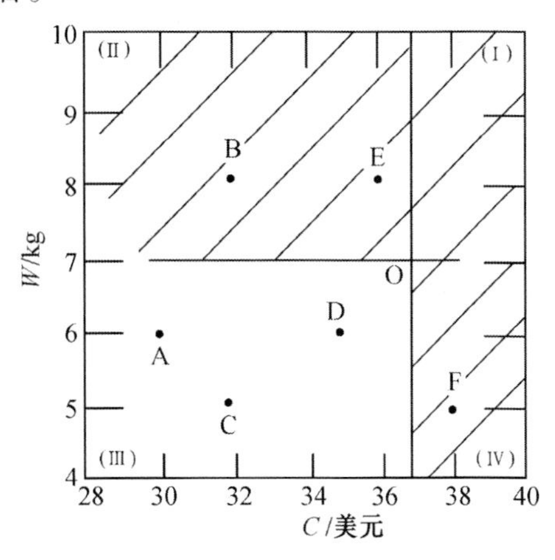

圖Ⅱ.42 排除分級選材法

排隊法需要確定排隊標準。一種是先按成本,成本相同時,再按質量;另一種是先按質量,質量相同時,再按成本(成本、質量單位同上):

先按成本再按質量排隊			
順序	系統	成本	質量
1	A	30	6
2	C	32	5
3	B	32	8
4	D	35	6
5	E	36	8
6	F	38	5

先按質量再按成本排隊			
順序	系統	質量	成本
1	C	32	5
2	F	38	5
3	A	30	6
4	D	35	6
5	B	32	8
6	E	36	8

4.2.2 優化法

綫性規劃法(參見第3章第2.4節),將目標表述爲綫性方程,限制條件則表述爲一系列綫性不等式;然后用代數法或圖解法求滿足這些等式及不等式的目標極值。這種方法及其他方法都需要將多目標轉化爲單目標,一般是采用簡單平均或權重平均的方法。

作爲示例,表Ⅱ.10只選用質量及成本兩個目標,由于 W 及 C 的單位不一樣,一般用歸一化的 W' 及 C',即分别用 W 及 C 的最大值去除各個單值。各種平均法求得的綜合參量 I_1 及 I_2：

$$I_1 = \frac{W' + C'}{2} \qquad I_2 = \frac{W' + 3C'}{4} \tag{11.22}$$

是不同的，按着它們排列的順序也有异。

表Ⅱ.10　綜合目標及系統排列順序

系統	W	C	$W' = \frac{W_i}{W_m}$	$C' = \frac{C_i}{C_m}$	I_1		I_2	
					計算	順序	計算	順序
A	6	30	0.750	0.600	0.675	3	0.637 5	2
B	8	32	1.000	0.640	0.820	7	0.730 0	6
C	5	32	0.625	0.640	0.633	1	0.636 3	1
D	6	35	0.750	0.700	0.725	6	0.712 5	3
E	8	36	1.000	0.720	0.860	8	0.790 0	7
F	5	38	0.625	0.760	0.693	5	0.726 3	5
G	4	40	0.500	0.800	0.650	2	0.725 0	4
H	3	50	0.375	1.000	0.688	4	0.843 8	8

(11.22)式的權重法有一定的任意性。文獻[C34]所提出的多屬性效用分析法，先初步考慮一些屬性，通過專家咨詢，篩去其中某些屬性，并給出余下屬性的權重，然后計算各系統的效用值，依據這些效用值進行優選。例如，圖Ⅱ.43示出成本-切削速度坐標系中切削工具的等效用綫，Si_3N_4 工具的切削速度雖然可達 2 000 r/min，但價格太貴，只有降到每片 6 美元，才有競争力([C36])。

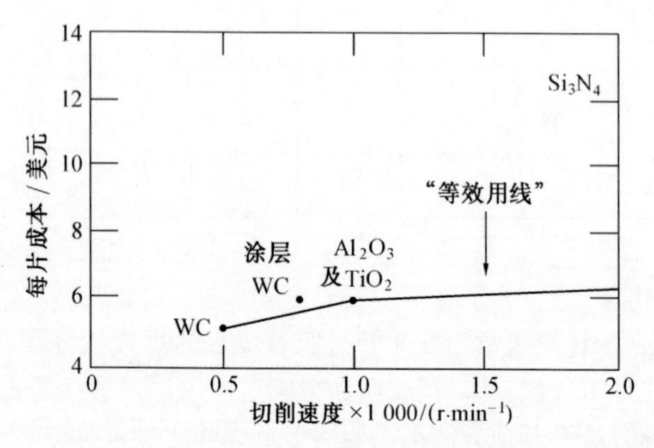

圖Ⅱ.43　切削工具的等效用綫[C36]

5 決策論

5.1 概念——決策與問題

決策是決定政策,決定策略,即對出現的問題進行判斷,采取辦法。決策要合乎科學,即合乎實際情況。怎樣才能科學地決策?

決策是爲了解決問題,什么是問題?定義如下:

"對于決策來説,問題是實際現象與應有現象之間的偏差,偏差越大,則問題越大。" (11.23)

設實際現象(Actual)、應有現象(Deserved)及問題(Question)分别爲 A、D 及 Q,則:

$$Q = |D - A| \tag{11.24}$$

因此,決策分析可分爲如下七步:

(1)建立價值準則

即用什么準則來判斷,明確應有現象是什么,即確定(11.24)中 D 值。

(2)發現和提出問題

取決于對(11.24)中 D 及 A 的掌握:調查研究明確 A,價值準則決定 D。領導者的重要職責,便是能敏鋭地發現問題,通過分析,能明確地提出問題。

(3)確定目標

從戰略上考慮系統的總體最優,使(11.24)中 Q 趨于最優值。有時,從總體考慮,$Q \to 0$ 并非最優。目標要具體而準確;確定目標時,應考慮可能發生什么潛在問題,産生什么不良的副作用。

(4)明確限制條件

依據系統和環境特性,明確限制條件,通過它們,可以確定數學上的約束方程。

(5)建立決策模型

定量地描述系統各部分之間的關系,從而能明確地表示決策問題的内容和過程。

(6)制定各種可行方案

用圖或表的方式,表明各種可行方案的區别,供決策者選擇。

(7)選擇最優決策

通過綜合分析,選擇最優決策。

上述七步的關系如圖Ⅱ.44所示。從圖可以看出,廣義的"決策論"便是整個的"系統分析"(圖Ⅰ.17),不過是從系統分析的最后一步——"做出決定"來提出和分析問題;而系統分析的重要目的,也是要做出決策。

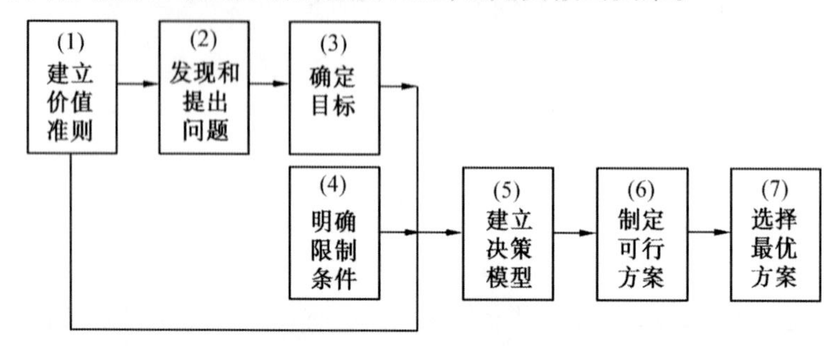

圖Ⅱ.44 決策分析的步驟

5.2 決策技術

從圖Ⅱ.44可看出,狹義的決策論只是第7步,從最優化角度做出決策。因此,從這個角度考慮,決策技術也就是要應用最優化技術做出決定,也就是最優化技術。

決策問題有確定型決策、風險型決策等類型。確定型決策是指每一種決策都可導出一確定的結果,一般可用各種最優化技術如綫性規劃、動態規劃、網絡法等來決策。風險型決策是指所做的決策要冒一定的風險,這是由于決策所涉及的因素具有幾率變化,而不是確定的。

在下面,舉所經歷的實例介紹一個風險型決策方法——評分優選法。

長期未調升教師工資,1979年本人主持調整某單位内60人的工資,確定其中表現較好的25人增加工資。上級規定,從成績大小、業務水平及勞動態度來評定表現,以成績大小爲主。

對于這個決策性問題,首先需要對上級提出的評定標準這個"價值準則"定量化。通過單位全體會議投票決定采用如下的權重:

成績大小——0.5

業務水平——0.2

勞動態度——0.3

對于單位内每一個人這三個方面按5、4、3、2四級評分,評分由單位内所有人不記名投票確定。每一個人的表現(V)便是60人評定結果的平均值:

$$\overline{V} = \left[\sum_{i=1}^{60}\sum_{i=1}^{3} W_{ij}V_{ij}\right]\Big/60 \qquad (11.25)$$

式中,W_{ij}爲權重因子,V_{ij}爲評分。例如,第五人對張三的評分爲:成績5分,業務水平5分,勞動態度4分,則:

$$V_5 = 5 \times 0.5 + 5 \times 0.2 + 4 \times 0.3 = 4.7$$

求 60 個 V_i 的平均值,按平均值排隊,前 25 名應提工資。

這種方法又叫做比較矩陣法。例如,對于某種工程部件,有 n 項要求,有 m 個材料和工藝的方案,構成了 $n \times m$ 項矩陣。征求 P 個專家意見,代入(11.25)求 $\overline{V}$,$\overline{V}$ 值最大者當選。上例中,$n = 3, m = 60, p = 60$,不是挑選最優者,而是挑選 $\overline{V}$ 值大的前 25 名。

這種方法只是材料(也是人才)選用時所遇到的多目標決策的一種方法。

順便指出,決策技術也叫做評價技術,是事前評價技術,是決策階段所用的評價技術。

5.3 問題的劃分與分析

(11.23)或(11.24)是"問題"的定義,明確了問題的內涵;通過劃分,可明確問題的外延,從中可理出分析各類問題的方法。

問題可劃分爲三類:凡人的、智人的和哲理的。凡人的問題很簡單,依據(11.24),實際的 A,需如實地調查研究;應有的 D,或爲政法、倫理規定,或爲科學規律;$A - D$ 便弄清 Q。智人的 Q 是尚未出現的,$D = ?, A = 0$,故 $Q = ?$這便是愛因斯坦所指的:

> "提出一個問題往往比解決一個問題更重要,因爲解決一個問題也許僅是一個數學上的或實驗上的技能而已。而提出新的問題,新的可能性,從新的角度去看舊的問題,却需要有創造性的想像力,而且標志着科學的真正進步。" (11.26)

在邏輯上,正確解決凡人的問題,只有在如實數據(A)的基礎上,在適當的規定或規律的指導下,正確地運用演繹法;而解決智者的問題且有所創新,則是在博學、審問、慎思的基礎上,善于運用歸納和類比法。

第三類的哲理問題是:

$$1 \triangle 1 = ? \qquad (11.27)$$

有别于算術中的 $+ - \times \div$,$\triangle$ 表示兩個事物的"組合",原擬用 $*$,但計算機領域已搶先用它代表 $\times$,以避免與英文字母的混淆。兩個事物 1 與 1 組合在一起,等于什么?在算術中,$1 + 1 = 2$,學童時已知,難改!但組合"$\triangle$"代替加"+",就有包括一切的三種可能:

$1 \triangle 1 = 2$,組合物之間没有發生變化的混合;

$1 \triangle 1 < 2$,例如"合二爲一"的化學變化,互相完全抵消爲 0;

$1 \triangle 1 > 2$,例如機械作用的打碎、增强的相乘、生物的繁殖等。"合二爲一"的佳例是:

$$1\,環境(e) + 1\,系統(s) = 1\,宇宙(u, \text{universe}) \quad (11.28)$$

其反向是“一分爲二”的廣例,e 作用于($\rightarrow$)s,將發生千變萬化:

$$u = e + s \quad (3.3)$$

$$e \rightarrow s = \infty \quad (11.29)$$

6 材料的管理

工廠是一個開放系統,它從社會購買原材料,庫存、調出,用于生産;産品庫存,然后銷售給社會,材料在這個循環中流動。爲了有效地發揮正確選擇和使用材料的作用,材料的管理是一個曾被忽視的、重要的中間環節。

制造單位的資産中,約有 25%～30%存于倉庫。由于成本分析將這一部分作爲管理費、間接成本或固定成本,不像可變成本那樣受到重視。近年來,將材料的選用并入材料的管理,在企業中的作用越來越重要;“物流”已是很紅的專業。

材料管理的目的在于以最低的成本在適當的時候提供適合質量和數量的材料,過少及過多的庫存或是冒風險或導致浪費。材料管理包括如圖Ⅱ.45 所示的各種活動或功能[C35],簡述如下:

(1)市場分析和預測

對原材料的供應及産品的銷售市場,進行分析和預測,對材料的選用提供現在及未來的資料。

(2)購買

依據市場的供需情况,適時地以最低價格購買所選擇的原材料,保證生産的正常進行。

(3)庫存

有效的庫存控制系統,能保證最經濟的庫存量,既不過多而積壓資金,也不過少而冒影響生産的風險。

(4)運輸

物料在廠内有效而經濟地流動,是降低生産成本的重要措施;運輸工具的選擇要進行經濟分析。

(5)銷售

産品的銷售是拖動整個循環流動的動力。

作爲一個整體,材料的選用必須納入或配合材料的管理,才能發揮更大的作用。

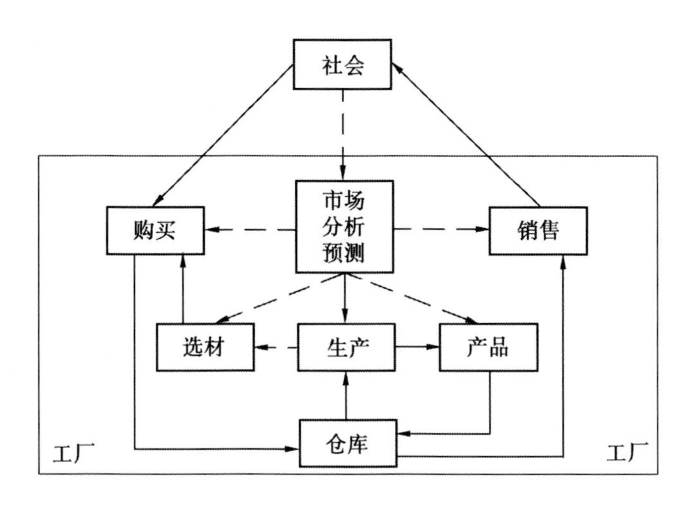

圖Ⅱ.45 材料管理與材料選用
——→物料流動；－－→信息流動

第 12 章　材料展望

“材料的希望，在未來。”　　　　　　(12.1)

1　引　言

“現在”是非常短促的，也可以説是瞬刻的。流水如斯，我們可以回顧它的“過去”，展望它的“未來”，難于斷水而分析它的“現在”。從過去到現在是發展，而從現在到未來，或從過去到未來是展望。

第 1 章的第 1.1 節，回顧人類超越其他動物的歷史發展歷程中材料的地位，第 1.2 節的“新技術革命與材料科技”，展望了材料在未來人類社會中的作用。材料與人類的關系發生了根本性的轉變：開始時，采用天然物質(石、木、泥、動物組織、植物纖維等)而滿足需要；接着是加工天然物質(例如燒制陶器、冶煉礦石、造紙等)而滿足需要；正在依靠對于無機及有機物質結構的了解以及工藝的進步，從原子設計來創制新材料，才能滿足人類越來越新的要求。這樣，不只是被動地滿足社會的需求，也可創造新的就業機會，并主動地提供分析社會問題的新途徑，這些問題包括資源供應、能源消耗、保持經濟生長、形成資本累積、改變勞工結構等([C36])。

前面一章的第 5 節“决策論”，是爲了未來的，必須展望未來。科學的展望叫做預測，材料的展望可以應用“預測學”(Prognostics)([C37])或未來學(Futurology 或 Futuristics)來分析材料問題，屬于材料學和預測學的交叉領域。

作爲分論最后一章，將在下面兩節分别討論兩個問題：預測方法和未來材料。

2　預測方法

人類總是在過去的基礎上，從現在預測未來。預測活動如圖Ⅱ.46 所示。預測目標確定之后，預測概念五要素——預測者、預測對象、預測依據(即知識)、預測方法和預測結果之間的關系示于圖Ⅱ.47，即預測者對預測對象搜集有關知識，采用適當的預測方法進行判斷和推理，得到有關預測對象的未來和未知的狀況，即預測結果。

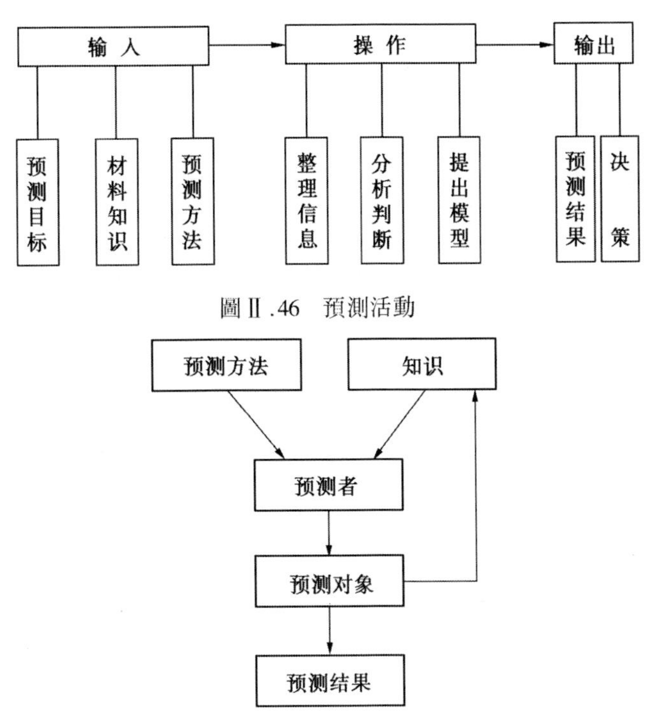

圖Ⅱ.46　預測活動

圖Ⅱ.47　預測概念關系圖

2.1　分類

預測活動按照圖Ⅱ.48所示的五種判據分爲13種基本預測形式，它們之間可有：

$$2 \times 2 \times 3 \times 4 \times 2 = 96$$

種組合。預測方法多達150～200種，常用的主要方法只有15～20種，可以歸并爲如表Ⅱ.11所示的四類，分述于下。

2.1.1　直觀預測法

通過直觀感覺和了解，個人或集體觀測者利用直覺的判斷和推理能力，預測對象的未來。這類方法包括如表Ⅱ.11所示的專家小組討論、個別專家預測、智囊團討論、前景方案和特爾菲法五種。

前景方案是對預測對象未來發展的全面設想和各種可能性提出方案。特爾菲法既能集中專家的集體智慧，又可避免專家會議的缺點，將在2.3節介紹。

這類方法成功的關鍵在于專家的挑選。要挑選名副其實的專家，在所預測的領域確有專長，或有獨創性見解，或有豐富的經驗，等等，最好先由同行不記

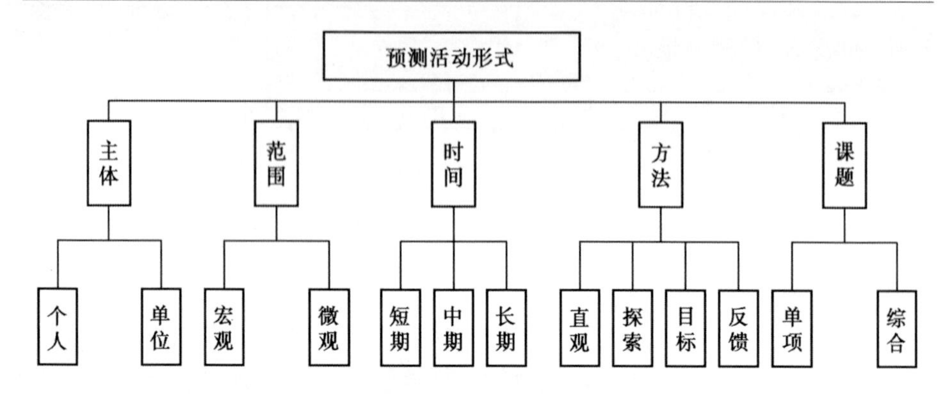

圖Ⅱ.48　預測活動形式的分類([C37]p125)

名投票及主辦單位共同確定。

2.1.2　探索預測法

包括表Ⅱ.11所示的各種從過去到現在的傾向綫外延到未來的方法,如外推法、歷史類比法、統計法、概率論預測法、模擬法、因果關系模擬法、連續圖像法等。這類方法只考慮可能性,不考慮可行性,因而不能提供促使預測的未來如何實現的措施。

2.1.3　目標預測法

這類方法又叫做規範預測法,它依據社會需要和其他規範條件,預測對象應朝什么目標和方向發展,并預測實現這一目標應采取的措施。這是一類從未來反推現在的方法,包括如表Ⅱ.11所示的并在第3章討論的優化技術及第11章所討論的決策技術等。

表Ⅱ.11　各種預測方法使用程度的比較①

方法	程度/%	方法	程度/%	方法	程度/%	方法	程度/%
直觀預測法		探索預測法		目標預測法		反饋預測法	
專家小組討論	10.0	外推法	8.8	交叉影響分析	3.9	計量經濟模型	**
個別專家預測	8.7	統計法	8.4	運籌模型	5.1		
智囊團討論	8.1	模擬法	6.9	網絡法	2.8		
前景方案	7.9	歷史類比法	5.9	相關樹法	2.4		
特爾菲法	5.5	概率論預測法	5.8	決策論法	2.3		
		因果關系模擬法	3.9	動態規劃	**		
		連續圖像法	2.1	任務流程	**		
共計	40.2	共計	41.1	共計	16.5	共計	**

①單位使用,[C37]p176。

**其他方法:2.2%。

這類方法與探索預測法是互爲補充的：如果没有社會需要，就没有必要再探索預測；反之，若探索預測認爲不可能實現，也不必再進行目標或規範預測。

2.1.4 反饋預測法

這是上述兩種預測互相補充的一種活動方式，使它們共處于不斷反饋的整體，可以獲得質量較高的預測成果。計量經濟模型便應用這種方法。

從表Ⅱ.11 的統計結果可以看出，目前廣泛應用的是直觀預測法和探索預測法，分别占 40.2% 及 41.1%，而決策論方法已在第 11 章介紹，因此，在下面兩小節，示例地討論外推法及特爾菲法。

2.2 外推法

這種方法又叫做"趨勢法"，是將從過去到現在的趨勢，延長到未來。若以時間 t 爲自變量，所要預測的量 X 爲他變量，首先用圖解法或解析法建立 X 與 t 之間的關系，然后以未來的 t 代入，便可預測未來的 X。

圖解外推法是將一組已知數據繪制在坐標紙上，獲得通過這些實驗點的最優化曲綫，然后將曲綫外延到所研究的區域，從而得到解答。圖解外推法適用于直綫或曲率不大的曲綫，若曲綫的曲率很大，則外推的誤差較大。因此，若從實驗數據的趨勢或從物理實質的推測，選擇適當的坐標，使實驗數據落在一根直綫上，則使外延容易，并便于解析外推法的應用。例如，已知材料的高温持久强度(σ)是隨斷裂時間(t_f)的對數($\lg t_f$)增加而下降的，因而在 σ-$\lg t_f$ 坐標系中的實驗點便會落在一根直綫上，然后外延這根直綫，便可預測長時間(例如 10^5 h)的持久强度(圖Ⅱ.49)。

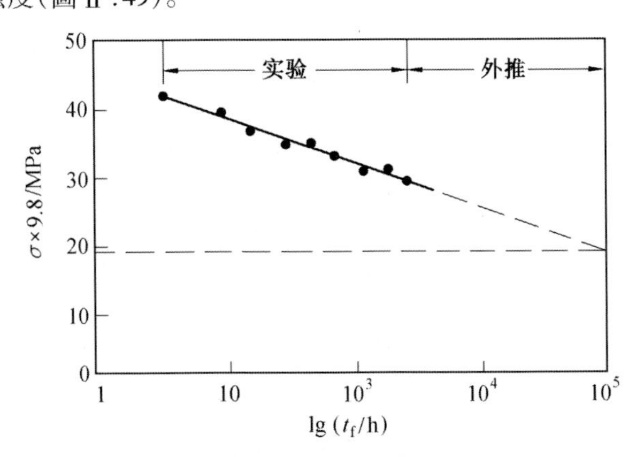

圖Ⅱ.49 高温持久强度

最常見的、可使圖Ⅱ.49 中的實驗點落在一直綫的坐標系有：

$$X\text{-}t,\ X\text{-}t^k,\ X\text{-}\lg t,\ \lg X\text{-}\lg t,\cdots$$

又例如,已知不少金屬氧化時,遵循如下的拋物綫規律,即氧化膜的厚度 d 與 $t^{1/2}$ 成正比:

$$d = a + bt^{1/2} \tag{12.2}$$

將實驗數據繪制在 $d\text{-}t^{1/2}$ 坐標系中,便會獲得易于外延的直綫。

解析外推法便是首先獲得表示實驗數據的解析式,然后將這個解析式應用到所研究的區域。確定解析式時,一般用最小二乘法 。例如,現在的科學技術情報發展很快,將表 Ⅱ.12 的 $N\text{-}t$ 數據繪制在 $N\text{-}t$ 坐標系中,可以看出 N 隨 t 呈指數函數關系增加(圖 Ⅱ.50),令它爲:

$$N = N_0 e^{\alpha t} \tag{12.3}$$

應用最小二乘法及計算器程序解出:

$$N_0 = 99.95$$

$$\alpha = 0.095\,344\,6$$

相關系數: $R = 0.999\,999\,5$

將 $t = 25$ 及 30 代入,分别得到 $N = 1\,084$ 及 1 746。

表 Ⅱ.12　現代科技情報指數 N 的變化

	已知					預測	
年　份	1955	1960	1965	1970	1975	1980	1985
t(年數)	0	5	10	15	20	25	30
N(指數)	100	161	259	418	673	1 084	1 746

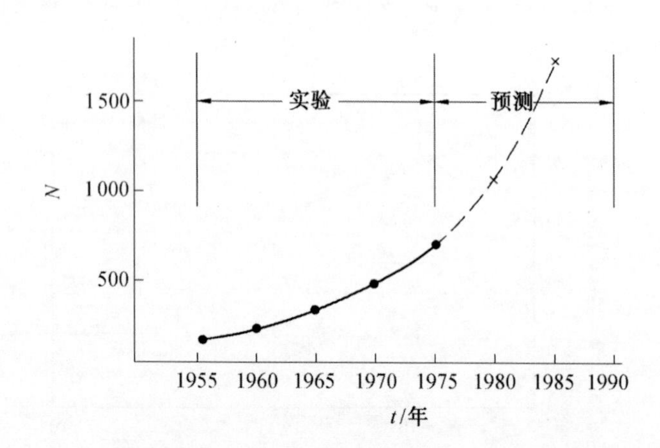

圖 Ⅱ.50　現代科技情報指數(N) 的變化

應用外推法時,應該注意幾點:

(1)在已知到預測的時間範圍内,没有不連續的异常變化,否則,外推值的可靠性不大。

(2)預測的時間範圍不要太大,越大,則可靠性越低。例如爲了獲得如圖Ⅱ.49所示的、工程設計所需要的10^5 h持久强度數據,一般需要幾千到1萬小時的數據,然后外推。

從已舉出的事例,可以看到一些外推結果的價值和作用:

(1)從短時的數據獲得外推的長時間數據[例如(12.2)、圖Ⅱ.49],節省了試驗時間。

(2)圖Ⅱ.50所示的科技情報的迅速增加的趨勢,使科技人員面臨一些決策性問題:1985年能否像1955年那樣閱讀科技資料?如何組織好綜合評述?如何能有效地掌握科技動向?

(3)圖Ⅱ.51示出新産品銷售量的典型曲綫:

$$N = \frac{L}{1 + b\mathrm{e}^{-kt}} \tag{12.4}$$

式中,N爲銷售量,L爲$t \to \infty$時的N,b及k是待定系數。當$t = 0$,則:

$$N = N_0 = \frac{L}{1 + b} \tag{12.5}$$

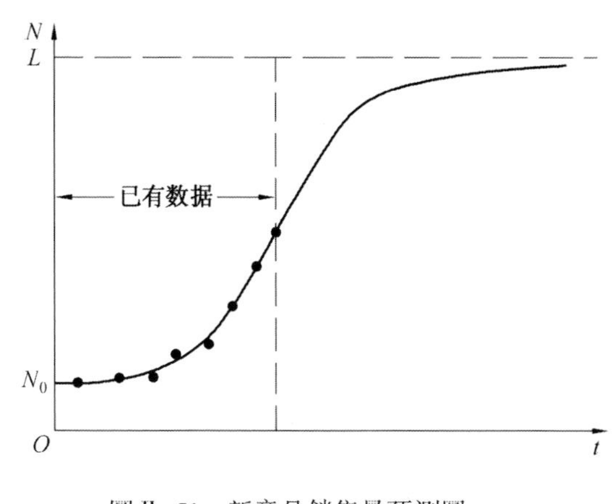

圖Ⅱ.51　新産品銷售量預測圖

一個新研究領域的發展,也有類似圖Ⅱ.51的情况,商業及科技工作者應該針對所處的境遇有所决策。有興趣的是,形核-長大型的相變百分數以及科技成果的收獲,也有類似圖Ⅱ.51的曲綫:開始時,相變慢,收獲少;隨后約是綫性成長;后期有“冲突”效應,相變又變慢,收獲又遞减(參見第7章圖Ⅱ.8)。這種曲綫叫做珀爾(Pearl,1870~1940)曲綫。

(4)對于大型而長期的工程,例如,歷時將近九年的美國阿波羅登月計劃,應該選擇重要參量,依據進程中的已有數據,進行預測;并依據預測值不斷地進行校正。

2.3　特爾菲法

上述的外推法依賴于過去的數據和數學處理,看來是科學的、客觀的;但是,它的科學性和客觀性也只限于已有的數據,這是歸納法的共性。外推法還忽視了人們、特别是專家們的長期經驗和有識的判斷。

預言法的基本思想便是利用專家們的長期的豐富經驗和有遠見的直覺判

斷，集體地做出預言性的推測。這種方法又叫做特爾菲法，是以希臘城市命名的，這個城市據説是因珍藏有阿波羅神諭而出名。

這個方法是定性的，例如，人類何時才能治服癌症？材料科學目前最活躍的領域是什么？經濟上可行的海水淡化工作在哪個年代可以實現？經濟上可行的煤的氣化液化工作在哪個年代可以實現？等等。

這個方法的實施可以分爲如圖Ⅱ.52 所示的幾步，分别説明如下。

(1)確定問題提綱

問題要明確，要便于答復，也要便于隨后整理。

(2)選擇專家人選

要在真的專家範圍内選擇有代表性而又熱心這項工作的人。這是關鍵的一步：不是真的專家，則答案不會有遠見；若無代表性，則答案也會有偏向性；若不熱心于此項工作，則答案收回的概率下降。

(3)征詢專家意見

一般采用通訊方式，并盡量減少專家們的時間和精力。

(4)整理歸納結果

采用圖表的方式整理歸納。如圖Ⅱ.53 所示，縱坐標爲頻率，即該答案的人數；横坐標爲答案。然后，從兩端分别去掉答案的 25%，并附以兩端人們的理由，再進行第二次質詢。經過 3～5 次反復，可獲如圖Ⅱ.53(c)的結果。

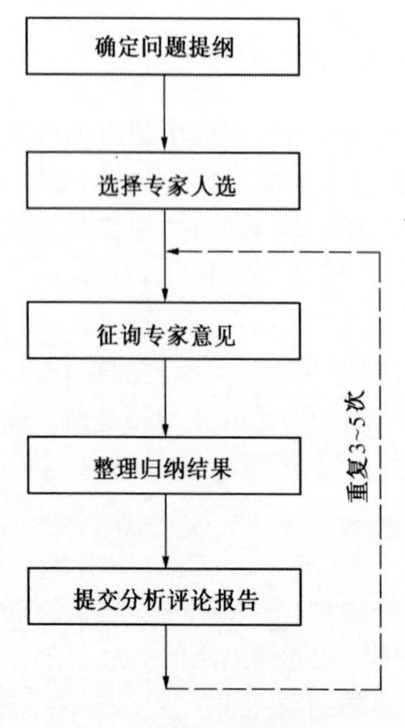

圖Ⅱ.52　特爾菲法預測順序

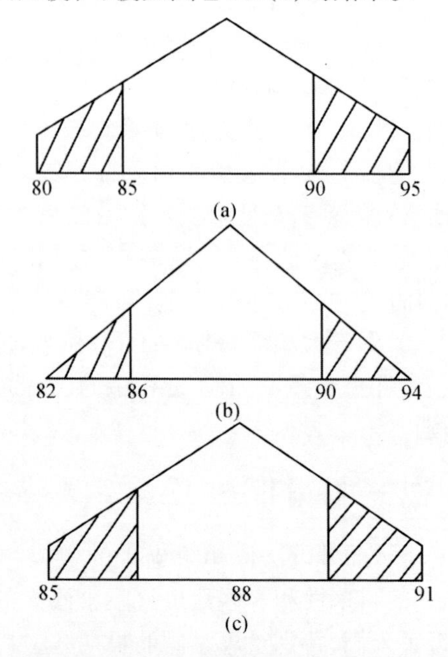

圖Ⅱ.53　特爾菲法預測舉例

這種方法與會議法比較,其優點是專家們可以獨立思考,其意見可以不受壓制,而能充分表現。

表面看來,這種方法依賴于個人的主觀見解,但是這種見解也是專家們長期實踐中形成的,仍有很大的價值。

3　未來材料

未來的材料也是材料的未來:在下面三小節,分別討論總的趨勢、傳統材料的改進和新材料的研制三個問題。

3.1　總的趨勢

3.1.1　材料生命曲綫

材料的相變,有形核、長大到完成的過程;事物的生命,也有發生、發展到成熟的三個階段。這三個階段的速度是不同的:發生階段,速度緩慢;發展階段,速度加快;成熟階段,速度減慢。

事物的生命曲綫或增長曲綫主要有兩種:一種是(12.4)及圖Ⅱ.51所描述的珀爾曲綫,另一種是戈珀資(Gomparts, 1779~1865)曲綫。

珀爾曲綫具有如下數學特性:

(1) 當 $t=-\infty$,則 $N=0$;

(2) 當 $t=+\infty$,則 $N=L$;

(3) 曲綫的拐點(即 $\mathrm{d}^2N/\mathrm{d}t^2=0$) 位于:

$$t=\frac{\ln b}{k} \tag{12.6}$$

對應的 $N=L/2$;

(4) 曲綫的拐點將曲綫分爲互爲反映的兩部分,因而是對稱的。

戈珀資曲綫則是不對稱的(圖Ⅱ.54):

$$N=Le^{-b\exp(-kt)} \tag{12.7}$$

數學特點如下:

(1) 當 $t=-\infty$,則 $N=0$;

(2) 當 $t=+\infty$,則 $N=L$;

(3) 拐點位置爲:

$$\left.\begin{aligned} t&=\frac{\ln b}{k} \\ N&=\frac{L}{\mathrm{e}} \end{aligned}\right\} \tag{12.8}$$

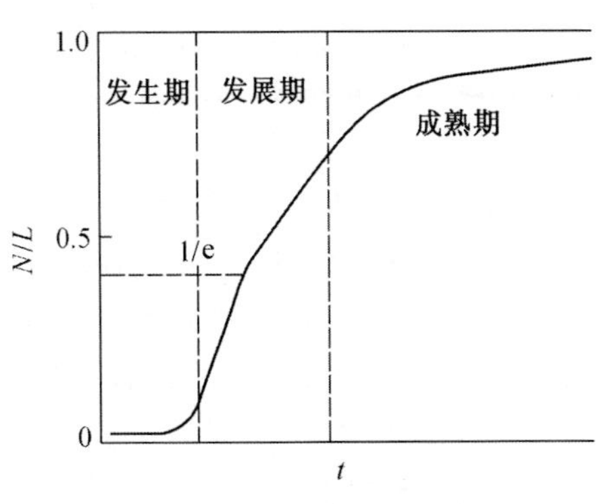

圖Ⅱ.54　戈珀資增長曲綫

一個人都有出生、成長、成熟到衰亡的階段,也會有不自然死亡的事故。一個人只是人類大系統中的一個子系統,即令一個人死亡,但又有嬰兒出生;在漫長的時間内,相切于各個子系統的總曲綫叫做**包絡曲綫**(圖Ⅱ.55),表示整個大系統的變化趨勢。這種包絡曲綫可用于預測長期發展趨勢。

材料也是一樣。每一種材料都有如圖Ⅱ.56所示的發生期、發展期和成熟期,還有衰退期。有些材料在成熟之后衰退,而另一些材料却是"未老先衰",如圖Ⅱ.56中虚綫(ab)所示,這些衰退都是由于競争引起的,物美價廉或資源、能源或環保因素的限制,使新材料新工藝替代了舊材料舊工藝。但是,作爲材料的整體,類似圖Ⅱ.55的包絡曲綫,它仍然是在增長。只要人類還存在,人類賴以生存的大厦仍然需要材料這根支柱來支撑(圖Ⅰ.1)。此外,各國的各種材料可位于生命曲綫的不同階段。

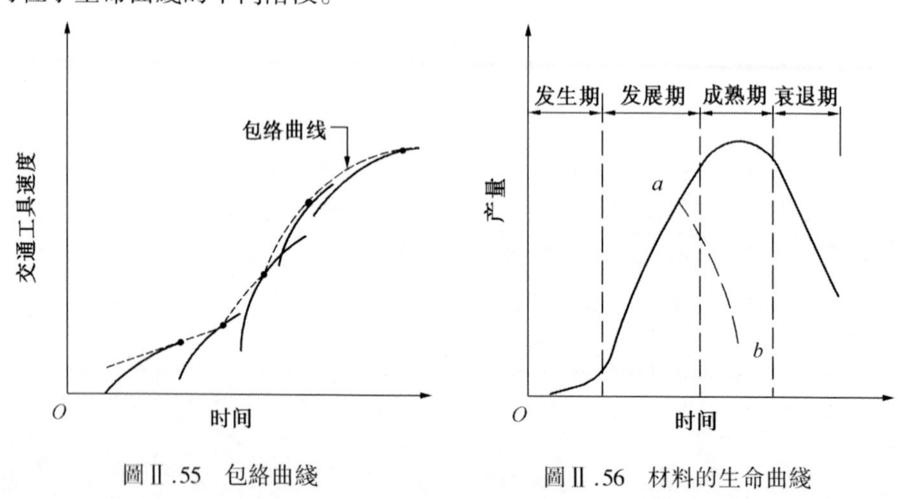

圖Ⅱ.55　包絡曲綫　　　圖Ⅱ.56　材料的生命曲綫

3.1.2　競争與替代

新陳代謝是自然和社會的普遍現象。一個人體中的細胞既有不停的死亡,又有不斷的出生;一個人的知識,在稍長的時期内,必須吐故納新,才能保持活躍的生命;面對着知識老化和知識廢舊率不斷提高的嚴酷現實,活到老,學到老,才能面向現代化、面向世界、面向未來。

在漫長的歷史進程中,在殘酷的生存斗争中,大自然選擇了適于生存的人類這個品種,由于人類能够創制材料,巧于利用能源,有效地保存和傳播信息,因而他能統治地球,并且企圖征服宇宙。材料一直在面臨人類社會的選擇,材料工作者必須迎合社會的需要,處理好競争與協調,即斗争與合作的關系。

社會的需要便是材料的五個判據:資源、能源、環保、經濟和性能。當資源、能源、環保這三個限制條件能滿足時,社會總是選用俗稱的"物美價廉"的商品。

對于材料來說,"物美"是材料具備人類需求的使用性能和工藝性能;"價廉"才能滿足人們願意付出的費用。這是商品經濟的基本原則(參見第 7 章第 2 節)。有時,資源、能源或環境可以突出爲材料發展和展望的主要因素。例如,戰時各國資源政策的指令式規定,可以使某些合金鋼停止生產;耗能較少的無機非金屬結構材料,具有廣闊的發展前景;一些嚴重污染環境的工藝和產品,已被和將被取締,如氰化液電鍍工藝、排氣管冒毒氣的汽車等。

材料的競爭和斗争有各種方式:

(1)材料與環境的斗争

材料是一個開放系統,它在使用時,面臨着大自然風雨和温度變化以及人爲的力學、化學、電學等環境的侵蝕和損傷,導致材料的失效,善于處理材料與這種環境的關系,是微觀材料學的共性問題。現代的進步社會應該是開放的,提高材料在國際中的競争力,是宏觀材料學(參見第 7 章第 1、2 節) 中的一個重要命題。

(2)材料類間的競争

材料各大類如金屬材料、陶瓷材料、高分子材料等之間存在着競争。保持生存力的原則是:揚長避短,各得其所。過分宣揚一類材料的重要性,只是爲了商業性的廣告,具有科學片面性。

(3)材料類中種間的競争

如金屬材料類中鋼鐵材料與非鐵材料之間的競争,高速鋼類中各種鋼種之間的競争等。保持生存力的原則和注意事項同(2)。

材料大類、小類以及各種材料爲了生存與發展,除開競争和斗争之外,還要注意向生物界學習各種協調和合作的方式,例如:

(1)合作發展

生物界中不少凶猛的動物可以和平共處,動物尋食、遷居和防御,經常是成群活動的。材料科學和工程以及材料學的形成,各種材料學會的聯合會議等,都是合作發展的形式。通過這些形式,可以相互啓發、共同提高。

(2)共生和寄生

共生是互利關系。金魚缸里的水生植物在光合作用中吸收二氧化碳,并釋放氧氣,這净化了水,對金魚的生活有利;在另一方面,金魚在呼吸過程吸收氧氣,排除二氧化碳,并且在消化過程排除糞便,增加水里的礦物質,這對水生植物有利。因此,金魚缸里的金魚和水生植物是共生關系。寄生是寄生者有利,宿主受害。寄生可以轉變爲共生,例如鞭毛蟲在白蟻腸里,開始是寄生蟲,隨后能産生纖維素酶,能消化白蟻蛀蝕木材的纖維素,爲白蟻提供營養,因而白蟻與鞭毛蟲是共生。

材料工業也可利用類似的共生關系,相互促進。例如,高爐煉鐵的爐渣,可用作水泥的原料;煉焦的副產品——煤焦油,是重要的化工原料。

材料之間的替代曲綫類似于生長曲綫,初始階段是緩慢替代,在增長階段是迅速替代,然后又是緩慢替代。除替代曲綫外,圖Ⅱ.57還示出與之對應的舊材料的衰退曲綫。

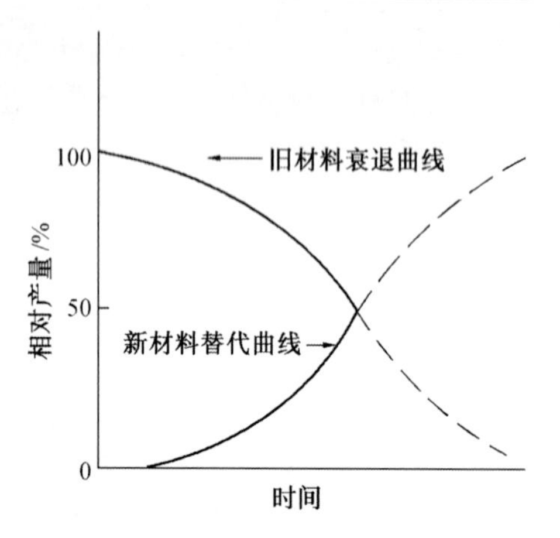

圖Ⅱ.57　替代曲綫及衰退曲綫

3.2　傳統材料的改進

已經投産和較長期應用的材料,叫做傳統材料。改進它們的目的在于滿足和刺激消費者的要求;參考第11章材料的選用,這些要求歸納爲提高性能、降低成本,從而獲得最大的經濟效益。改進的措施可以并爲調整成分和改進工藝兩個方面,主要以研究較多的、較成熟的金屬材料爲例,分述如下。

3.2.1　調整成分

傳統材料都有工業標準,規定它們的成分範圍。這些標準既有公用的,也有内控的;它們有時過嚴,有時又過寬。生産和使用材料的工程師應該理解標準中關于成分的規定,才能依據需要,在成分範圍内予以調整。

對于材料的成分,有些在工業標準中未予規定,而規定中又有兩種形式,一種是"自 X 至 Y",另一種是"$\leqslant Z$"。一般説來,資本主義國家强調競争,公用標準中的成分規定較寬,而社會主義國家强調統一,國家標準中的成分規定較嚴。例如,美國 AISI-SAE 標準對于合金結構鋼中的硫及磷質量分數分别規定爲 $\leqslant 0.040\%$ 及 $\leqslant 0.035\%$,而我國國家標準對這個規定分别爲 $\leqslant 0.035\%$ 及 $\leqslant 0.030\%$。使用現代的冶煉方法,很容易達到 AISI-SAE 標準中關于硫、磷的規定;但是,對于韌性要求高的高强度鋼,這種硫、磷含量的上限顯然是過高了。因此,用户訂貨時,可以有其他條件,而鋼廠爲了提高競争能力,也有工廠的内控標準,例如對于航空用超高强度結構鋼,規定 $w(S+P) \leqslant 0.017\%$。此外,有色金屬雜質如錫、銻等,可以引起合金結構鋼的回火脆性,雖然在標準中,對這些雜質的含量一般没有規定,但是,鋼廠爲了滿足韌性的要求,對于這些雜質都有内部措施,特别是加强廢鋼原料的管理,控制這些雜質的含量。

除開有害雜質采用"$\leqslant Z$"的規定外,其他的合金元素則采用"自 X 至 Y"的規定。例如,AISI301 奥氏體不銹鋼的主要成分範圍以及成分範圍内馬氏體開

始形成的溫度 M_s 如下表所示：

化學元素			C	Mn	Cr	Ni	M_s/℃
標準規定的質量分數/%			≤0.15	≤2.0	16~18	6.0~8.0	—
計算 M_s 所需的成分質量分數/%	高　碳	低 NiCr	0.12	2.0	16	6.0	+4.6
		高 NiCr	0.12	2.0	18	8.0	-201.0
	低　碳	低 NiCr	0.09	2.0	16	6.0	+54.6
		高 NiCr	0.09	2.0	18	8.0	-151.0

M_s 是按下式計算的：

$$M_s(℃) = 1\ 305 - 1\ 667w(C+N) - 41.7w(Cr) - 61.1w(Ni) - 33.3w(Mn) \tag{12.9}$$

形變使 M_s 提高約 170℃，因此除高碳高鎳鉻外，其余的三個成分的奧氏體(γ)在形變過程都是不穩定的，轉變爲具有鐵磁性的 α' 馬氏體，不能滿足無磁不銹鋼的要求。在另一方面，正是利用 $\gamma \rightarrow \alpha'$ 相變，可以提高鋼的强度。

除上述的技術原因之外，調整成分的另一個目的是獲得更多的經濟效益。在保證成分在標準規定的範圍的前提下，對于產品的成分以及原料的配比，可進行優化處理，用計算機輔助生產。

3.2.2 改進工藝

工藝的改進不僅可提高材料的質量，也可提高生產率，降低生產成本，導致巨大的經濟效益。這是改進傳統材料的有效措施和最活躍的領域。

以鋼鐵生產爲例：氧氣煉鋼加速了冶煉過程；爐頂加壓及提高風溫强化了高爐煉鐵過程；連續鑄錠及連續軋制加速了生產，也節約了能耗；控制軋制合并了軋制和熱處理工藝，提高了鋼材的性能……

還應該指出，新工藝的采用，可以導致新材料的興起和舊材料的衰亡。例如，奧氏體不銹鋼不僅有較高的耐蝕性，而且易于冷加工成形，它一出現，便被采用來制造化工容器。這些容器的制作需要熔化焊接，焊后在熱影響區可能有嚴重的晶間腐蝕。產生這種局部腐蝕的原因是在晶界沉澱碳化鉻以及鄰近的貧鉻區的選擇性腐蝕。解決這個問題的有效措施有二：一是超低碳[$w(C) < 0.03\%$]；二是加入鈦或鈮，形成穩定的碳化物，固定了碳，因而有含鈦的 1Cr18Ni9Ti(前蘇聯的 Я1T, AISI321)和含鈮的 1Cr18Ni10Nb(AISI347)。生產超低碳不銹鋼時，鉻的損耗大、爐齡低，因而成本高，這就促使表面質量差的 Я1T 不銹鋼長期地統治着這個領域。

但是,20世紀70年代初開始用氬氧脱碳(AOD)法大量生産超低碳不銹鋼,克服了用傳統的電弧爐生産這種鋼的缺點,并降低了成本,這種鋼正在迅速地替代Я1T。

再從鎢系及鎢鉬系高速鋼在美國的幾次消長,可以看出工藝改進與經濟和政治因素的配合,决定了鋼種的命運。1930年以前,鉬的價格高于鎢的價格;直到1930年,兩者價格才大致相等;由于鉬與鎢的化學性質類似,而相對原子質量分别爲96及184,因而就促進了鉬系高速鋼的科研工作。1932年出現了無鎢的高速鋼M10(0%W-8%Mo-4%Cr-2%V)① 及低鎢的高速鋼M1(1-9-4-1)。但是鉬系高速鋼存在易于脱碳和淬火温度要求嚴格控制這兩個技術上的缺點,難于推廣應用,直到1940年,産量極少。

第二次世界大戰時,美國進口鎢受到限制,被迫限制使用鎢系高速鋼,而新發展的鎢鉬系高速鋼M2(6%W-5%Mo-4%Cr-2%V),簡稱爲6542)的脱碳趨勢較小,因而從1941至1944年的戰争時期,開始大量使用M2、M1及M10。

戰后,限制用鎢的禁令取消,用户對于這種"代用鋼"仍不習慣,因而從1945至1950年,美國高速鋼T1(18%W-4%Cr-1%V),簡稱爲18-4-1,和前蘇聯的P18又回升到統治地位。美國侵朝戰争時期,鎢的供應重新感到緊張,從1951年起,T1鋼的産量急劇下降。一方面,由于鹽浴爐及精密温度控制的設備廣泛制造和使用,解决了鎢鉬系高速鋼的重要技術問題;另一方面,由于性能相似的高速鋼,鎢系價格較鉬系高10%～50%,鎢系高速鋼從此一蹶不振;一些國家的鋼種標準中,還取消了這種高速鋼。

若近似地忽略回收率的差异,以6542代替18-4-1高速鋼,令Y爲年産高速鋼的噸數,則每年節約的原料費爲:

$$\Delta C = Y[(180-60)C_W - 50C_{Mo} - (20-10)C_V] = Y[120C_W - 50C_{Mo} - 10C_V] \tag{12.10}$$

式中,C_W、C_{Mo}及C_V分别爲鎢鐵中鎢、鉬鐵中鉬及釩鐵中釩的每公斤價格。1979年12月25日,國際價格爲$C_W = \$25.463$, $C_{Mo} = \$19.004$, $C_V = \$14.336$,設$Y = 35\,000$ t,代入上式得到:

$$\Delta C = 68.672\,1 \times 10^6 \text{ 美元}$$

這并不是一個小的數字。設$C_V \approx C_{Mo}$,則從(12.10)可以看出,只當$C_{Mo} = 2C_W$,ΔC才會爲零。上面的估算,若以百分數計,則節約鐵合金費爲:

$$\frac{120C_W - 50C_{Mo} - 10C_V}{180C_W + 10C_V} = \frac{1962.06}{4726.64} = 41.51\%$$

總之,工藝改進帶來的材料質量的提高,只有伴隨着經濟效益的增加,才會

① 百分数表示W、Mo、Cr、V的质量分数,以下同。

使采用這種工藝的材料,得到迅速的增長。

3.3 新材料的研制

"新"是相對的,相對于上述的傳統材料,具有新意;"研制"指研究和試制,當然具有新意。在不同的時期,總會有些專家,回顧過去,展望未來。例如,田中良平([C39])組織了日本專家,于 1979 年出版了《向極限挑戰的金屬材料——開拓 21 世紀的技術》,論述了 26 種結構材料和功能材料;《Scientific American》1986 年 10 月這一期([C40]),出了"爲了經濟增長的材料"專集,共 13 篇評述論文,組織美國專家們從行業、學科和各類材料三方面陳述了觀點,展望了前景,可供參考。

這一小節將從如下三個方面提出看法,嘗試掌握動向,窺視未來。

3.3.1 需要與滿足

爲了適應自然資源和能源的限制,符合社會關于環境保護的規定,以及滿足越來越多、越來越高的要求,人們應用和發展材料學關于性能和結構方面的知識,采用或尋求適當的工藝,研制新的材料。例如,在第一章圖Ⅰ.1 所示新技術革命的技術群中所需用的材料。

(1)能源材料

由于各種能源系統的力學、熱學、化學等環境不一樣,因而對材料的要求也有區別,表Ⅱ.13 列出這種要求。

表Ⅱ.13 能源系統對先進材料的要求①

要求 材料 系統	電子材料	陶瓷	高分子材料	金屬材料	復合材料
開采	高温	硬鑽頭	密封及包裝	耐蝕②	—
精煉	—	催化劑②	—	耐蝕②	—
煤的燃燒和液化	—	催化劑② 耐磨損②	—	—	耐磨損②
核能	抗輻照	廢料處理等離子絶緣	—	廢料罐② 高温抗輻照②	—
發電及輸電	超導體②	透平部件	絶緣體	葉片② 蒸汽輪機部件	—
太陽能	廉價太陽能電池②	吸光	包裝	—	—
廢物燃燒	—	—	—	耐蝕②	—
地熱	高温	—	—	耐蝕②	—
能量節約	高效磁鐵能量控制系統	熱遷移部件	降低車輛質量	高温合金② 能量回收部件	降低車輛質量

①[C38]。
②研制活躍的領域。

如表Ⅱ.13所示,能量系統中有不少的新材料的研制工作。例如,美國在1975年,光電池利用太陽能裝置費爲＄75 000/kW,而燒煤的汽輪機發電廠及核發電廠的裝置費分別是＄230及500/kW;由于制備硅及其他技術的研制結果,1985年已使太陽能裝置費降至＄1 500/kW,而燒煤的電廠裝置費增至＄1 100/kW。又例如,過去30年,燃氣輪機葉片工作溫度平均每年提高6.67 ℃,工作溫度提高83 ℃,可使推力提高20%,這些成就是由于强化了鎳基合金、采用了定向結晶技術。用$w(B)=0.02\%$的韌化Ni_3Al合金、采用快速冷却制備粉末以及等静壓成形等技術,可使工作溫度進一步提高。但是鎳基高温合金的工作温度畢竟受熔點的限制,Si_3N_4或SiC可使長期工作温度提高到1 200℃以上,但臨界裂紋尺寸只有0.1 mm,并且成本很高。今后,韌化這類陶瓷和降低生産成本是主要的研制方向。又例如,輸電變壓器的鐵損,全世界每年爲4 000億kW·h,若采用非晶態合金,可節約1 000億kW·h。

(2)信息材料

信息的儲存和傳遞裝置要求小、輕、快。硅芯片内的綫寬,1960年爲30 μm;1986年降爲1 μm,因而每片可容納10^5以上的晶體管,儲存1.6×10^6 bit以上的信息;1990年可達0.1 μm。因而光刻技術將由可見光轉爲高能電子及X射綫。硅中電子的有效質量(m^*)爲自由電子質量(m_0)的1/5,而GaAs中m^*/m爲1/15,因而后者的信息傳遞速度更快。爲了增加集成度從而獲得更小更快的信息裝置,人們在研究分子外延生長的三維器件。

生物芯片是未來的材料和技術。生物芯片既是類似生物分子的芯片,也是類似生物功能的芯片。

光學玻璃的透明度已驚人地提高,可設想,16 km厚的最好玻璃中的光損失比2.5 cm厚的普通窗玻璃的光損失還少。用光傳遞信息較電子或電波更有效,20世紀70年代中期已開始用光導纖維通話;世界第一條長達6 684 km的跨大西洋海底的光纜(TAT-8工程)已于1987年秋完成,最多可同時通四萬條話路。目前,光學信號仍需借助于轉化爲電信號而放大;非綫型光學材料已在研制,它類似于晶體管放大電信號,可以放大光信號。關于光信息的接受、傳遞和發放,除了改進SiO_2玻璃及GaAs外,正在研制對紅外綫(2 000～5 000 nm)透明的ZrF_2、As_2Se_3、KI以及其他的Ⅲ-Ⅴ族半導體GaAlAs、InGaAsP、光開關材料$LiNbO_3$等。光子技術方興未艾,前程似錦。

(3)生物材料

人是最寶貴的生物。人們在研制各種新材料,特别是用高分子、陶瓷、復合材料來替代人體的各種組織,如血管、心瓣、心臟、骨骼、眼睛、皮膚等([C40] p118～124),以達到延年益壽的目的。除開力學因素外,醫療材料的關鍵問題是“人體適應性”,過去認爲人體材料應該不與人體環境發生化學反應,今天認識到不是所有的這種化學反應都是有害的,可以利用這些反應來增强界面結合或吸收外來物質。

(4)航天材料

減輕質量是航空和航天工具的首要要求。減輕材料質量可以提高燃料效率、降低操作費用。美國 1980 年的飛機的直接操作費用中,燃料占 55%。對于航天用結構材料,要求比强度大,有些部件要求耐熱。非金屬基的復合材料可以替代許多不要求耐熱的金屬部件;金屬基的復合材料在減輕質量的前提下,可提高使用溫度。提高燃料效率的另一途徑是提高發動機的工作溫度(參見能源材料)。

(5)汽車材料

汽車是方便而有效的地面交通工具。1984 年,全世界共生産 42×10^6 輛汽車,每年用去鋼鐵、鋁合金、塑料等 56×10^6 t;以美國爲例,共有 164×10^6 輛汽車在行駛,全年行程共 2×10^{12} mi① ([C40]p93),若以每加侖汽油能行駛 20 mi 估算,則耗汽油 10^{11} gal②。因此,汽車是消耗巨大能源和材料的行業。因此,全世界在滿足各國環境保護規定的前提下,都在研制輕質而又經濟合算的材料。

綜上所述,社會的需要是材料研制的推動力,也是材料工業發展的推動力;材料學的進展,使人類有能力滿足這種需要,這是材料研制以及材料工業發展的拉力;一推一拉可以加速過程的進行,如圖Ⅱ.58 所示。

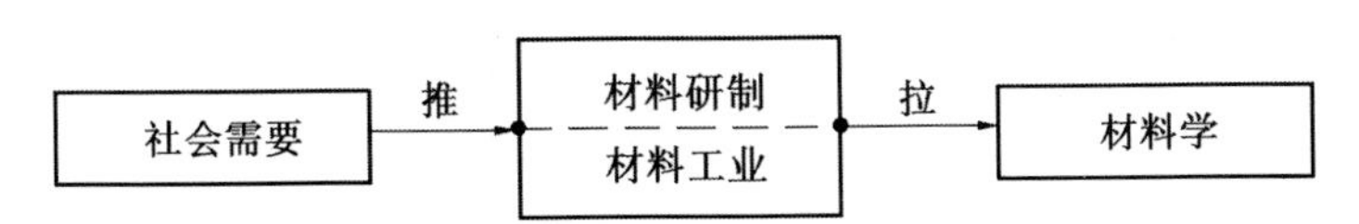

圖Ⅱ.58 材料研制和材料工業的進展

3.3.2 引進和創新

信息和物質、能量有一個重要區别:物質是守恒的,能量是守恒的,或者通過 $\Delta E = C^2 \Delta m$,物質與能量之和是守恒的;但是,信息却不是守恒的。信息的這種特性導致了人類的科學和技術知識是共享的,因此,這種信息的交流和引進,可以促進人類的共同發展。

第二次世界大戰后,美國利用當時的雄厚的財力,十分重視人才的引進,這是更高級的信息引進。日本則十分重視信息的引進,在先進國家已公開或出售的科學技術基礎上前進,起點和制高點高,這對日本的經濟和科技的起飛,起了

① 1 mi(英里) = 1 609.344 m。
② 1 gal[(美)加仑] = 3.785 43 L。

重要的作用。

研制新材料信息的引進,俗話是“抄”,也是十分重要的,但宜注意三點:

(1)實用性

要針對國情,不宜盲目引進。

(2)滯后性

由于工作的進程或競爭的需要,公開發表的資料較之實際進展,一般要滯后2~5年。

(3)欺騙性

由于競爭的需要,個别企業將公布一批已決定放弃領域的資料,因此,我們要去僞存真,不要誤入歧途。

創新就要進行科學研究,特别要解放思想,注重一個“超”字。書中規律都是在一定客觀條件範圍内成立的,超過這些範圍,也許能有所創新。作者在總結不銹鋼的發展歷程時,注意了這個超字([A5]p430~432);文獻[C39]所介紹的26種向極限挑戰的金屬材料,大多數都帶有或隱含着“超”字,例如超純、超高强、超硬、超塑、超細、超導、超低温、超高導磁、超速冷却等。

參考第9章材料的科研,要重視不均匀形核理論的應用:單學科的“破綻”及多學科的“界面”上易于形核。

此外,在理論指導下研制新材料,要充分應用理論的成就,例如:

(1)在新的結合概念和新反應理論指導下,合成新材料。

(2)在界面(表面)科學成就的基礎上,探索材料各種界面現象,設計新材料。

(3)發揚各種材料的優點和材料界面研究的成就,創制各個層次復合的材料。

(4)應用仿生學,仿效動植物組織的功能,試制新材料。

【例】 納米材料

現以納米材料爲例,運用第Ⅰ篇所論述的各種分析方法,回顧和展望新材料的發展歷程([B62]),分七段。

(1)哲理

從哲理上認識物質的結構,有如下三種有争議但可兼容互補的看法:還原論、層創論和底部空間論。

1)還原論

愛因斯坦認爲:

> “物理學家的無上考驗在于達到那些普遍性的基本規律,再從它演繹出宇宙。” (12.11)

這是還原論者的豪言壯語。他們認爲,將客觀世界依層次地分成許多小的部分,把每一小部分研究清楚了,把它們再拼合起來,問題便解決了。

2)層創論

安德森認爲：

“將一切事物還原成簡單的基本規律的能力，并不意味着我們有能力從這些規律來重建宇宙。……大量的復雜的基本粒子的集體，并不等于幾個粒子性質的簡單外推。” (12.12)

卡達諾夫認爲：

“我認爲已經有相當多的經驗表明，物質結構有不同的層次，而這些不同層次構成不同群落的科學家研究的領域……每一層次都有新的、激動人心的、有效的、普遍的規律。這些規律往往不能從所謂更基本的規律推導出來。” (12.13)

這兩種哲理的争論焦點是：“部分”組合成“整體”，發生什么變化？

①界面性質有什么作用？

②部分本身發生了什么變化？

當許多納米顆粒組成大塊材料時，都會遇到上列問題。

3)底部空間論

1959年，物理學家理查德·費因曼(Richard Feynman)發表了：

“《底部有很大空間》” (12.14)

一文，媒界譽爲納米技術的最早夢想。這種夢想似乎也可延伸到：

“深海有很大的空間。” (12.15)

“太空有很大的空間。” (12.16)

(2)邏輯思考

形式邏輯中的一個重要命題是“概念”，通過“定義”和“劃分”這兩種邏輯方法，可分别明確它的“内涵”和“外延”。

1)定義

“‘納米’(Nanometer)爲十億分之一米(10^{-9} m)，記爲nm。” (12.17)

“納米技術”、“納米材料”等是在納米概念的基礎上定義的：

“‘納米技術’是至少在一維尺度爲納米級(典型的爲1至100 nm)的技術。它包括電子學、化學、材料學、機械學、醫學等。” (12.18)

“‘納米材料’是至少在一維是納米級(典型的爲1至100 nm)。這類材料可含晶體相、準晶相或非晶相，這些相可是金屬、陶瓷、高分子或復合物。” (12.19)

從概念的内涵來看：

“科技”>“技術”>“材料技術” (12.20)

那么：　　　“納米科技”>“納米材料科技”　　　(12.21)
同樣：　　　“物質”>“材料”　　　(12.22)
因此：　　　“納米物質”>“納米材料”　　　(12.23)
這是由于：　“馬”>“白馬”　　　(12.24)

在概念内涵方面的誤導,將所有的“馬”都叫“白馬”,將所有的“物質”(Substance)都稱爲“材料”(Material),將所有的“納米物質”都奉爲“納米材料”,同樣是犯邏輯錯誤的!

應該强調,在邏輯上,“材料”與“物質”是“種”與“屬”之間的關係。

2)劃分

按納米級的維數,如表Ⅱ.14 所示,可劃分納米晶體材料([C39]p361)。

對于概念,應該是:

“有定義,不唯定義,重在事物的實質。”　　　(12.25)

因爲没有定義,則各説各的,難于交流,難于争鳴;而當事物的實質改變了,表征事物實質的定義必需隨之改變,否則便會流于僵化。

表Ⅱ.14　納米晶體材料的劃分

維　數	命　　名	典型制備工藝
0-D	簇團	凝膠法
1-D	薄膜	氣相沉積,電沉積
2-D	細絲	化學氣相沉積
3-D	等軸晶	氣相沉積,機械合金化

(3)歷史進程

真理不是教條,而是在歷史過程中形成的;我們應從事物的形成過程去探尋它們的秘密。

在金屬材料的發展歷程中:1906 年,Alfred Wilm 意外地發現 Al-Cu 合金的室温時效硬化現象;1916 年,Merica、Waltenberg and Scott 嘗試從第二相的沉澱,來説明這種硬化現象;1938 年,Guinier Preston 用 X 射綫方法,指出這種沉澱相是銅原子的富集區——GP 區;20 世紀 90 年代已確認,對應于 Al-4% Cu① 合金最高硬度的顯微組織中的沉澱相是共格的 θ 相(θ')及 GP 區Ⅱ,其中 θ' 是直徑爲 100 nm、厚爲 10 nm 的薄盤—— 一種納米晶體相。

對于低碳鋼的屈服强度 (σ_s) ,早在 1951 至 1953 年,Hall 及 Petch 分别得到如下的經驗關系式:

$$\sigma_s = \sigma_0 + k_Y d^{-1/2} \tag{12.26}$$

① 百分数表示 Cu 的质量分数。

式中,d 爲晶粒的平均直徑,σ_0 及 k_Y 爲實驗系數。d 與晶粒號(N)的關系如下:

N		1	3	5	7	9	11	13	15	17		19	21	23	25	27
d	μm	254	127	64	32	16	8	4	2	1	nm	500	250	125	63	32

一般地説,$N>5$,爲細晶;$N>11$,爲超細晶。通過熱處理或控制軋制,可細化晶粒,提高强度和韌性。

對于工業生産的超導 Nb_3Sn 絲,其臨界電流密度 I_c 反比于晶粒大小,當晶粒爲 50~80 nm 時,可獲得高的 I_c。

更大的震動是 IBM 在 1990 年進行的實驗:他們利用掃描隧道顯微鏡和類似鑷子的工具移動氙(Xe)原子,用 35 個 Xe 原子組成 IBM 三個字母。從這種操縱單原子的能力,看到設計和制造納米器件的希望。在下面兩段,從微觀和宏觀兩方面分别側重簡述科技和市場問題。

(4)微觀分析——科技問題

在下面,先簡述納米晶體材料的結構(S),再理解它們的性能(P)。

1)納米材料的結構

現以金屬的納米晶粒(I 相)及晶界(B 相)爲例,説明納米晶體材料的結構特征,它們是由 I+B 組成的復相合金,有如下四個主要特征:

①大量的 B 相。假定 I 相爲球形或立方體,d 爲晶粒直徑,Δ 爲 B 相寬度,則 B 相的體積分數爲:

$$\varphi = 3\Delta/d \tag{12.27}$$

示例的計算結果如表Ⅱ.15 所示,可見 B 相是大量的。

表Ⅱ.15　晶界相(B)的體積分數

d/nm	Δ/nm	φ/%
5	1	60
10	1	30
100	1	3
10	0.6	18

②I 相的晶體結構——結構類型雖然難變,但晶粒很小,又受 B 相的影響,I 相的點陣常數發生變化。例如,Ni_3P 及 F_2B 雖是長方晶體,納米材料中 I 相的 φ 值均小于粗晶材料中 I 相的 φ 值,但前者的 d 值却大于后者的 d 值。

③B 相没有長程的周期性,原子的排列較紊亂。

④當 $d<5$ nm 時,三晶相交的區域占有重要的體積分數。

從上述的四個特征,易于定性地理解下面將要介紹的性能。

2)納米晶體材料的性能

現從制造和使用兩方面,分别述評工藝性能和使用性能。

(A)工藝性能

從熱力學考察,納米晶體粉是亞穩定的,這就影響它們儲存時的穩定性和成塊時的燒結性(Sinterability),簡介如下。

①穩定性。這涉及晶粒長大的問題。如表Ⅱ.15 所示,納米粉含有大量的晶界相(B),原子易于移動。傳統的概念指出:晶界擴散的激活能(Q_B)只是晶内擴散激活能(Q_I)的一半,即:

$$Q_B = 0.5Q_I \tag{12.28}$$

但是,納米粉在室温的晶粒長大遠較預期的要快:熔點較低的金屬如 Sn、Pb、Al、Mg 的納米粉,在室温經 24 h 長大成倍,已令人奇怪;對熔點較高的 Cu 及熔點爲 1 662 ℃的 Pd 納米粉,也觀察到室温的晶粒長大,迫使人們思考兩個問題:

a.傳統的晶粒長大物理如何修改?

b.如何阻止晶粒長大?雜質偏聚在 B 相有無效果?

②燒結性。傳統的粉末冶金方法用于納米晶體粉末的燒結成塊,需要增加兩個考慮因素:晶粒長大和粉末之間的高摩擦力。文獻[C41]p375 ~ 377 簡介了現用的六類工藝:

a.放電成塊(Electro-Discharge Compaction);

b.等離子活化燒結(Plasma Activated Sintering);

c.冲擊波成塊(Shock Consolidation);

d.熱等静壓(Hot Isostatic Pressing,簡稱 HIP);

e.陶瓷代氣的熱等静壓(Ceramic Processing 或 ceramic HIP);

f.燒結鍛造(Sinter Forging)。

(B)使用性能([C41]p377 ~ 392)

從前述的納米晶體材料結構特征,可定性地理解這類材料的使用性能。

①擴散性。擴散系數 D 大,對于 Cu:

樣品及部位	8 nm 晶粒	一般,晶界	一般,晶内
室温時 $D/(m^2 \cdot s^{-1})$	2.6×10^{-20}	4.8×10^{-24}	4×10^{-40}

這種巨大差异影響與原子遷移有關的性能,如蠕變、超塑性等。

②力性

a.由于孔洞的百分數增加,彈性模量(E 及 G)下降。

b.硬度和强度增加,符合前述的 Hall-Petch 關系式(12.26);但當 $d < 20$ nm

時,這個關系不再適用。

c.塑性和韌性。一般規律是細化晶粒,不僅强化,而且韌化;但當 $d < 100$ nm時,這個規律不再適用,塑性及韌性有所下降。

d.超塑性的臨界温度下降。

e.形變機制:$d = 100 \sim 50$ nm 時,仍是位錯機制;當 $d < 10$ nm 時,位錯的產生已困難。

③聲性

a.由于彈性模量下降,使聲速下降。

b.由于可吸收某一波段範圍的雷達波,可發展爲隱身涂料。

④熱性

a.熱膨脹系數($\alpha \times 10^{-6}$ K^{-1})增大:

	粗晶	非晶管	納米晶
Cu	16	—	31
NiP	13.7	14.2	21.6

b.熱容遠大于粗晶及非晶材料。

⑤電性。電阻率(ρ)增大,下表爲$(Fe_{99}Cu)_{78}Si_9B_{13}$數據:

d/nm	90	50	30	非晶
ρ/(μΩ·cm)	44	60	126	102

有可能發展爲大的巨磁阻(GMR)的材料。

⑥磁性。晶粒很小,可是單疇;周圍基體是晶界相,可使磁的交互作用忽略不計。在軟磁材料 Fe-M-B 合金系的非晶薄帶適當晶化,可獲納米晶的薄帶,其中 M 爲 Zr、Hf、或 Nb。這類合金的優良磁性是下列因素導致的:

a.高 B_S:增加 Fe 量,納米 bcc 晶粒與鐵磁性非晶相的磁耦合。

b.納米 bcc 格 Fe 相小于磁疇壁寬,磁的均勻性導致可逆磁化。

c.溶質富集在非晶相,增加納米晶體結構的穩定性。

d.飽和磁致伸縮系數 λ_S 的降低是由于溶質原子在納米晶與非晶相間的再分配。

⑦化性。由于納米晶體材料具有大的比表面,在催化、儲氫等方面可能有發展前途,對 TiO_2、Pd-Fe 等已開展工作。

(5)宏觀控制——市場問題

從宏觀控制考慮,參考圖Ⅰ.3,主流應是:

"面向市場,抓兩頭(應用,設備),帶中間(性能,結構,工藝)。" (1.20)

也應依據國家財力,在"有所不爲,有所爲"方針的指引下,適當地支持基礎研究和應用基礎研究,發現奇异的結構,例如金屬玻璃、納米晶體等,這些結構是美麗的花朵。下一步應"兩頭推進",如圖Ⅰ.3所示:向左探尋有無在"市場""應用"的"性能";如有,則向右推進,探索獲得這種"結構"的穩定而價廉的"工藝"和"設備",促使美麗的花朵"結"成有用和有經濟效益的實"果"。這便是:

"中央(結構)開花,兩頭(性能,工藝)推進,促使結果。" (1.21)

(6)現況與展望

依據美國《商業周刊》(Business Week)2002年專刊([C42])的報道,在5 900多種報刊和其他出版物發表的、論及"納米科技"的,1999、2000及2001年分别爲750、1 500及2 700篇。2001年各國政府和企業對納米技術的研究和開發的投入共約12億美元。

目前全世界共有納米技術公司300多家,雖然規模都不大,但聲勢可觀,它們大部分是由大學科研人員組成的。納米技術市場是微不足道的,包括碳分子納米管以及其他有關原材料在内,估計總共不過5 000萬美元,但僅利用這些原材料制造的產品的價值已達265億美元。這些產品有:利用超微催化劑顆粒制造的化學產品;利用超微氧化鋅碎片制造的具有遮擋紫外綫功能的防曬涂液;能够防止油漆脱落的乳化劑;能够增强眼鏡抗劃痕能力的鍍膜;可延長工業工具壽命的原材料;等等。納米技術可把原材料的性能提高到空前的水平,潛力很大;美國國家科學基金會(NSF)預測,到2015年,納米技術市場將達到1萬億美元。

綱米技術產業化的進程將取决于以下兩個因素:

①必須開發全新的制造系統和制造方法;

②被取代的產業經營情况,例如硅芯片至少還有10年進一步發展的余地。

文獻[C43]指出:納米技術時代將加速到來,其首要推動因素是開發工具的進步,這些工具包括原子力顯微鏡、納米操作器、分子束外延技術等;其他的十個推動因素是:生產規模的擴大,公共資金的支持,蓬勃開展的研究工作,相互得益的思想交流,受到鼓勵的企業家精神,風險資本的推動,强大競争的推動,强大計算能力的推動,更復雜軟件的推動,對納米技術的深入認識。

(7)結語

①真理不是教條,而是在歷史過程中形成,我們應從事物的形成過程去探尋它們的秘密。

②對哲人之言[例如(12.11)至(12.13)],可獲啓示,但不執迷;我十年在國外工作,聽到一句也許是過分的警言:有重大實用價值的東西,好的不發表。值得參考。對新材料方面的文獻,要慎重分析。

③對于概念,應該是:"有定義,不唯定義,重在事物的實質。"

④"科學"與"技術"既有密切關系,也有區别;科學强調理解,技術注重實用;對于這兩類工作的管理,應有區别。

⑤從實用角度考慮:微觀分析的目標是提高材料的性能,通過自然環境作用于材料的結構,從所表現的過程去理解和提高性能。宏觀控制的目標是提高經濟效益,没有經濟效益的"納米物質"不能叫做"納米材料"。微觀和宏觀的聯合控制,可使"納米物質"成爲俗稱的"物美價廉"(即性能優成本低)的"納米材料"商品。

⑥國家財力有限,對于探索性的"納米物質"與"納米材料"的基礎性研究,應慎重選擇,有所不爲,才能有所爲。

3.3.3 系統和環境

材料是一種系統,系統的功能便是材料的性能(參見第1章)。我們正是應用系統的概念來定義性能的(參見第4章2.1節),因此,要控制材料的性能應充分注意環境的作用。

分析材料性能時,一般是固定環境條件(外因),探索性能與結構(内因)之間的關系;討論結構穩定性和過程問題時,也是應用經典熱力學,處理平衡和接近平衡的問題。

材料在使用時,是一個開放系統,它與環境可以交换物質和能量,形成遠離平衡的結構;討論這種結構的穩定性,已超出經典熱力學的適用範圍,可以應用"耗散結構(Dissipative structure)理論"來處理。這個理論是普里高津(Prigogine)于1970年在國際理論物理和生物學會議上提出的,處理開放系統,可應用于物理、化學、生物、天文、地理、醫學、農業等領域,于1977年獲諾貝爾獎。在他的新著《探索復雜性》討論這種理論的應用時,已將耗散結構泛指爲:

"從環境輸入能量或/和物質,使系統轉變爲新型的有序形態,叫做耗散結構。" (3.13)

這種結構依靠不斷地耗散能量或/和物質來維持,所以叫耗散結構;不僅開放系統可有這種結構,封閉系統與環境有能量交换,也可有這種結構。

耗散結構理論將環境與系統看做是一個整體,强調系統的開放性或非孤立性,爲人們提供了一種新方法分析自然現象和社會現象。

材料在制造及使用過程都不是一種孤立系統,應用耗散結構這個概念,可以解釋許多已知現象并啓示新的思路。

在第3章第4.2.3節,我們曾初步介紹了耗散結構理論,現進一步説明表Ⅰ.11所示的實例。

(1)高碳高錳鋼(1.3%C-13%Mn)①,由于在使用過程形成馬氏體及大量層

---

① 百分数表示C、Mn的质量分数。

錯,因而具有很好的耐磨性(表Ⅰ.11 中例 1)。

(2)不銹鋼,只在氧化性介質中,由于環境提供氧而在不銹鋼表面形成鈍化膜而保持不銹性(表Ⅰ.11 中例 2)。

(3)相變誘生塑性鋼(TRIP 鋼),由于環境提供機械能,在裂紋尖端形成馬氏體,可以顯著地提高鋼的韌性(表Ⅰ.11 中例 3);同樣的原理用于提高陶瓷材料 ZrO_2 的韌性(表Ⅰ.11 中例 4)。

(4)發汗材料,利用環境的熱能使某些組元氣化,從而提高材料的耐熱性(表Ⅰ.11 中例 5)。

(5)消振材料,利用環境的機械能引起不同內界面的大量移動而減少振動(表Ⅰ.11 中例 6)。

(6)鋼鐵在水介質中的陰極保護是由于從環境提供電能,從而在鋼鐵表面形成富集電子從而阻止陰極溶解的結構(表Ⅰ.11 中例 7)。

在過去,人們不自覺地運用耗散結構概念,取得有意義的結果;今后,如能自覺地運用這種概念,將會啓示思路,提高材料的環境適應性,創制“智能材料”。

表Ⅰ.16　物質或材料的耗散結構實例

例	物質或材料	環　境	耗 散 結 構
8	水	温差	Benard 水花結構
9	BZ 反應物質	泵入或泵出物質	化學鐘
10	液態金屬	温差,壓差	凝固結構
11	固體	激光或粒子源	玻璃態
12	熔岩	温差,壓差	成礦結構
13	固體	外力	位錯結構
14	固體	外力	裂紋結構

本表是第 3 章中表Ⅰ.11 的繼續。

第Ⅲ篇　結　論

第 13 章　結　論

"結而論之。"　(13.1)

人生一世,行路一程,面臨和經歷自然與社會環境,分別有"物事"與"人事",總稱爲"事"。本篇爲結論,僅一章,分三節。在總結全書内容之后,依次爲處理人事三論(簡稱爲處事三論):算計,生態,適中;即,爲求生,要算計,需適中。

本書第Ⅰ篇"總論"四章,在討論歷史、邏輯、系統分析方法之后,簡論材料。第 1 至第 4 章的重點分别是:

(1)通過學習、講授、科研實踐,認知材料;

(2)第三類推理——類比交叉;

(3)反饋的應用;

(4)遵循《易傳》道路:

"易一名而含三義:易簡一也;變易二也;不易三也。一易則易知,簡則易從。"([C1]P7)　(4.1)

第Ⅱ篇"分論",共八章(從第 5 至第 12 章)。長短有异,各有所重,各有所司,分論了八個問題:

第 5 章依據 1996 至 2010 年的我國大局,闡明《宏觀材料學導論》全書的結構(S):組元(E)和組元之間的關系(R)(圖Ⅰ.7):

$$S = \{E, R\} \quad (1.23)$$

第 6 章以"生態材料"爲例,闡明第一個戰略——"可持續發展"。

第 7、8 兩章分别論述社會科學中經濟學及法律學的貢獻,這是由于"材料是商品"及"以法治國"。

第 9、10 兩章是在第二個戰略——"科教興國"的指引下,分别論述"材料科研"與"材料教育"。

第 11、12 兩章從"材料是商品"這個重要和易被忽視的觀點出發,分别從現在與未來兩方面,討論"材料應用"與"材料展望"。

1 算計論

([B35])

1.1 引子

20世紀80年代中期,我擬從事專家系統工作時,瀏覽計算機方面論著關于算法(Algorithm)和計算(Calculate,Compute)的討論;從事《材料的應用與發展》([A8])電視廣播教學教材的編寫時,重新學習材料經濟中的成本分析,知道不同的算法,會有不同的計算結果,從而出現"錯算"。

1996年全國學習邯鋼經驗:"模擬市場核算,實行成本否决。"領導重視算經濟賬,報載效益顯著,令人欣慰。12月29日,《冶金報》刊登"'反平衡'不可取"。所謂"反平衡",是先擬定利潤指標,然后根據這個"指標"逆向推算産值的成本消耗,以預算作决算,以推算成本作爲實際成本,夸報利潤,聽來可怕。

2001年美國的安然公司,出現虛報利潤的丑聞,2002年美國的第二大長途電話公司——世界通信公司會計假虛報38億元利潤,更是令人驚訝,這是犯罪的"假算"!

《孫子兵法》十三篇之首爲"計篇",共6章339字,言簡意賅,可見重要;其第6章雲:

"多算勝,少算不勝,而况于無算乎?" (6.17)

"算"與"計"重要,其組合有"計算"和"算計",試論之。

1.2 分析

"算"與"計"是既相關而又有區别的兩種操作,人類的活動便是這兩個組元連續的無窮盡的循環操作:

計→算→計→算→計→ (13.2)

開始時,計數的關系,謂之算;隨后,我國曾將掌握財物出納的叫做"計官",當今則分爲"會計"和"出納",前者算賬,后者算錢。"Economics"在我國曾譯爲"計學",后采用日譯名"經濟學"。軍事上,依據偵算結果,開會研究(孫武時代稱之爲"廟算"),定出作戰大計,因而參謀們也可稱爲"計官"。在商海、政海、學海等領域,都有大量"出點子"的"謀士";謀源于計,計基于算。

綜上所述,可見算與計的重要性;在下面,分析四點。

1.2.1 区别

計與算的側重點有所不同。將"數"擴大爲"數據",則"算"是對"數據"進行較簡單的操作,如加、減、乘、除、乘方、開方、求對數、三角函數、比較等邏輯運算,可獲準確的結果。而"計"則不然,它不僅提供算法,爲算所用,而經常需要"議"與"謀",從而獲得或然性的"計謀"、"計劃"等,是較爲復雜的思維活動。表Ⅲ.1總結計與算之間的區别。

表Ⅲ.1　計與算之間的區别

比較項目		算	計
操作	性　質	機械操作	議與謀
	復雜性	簡　　單	復　雜
結果	可靠性	準　　確	或然性
	用　途	計的基礎	算的指導

1.2.2　关系

搞計劃,出計謀,要"心中有數",這個數是算的結果,是計的基礎(表Ⅲ.1)。算有個算法,這個算法是計的結果,因而算是在計的結果指導下進行的。

"眉頭一皺,計上心來。"皺眉時,有所盤算,而盤算時,不過調出腦内所儲存的數據及已算出的結果,加以推衍,得出計謀。"算計"時,由算出計！腦内空空的,又儲存假數據,運用錯誤的算法(有意的或無意的),絶無好計。

計算機是一種計算工具,可叫做"算器",這類算器包括算盤、計算器(Calculator)、計算機(Computer)等。運用算器計算時,是由計到算,都有一套算法。這些算法便是計謀落實到規劃、計劃等。因此,算是在計的指導下進行的。

計算機是硬件;而在算法和語法(Syntax)指導下所制定的具體計劃,即程序(Program),叫做軟件。計算機進行"計算"時,是在程序這個"計"的指揮下工作的。

綜上所述,算與計的關系很密切:"計算"强調算,而"算計"强調計;計算是在計的指導下進行算,而算計則是在算的結果基礎上推衍計的;它們是如(13.2)所指的那樣,是人類無限發展過程中兩個思維組元。

1.2.3　假算出假计

以前面提到的"反平衡"爲例,算法簡單正確,易懂易從:

$$利潤(F)=售價(P)-成本(C) \tag{13.3}$$

式中,F 是期望的利潤值,P 是估計的售價,而 C 則是所計算的成本。這是一種"預算",這是"模擬市場的核算";若所計算的 C 值太小,難于達到,則需"實行成本否决"。若不能否决,則實行"决算"時,以實際的 P 及 C 值代入,將會出現兩種情况:

(1)$F\geqslant$預定值,皆大歡喜;或

(2) $F <$ 預定值,甚至爲負值,即虧損。

出現第(2)種情況,如何辦?

(1)實事求是,總結教訓;或

(2)假算:以規定的 F 值及實際的 P 值代入(13.3),計算假的 C 值,當然會低于或遠低于實際的 C 值。這種假算導出的假計,將會使:

①企業廣大職工不知真相,不去改進和上進;

②在社會上,助長浮夸不實之風。

這種假算,正是 1958 年工農業大躍進沉痛教訓的重演;那時,不講經濟效益,只講產量,也有類似的假算假計的問題。

導致假算的原因也有二:

(1)企業領導出于無奈,爲了保住利潤指標的榮譽而玩數字游戲;或

(2)企業領導深諳"官出數字,數字出官"之道,"低投入高產出"方顯領導有方。

病因既明,則可對症下藥。

1.2.4 错算出错计

凡事也有"合理不合法"或"合法不合理"的情況。按照上級的規定是"合法"的,但是計算結果却是不合理。計劃經濟體制下的國營企業,還要遵循上級指示的無形的"法"去算和計的。錯算出的錯計,誰去計較?

在市場經濟體制下,限制企業領導的法令較少,他們將會更主動地追尋高利潤的合理措施。例如:

(1)成本計算時,設備折舊率以多少爲合理?高了,則成本高;低了,則難于更新,降低競争力。外部投資,不交利息,行嗎?哪有不收利息的金融家?無形資産如何評估?苛捐與廣告費的區别?

(2)降低成本的措施總是值得分析的,例如,采用系統分析,從生産過程的物流和能流,逐步分析成本,找出串聯和并聯的關鍵環節;從能流和物流開展科學研究和技術革新,尋求三廢的利用,增加收益,降低成本。

(3)按國際價格及合理的算法計算成本,作爲合理的第二本賬,準備迎接"復關"及"價格大開放"的挑戰。

不要滿足現狀,不要沉溺于過去落后的、甚至錯誤的算法和數據,錯算將出錯計!

1.3 結語

(1)計、算、計是人類思維的三部曲;有兩種組合,計算和算計;從"計"(算法)開始,經過"算",到更高或更深層次的"計"。

(2)"計算"是"算",在"計"的指揮下進行;"算計"是"計",在"算"的基礎上考慮或議謀。

(3)《孫子兵法》十三篇的首篇爲"計篇",其第6章談"算"[見(6.17)]。今人搞"假算"及"錯算",孫武未曾想到,建議在(6.17)之后添加幾字:

"錯算壞,假算更壞!" (13.4)

對于冤假錯案:有錯必糾;有假必打。

(4)"預算"只是預謀和設想,計劃不全是事實,有時只是紙上畫畫,墻上挂挂,口上話話;"决算"應是事實的總結,求實地找出經驗和教訓。

2 生態論

爲了理解和遵循"可持續發展"的戰略,本書專設第6章,從"生態材料"理解"生態"。該章2.4節指出:

"Ecology,生態是生物與它們環境之間的關系。" (6.9)

人類是一大類生物,人類生活和生存的環境可分爲自然環境和社會環境。現按環境類型,總結現代人類應如何處理好生態問題,即處理好(6.9)中的關系。

2.1 自然環境

西方的工業社會時代,人們信奉"人定勝天"的哲學;對于自然環境,是先污染,后治理。人類有后代,后代人與當代人應該有同等的生存權與發展權,若當代人浪費自然中的資源和能源,污染自然環境,則會嚴重影響后代人的生存和發展,這是不公平的。因此,材料的現代判據包括了資源、能源、環保這三個戰略性判據。

對破壞自然環境生態的行爲,如濫伐森林、破壞草原、圍湖造田、污染環境等應堅决制止,依法處理。

"對于自然資源,若消耗量大于産生量,則這種現象不能持續(Non-sustainable)發展。" (6.18)

其中,消耗有捕殺、滅絶、侵蝕、死亡、破壞……對應的産生有再生、進化、形成、出生、再造……

2.2 社會環境

人類是一類生物,生物學中的原理:

"生存競争,適者生存。" (13.5)

同樣適用于人類社會。正如赫胥黎指出的那樣:

"如果没有從被宇宙操縱的我們祖先那里遺傳下來的天性,我們將束手無策;一個否定這種天性的社會,必然要從外部遭到毀滅(Destroyed without)。如果這種天性過多,我們將更是束手無策,必然要從内部遭到毀滅(Destroyed within)。"([C5]PIV) (2.59)

因此,競争與協調從來是人類社會需要解决的重大問題。爲此,要求發展各種社會生態系統,如工業、商業、教育、科研等。

3 適中論

([B47])

3.1 破題

"適"爲"適"的简体,意为"适合,恰好";"中"意颇多,取其常用者,即:"不偏不倚,无过不及,叫中。"这里所论"适中",为上述二意之合:

"处事要不偏不倚,无过不及,适合客观情况,此之谓适中。" (13.6)

时下谈规模经济,有人误认为规模越大越好;议改革,有人的主观愿望是越快越佳;搞开发区,对引进外资有利,不细致地分析,也要来一个;别人建高尔夫球场,听说有好处,本地区为什么不让搞第三个?知识经济是热门话题,不好好学习和论证,我们城市也上;国外的先进高技术,不考虑条件,都要跟踪;1958年全民都来炼钢;1984年国外一些专家高叫钢铁、机械制造等传统工业是"夕阳工业",国内也有呼应……这种事,太多了。

当前,时代的主调是和平与发展。在和平发展的当代,本节尝试从人文、社科与科技三方面,论述人类社会的大量问题;观点是:"为了适,应该中。"

3.2 人文思考

3.2.1 哲理

中国人"中"的思想,是儒家的正统思想,溯源于《论语·先进11.16》。孔子的学生子贡问孔子:"颛孙师(子张)和卜商(子夏)谁强?"原文是:"子贡问:'师与商也孰贤?'子曰:'师也过,商也不及。'曰:'然则师愈与?'子曰:'过犹不及。'"

朱熹在《四书章句集注》对于上列引语理解为:"子张才高意广,而好为苟难,故常过中。子夏笃信谨守,而规模狭隘,故常不及。""道以中庸为至。贤知之过,虽若胜于愚不肖之不及,然其失中则一也。"因此,"过"与"不及",都不是"中"。这段对于人的评价,值得求职者和用人者参考。在《中庸》中,对于"中",朱熹与二程(程颢、程颐)的释义相同,对于"庸",则有异:

"不偏之谓中,不易之谓庸。"(程子) (13.7)

"中者,不偏不倚,无过不及之名,庸,平常也。"(朱熹) (13.8)

我欣赏"中",难于接受"庸"。封建统治利用中庸,使民趋于保守,无法改革,并禁民革命。晚清,仁人志士如严复等,宣传达尔文的进化论,意译赫胥黎(T.H.Hüxley)的"Evolution and Ethics"(1898)为《天演论》(天,自然也;演,演化也),近人直译为《进化论与伦理学》([C5])。对于其中心思想"Struggle for existence"和"Survival to the fittest",严复意译为:"物竞天择";近人直译,通称为:"生存竞争,适者生存"。"Fittest"直译似应为"最适者",简洁而去"最"字,正如系统分析技术的"Optimization",将"最优化"简化为"优化"一样。

"适者生存"的先进思想,冲破"中庸"特别是"庸"的消极束缚,发奋图强,适应国际潮流。即令是和平发展的当代,仍有许多问题。例如,各种竞赛只有一个冠军,科学创新也是越新越佳等,不是"适中"问题,不是通过"中"来达到"适"。当然,与这些问题直接有关的过程,如上述冠军的培养锻炼和基础研究经费的预算等,也分别与受培养者的体力和国家的财力等有关,也有"过犹不及"的分析,从而决定是否"适"。此外,技术领域内,有时,最优的技术对某些发展中国家来说,不一定适用,即"优而不适"。因此,"适"就有个判据问题。例如,对钢的生产,用产量最大或利润最多,便是不同的判据;又例如,自动化是先进技术,但是否适用,还取决于机械化、人员素质、经济效益等分析结果。

从矛盾的普遍性和绝对性来看,"过犹不及"这种"中"的思想,是"适"合对立统一法则的;这个法则"承认(发现)自然界(精神和社会两者也在内)的一切现象都含有互相矛盾、互相排斥、互相对立的趋向"这一切现象中,某些因素使之"过",而另一些因素又使之"不及"。"中"便是平衡,从"矛盾论"观点来分析:"所谓平衡,就是矛盾的、暂时的相对的统一"。

在本文随后所列举的材料的平衡结构、过程失稳和过程速度问题,都是符合上述对立统一法则的。

3.2.2 历史

对于历史中的人与事,一方面,似应适中评价,才算公平;另一方面,也应学习,正如培根在"论学问"中所云:"史鉴使人明智。"([C6])。

我幼习中国历史,深信尧舜自动禅让的美德不疑。近年读唐诗,注意到李白在"远别离"中持异议:"君失臣兮龙为鱼;权归臣兮鼠变虎。或云尧幽囚,舜野死"。程千帆等引文献而论证这个观点:尧年老德衰,被舜所囚;百岁老人的舜,在遥远的南方野死,是流放。古代帝王被誉有过高的美德,难以置信。

又例如,英国的著名思想家 F·培根(1561 ~ 1626)于 1618 年升任法相,1621 年因贪赃枉法,有重罪,故被关进伦敦塔的死狱,后被赦免释放。但是,他的科学思想和划时代的名著《培根论说文集》,流传至今,具有深远影响。

对历史人物的评价,既不能奉为神明,也不宜轻易地全盘否定;对其是非功过的评定,也应恰如其分,不偏不倚。对前人和洋人的学说和观点,宜去伪存真,取其精华,舍其糟粕。

政事,也有速度"适中"的问题。例如,俄罗斯不顾国情,采用西方学者建议的"休克"疗法,导致长时间的经济负增长;而我国则采用适合国情的改革方针政策,逐步进行,取得世界瞩目的成就。科技的发展,有一个从模仿到超越的过程,美、日的历史经验可供参考。看来,政事的发展速度也有一个符合我国成语所说的适中问题:

"欲速,则不达。"(《论语·子路 13.17》) (13.9)

3.3 社科評價

3.3.1 政治运动

政治运动是社会主义国家过去的政治特色之一。如图Ⅲ.1 所示,政治运动一般易于"左"倾,出现过"左"(图中 I 点)。运动后要纠偏,纠正偏差(OI),使之归于中道。

"矫枉过正"中的"矫"是手段,"正"是目的,"过正"只是可能出现的现象。若强调必须的过正,则波动大(比较曲线①、②、③)。这种巨幅波动,对于社会的损失,是巨大的。

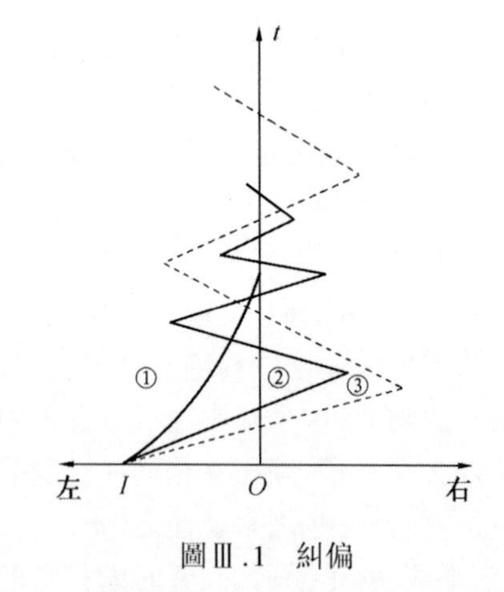

圖Ⅲ.1 纠偏

3.3.2 经济改革的宣传导向

从 1996 至 2010 年这 15 年的大局是:实现两个根本性转变——经济体制从计划经济转变为社会主义市场经济,经济增长方式从粗放型转变为集约型;实施两个基本战略——可持续发展、科教兴国。这一切,都是为了经济改革。用"三个有利于"作为建立和完善社会主义市场经济体制的根本判断标准,这个标准可以理解为社会主义前提下的民富国强。为此,我们要进行三个层次的宣传导向。这三个导向的关系如表Ⅲ.2 所示,它们之间要不偏不倚,适当平衡,避免误导(是谓"中")。

表Ⅲ.2　宣傳導向的層次、特征、影響和對策

宣傳導向		特征	影響		對策
名稱	層次		變化因素	成　品	
政策	戰略	權威	政治環境	産品,商品	吃透
市場	戰術	無情	經濟環境	商品	摸清
技術	戰斗	有理	生産力結構	産品	創新,適用

政策具有權威性,必須“吃透”、理解后執行,提高執行的自覺性。吃透政策,既避免違法亂紀,又有利于産品和商品的改進。

市場是無情的,必須“摸清”。市場如戰場,對于市場的信息,要注意分析其欺騙性、滯后性和適用性,避免盲目跟進,自取滅亡。

科技是有理的,在生産力結構中,科技是第一生産力,在强調創新的同時,要重視適用。

3.3.3　经济体制的改革

競爭和協調,或者是赫胥黎所謂的“自我肯定”和“自我約束”,從來是人類社會需要解决的重大問題,文獻[C5]序言中指出:“如果没有從被宇宙操縱的我們祖先那里遺傳下來的天性(注:生存競争),我們將束手無策;一個否定這種天性的社會,必然要從外部遭到毁滅(Destroyed without);如果這種天性過多,我們將更是束手無策,必然要從内部遭到毁滅(Destroyed within)。”

好的經濟體制就是要適中解决效益和公正的問題:市場經濟是幾百年來資本主義社會行之有效的高效益的經濟增長方式,但解决不了公正和公平的問題;社會主義就是要解决社會的公正和公平。近年來,我國逐步從實踐中建立的“社會主義市場經濟體制”,就是要適中地解决效益與公正的問題,即競争與協調的問題。

3.3.4　经济规模和收益递减律

商品價格律和收益遞減律是經濟學中的兩個基本規律,現試用后者來闡明經濟規模的適中問題。

圖Ⅲ.2示出典型的投入(x)及産出(g)曲綫。g是三個硬件因素——勞力(x)、資本(y)、資源(z)和三個軟件因素——科技(α)、信息(β)、管理(ν)的函數:

$$g = f(x, y, z, \alpha, \beta, \nu)$$

應用偏導數$\partial g/\partial x$,可以求出其他因素不變時x對g的貢獻,它叫做x對于g的邊際産出,因而:

$$g(x) = \int_0^x \frac{\partial f}{\partial x} \mathrm{d}x$$

這個 $g(x)$ 叫做產出函數或收益函數。從圖 Ⅲ.2 可以看出，$g(x)$ 具有如下幾個特點：

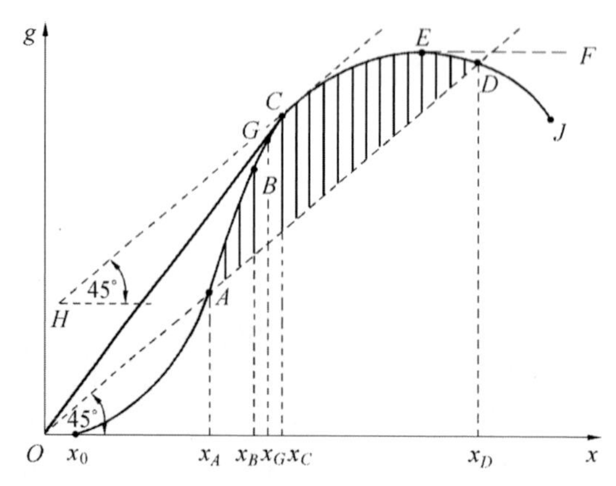

圖 Ⅲ.2　典型的投入(x)產出(g)曲綫

(1) $g(0) = 0$，若 x 是勞力，則不勞而獲是不存在的。

(2) $g(x) \geqslant 0$，因爲產出不可能爲負值。

(3) 在一般情况下，只當 $x > x_0$ 時，才有 $g(x) > 0$，即有一個產出所需的最小規模(x_0)。

(4) $dg/dx > 0$，即投入必定有助于產出，這時，dg 及 dx 都是正數；當 g 趨于飽和時，g 不再因增加 $x(dx > 0)$ 而增加，這時 $dg/dx = 0$(圖中 E 點)；有時，x 過多時，由于相互干擾，也可能使 g 減小，即 $dg/dx < 0$。例如，高爐煉鐵時，鐵礦加入過多，影響還原過程的進行，使 $dg/dx < 0$；又例如，辦公室面積固定時，辦事人員繼續增加到彼此礙事時，也會使 $dg/dx < 0$；已經是“人浮于事”，則再增人，也會使 $dg/dx < 0$。

(5) 關于邊際產出(dg/dx)的變化(d^2g/dx^2)也有三種情況：

① 當 x 較小時，$d^2g/dx^2 > 0$，兩個人從事一項工作，每人的產出率一般比單獨一個人的要高，圖中 x_0A 段便是如此。

② 隨后的 AB 段，g 隨 x 成比例地增加，dg/dx 爲一常數，$d^2g/dx^2 = 0$，當 AB 縮短爲一點時，則這點叫做拐點。

③ 當 x 達到一定限度(B 點)以后，經常出現 $d^2g/dx^2 < 0$ 的 $BCED$ 段，這便是經濟學中的收益遞減律。

只當 $g > x$ 時，才會有利可獲。從圖 Ⅲ.2 中原點 O 作斜率爲 1 的直綫 OAD，與曲綫交于 A 點及 D 點，只有 x 值在 A 點(x_A)及 D 點(x_D)之間，才有 $g > x$(圖中影綫區)，可獲利 $g - x$。求獲利最大時的投入量 x，先求 $d(g - x)/dx$，令它等于 0：

$$\frac{\mathrm{d}}{\mathrm{d}x}(g - x) = 0$$

故：

$$\frac{\mathrm{d}g}{\mathrm{d}x} = 1$$

即曲綫上切綫斜率爲1的點，可獲利最大，這便是圖 Ⅲ.2中的 C 點，其投入量爲 x_C。

若采用單位 x 的平均獲利 $(g - x)/x$ 爲判據：

$$\frac{\mathrm{d}}{\mathrm{d}x}\left(\frac{g - x}{x}\right) = 0$$

故：

$$\frac{\mathrm{d}g}{\mathrm{d}x} = \frac{g}{x}$$

從原點 O 作曲綫的切綫 OG，切點 G 的斜率滿足上式。

由于滿足收益遞減律的 g-x 的曲綫的下凹特性，上面求出的 G 點必然在 C 點的左側。從上面的簡單數學分析可以看出：

(1) 只有適當地投入(x_A 至 x_D)，才能獲利，即 $(g - x) > 0$。

(2) 采用投入的總獲利 $(g - x)$ 或平均獲利 $(g - x)/x$ 作判據，所獲最大收益對應的投入量(x_C 及 x_G)也不一樣。

收益遞減律使我們對于投入的規模有一個合理的認識。

《美國制造》是MIT工業生産率委員會的調查報告，將美國制造業的制勝法寶 —— 大規模生産方式列爲第一陳舊的戰略。美國貝恩咨詢公司的調查分析結果指出：20% 的兼并案，在談判過程中，就宣告失敗了；其余的 80% 實現了兼并的企業，也只有 30% 獲得成功。"船大能耐浪"，但"船小好調頭"，合適的規模有待具體地分析，顯然不是越大越好。

3.4　科技分析

3.4.1　数学的极值问题

數學是科學和技術的基礎。俗話説，"心中有數"；社會科學中的經濟學，也有數理經濟學這個分支；圖 Ⅲ.2 的投入産出分析，也用了微積分的概念。

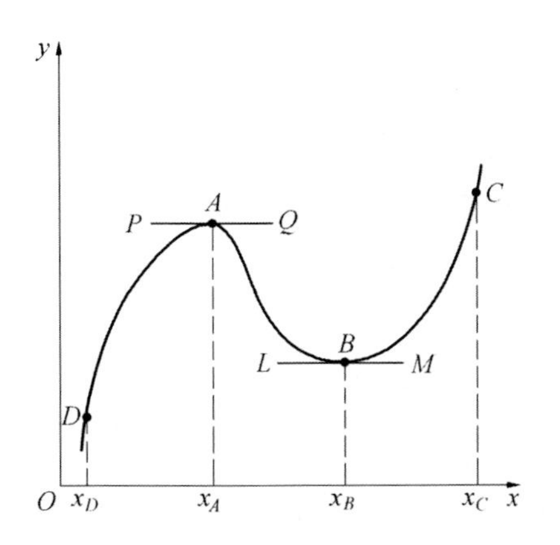

圖 Ⅲ.3　最大值與最小值

數學中有一個最大(或稱極大，Maximum)和最小(或稱極小，Minimum)的極值問題。如圖 Ⅲ.3 所示，當 $x = x_A$ 及 x_B 時，y 分别爲極大值及極小值。在這里，x_A 及 x_B 便是使目標值 y 爲極大(如經濟效益、或産量等)或極小(如成本或消耗或污染等）的適中值，“不過”，也“不及”。值得指出，極值只是相對其鄰近值而言，不是在整個自變數範圍内它是最大或最小；因爲圖 Ⅲ.3 示出，$f(x_C) > f(x_A)$，$f(x_D) < f(x_B)$。

現在，回顧上述分析在收益遞減律時的應用。圖 Ⅲ.2 的 y（或函數 f）是“產出”（g），曲綫最大值 E 點的切綫 EF 是水平的，其斜率 f' 爲 0，切點處斜率變化 $f'' < 0$，符合上述分析。

如采用“收益”（$g - x$）作爲函數 f（或 y），情況便不一樣了。如圖 Ⅲ.4 所示：

（1）x 自 0 至 x_0，沒有產出，故 $f < 0$。

（2）$x_A \leqslant x \leqslant x_D$，$f > 0$，圖 Ⅲ.2 中影綫區。

（3）$x_0 < x < x_A$，$f < 0$。x 自 x_0 增加，產出（g）仍小，不够抵消投入（x），企業仍屬虧損；只當 $x > x_1$ 后，$g - x$ 才開始上升；直到 x_A，才收支平衡，無虧無盈。

（4）$x > x_D$，$f < 0$，此時，投入越多，虧損越大。

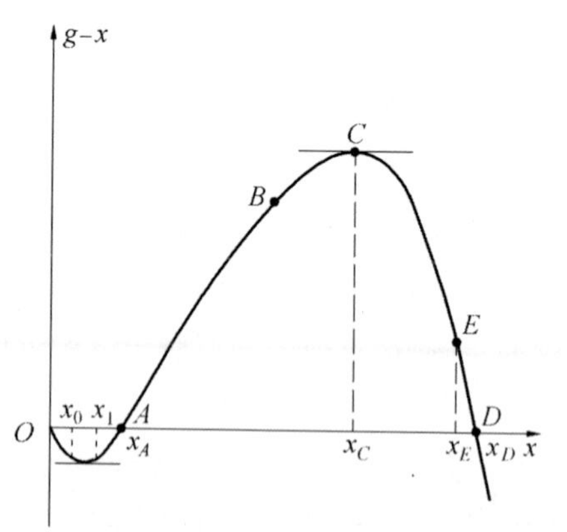

圖 Ⅲ.4　收益（$g - x$）投入（x）曲綫

最后應該强調，產出（g）不等于收益（$g - x$）！

3.4.2　系统工程的最优化

系統分析中的“最優化”（Optimization）技術，或簡稱爲“優化”（[A8]p482 ~ 501），它的定義是：“系統最優化是使系統的目標函數在約束條件下達到最大或最小的一種方法。”這種方法在技術科學中，得到廣泛的應用，如求最短時間、最大速度、最短途徑、最低成本、最高效益、最小能量、最少阻力等。這種方法是數學中求極值法的實際應用。現以綫性規劃法（Linear programming）爲例，説明這種方法的數學形式。所謂綫性規劃，是指目標函數是綫性函數，約束條件也是綫性等式及綫性不等式。綫性規劃的數學形式如下。

求 $x_j (j = 1,2,\cdots,n)$，使之滿足約束條件：

$$\sum_{j=i}^{n} a_{ij}x_j \leqslant b_i \quad (i = 1,2,\cdots,m)$$

與：

$$x_j \geqslant 0 \qquad (j = 1,2,\cdots,n) \tag{13.10}$$

并且使目標函數 $f = \sum_{j=1}^{n} c_j x_j$ 達到最大（或最小）值。

很明顯，這是一大類求極值的適中問題。

3.4.3　材料物理问题

材料學處理五個命題 —— 性能、結構、環境、過程、能量 —— 之間的關系；材料物理只處理材料在力、熱、光、電等物理或自然環境中的問題。材料是通過它具備的性能爲人類服務的。在給定的環境(自然的和社會的)中，性能又惟一地取决于材料的結構。結構的秘密可從它的形成過程、性能的控制即需從它的表現過程去理解。結構的穩定性取决于系統的能量，而過程的進行又涉及時間。這些問題便是下面要分析的極值問題。

(1) 熱力學問題

將系統的能量(E)用結構參量(x)表述，則：

① 平衡結構的能量值爲極小；

② 過程失穩所對應的能量值爲極大。

(2) 動力學問題

動力學分析指出，擴散控制的固態轉變過程，恒定轉變量(開始到完成)時轉變温度(T)和轉變時間(t)之間的關系，經常出現如圖 Ⅲ.5 所示的“C”形曲綫。開始轉變的最短時間(t_c)所對應的温度(T_c)是“適中”的：

① 低于 T_c，擴散起控制作用，温度越低，轉變所需的時間越長；

② 高于 T_c，轉變的驅動力起控制作用，温度越高，則距轉變的臨界温度(T_O)越近，轉變的驅動力越小，故轉變所需的時間也越長。

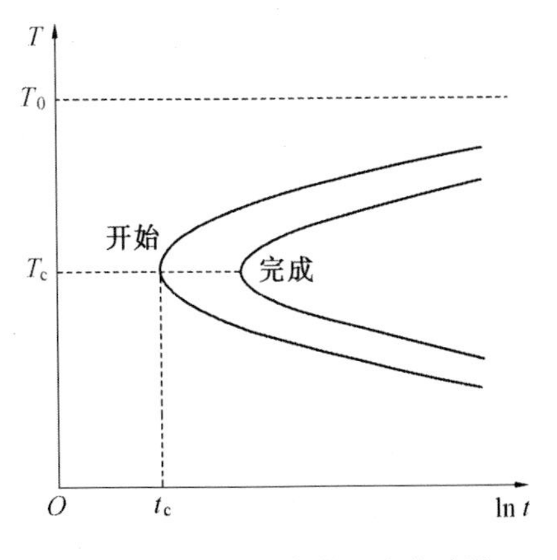

圖 Ⅲ.5　固態轉變的温度與時間

3.4.4　功能过剩

研究的對象，叫做系統；材料和人才只是特殊的系統。因此，材料的性能、人才的才能和系統的功能，既可以類比，在分析時也是同義詞。

俗話説：“物美價廉。”對于“材料產品”來説，“物美”是廣義的性能高，“價廉”要求成本低。經常是二者難于兼顧，“物美”是要付出代價的，即增加成本，從而使“價廉”困難。當然，有實用價值的技術革新如二者能兼顧，則有可能使既“物美”又“價廉”成爲現實。

對于“材料商品”來説，如“物美”確能開拓市場，即令“提價”，也能增加銷售，顯然是合算的。如“物美價貴”使銷售額下降、獲利减少，當然會使性能過剩，從而導致商業上的危害。

對于廣大的消費者，他們希望在滿足性能的前提下，價格盡可能低。性能過剩，不符合“適中”的考慮，也應重視。

日本在20世紀90年代初期，各大公司虧損。分析結果表明，他們的産品“功能過剩”，這些過剩的功能或者是消費者不需要，或者是不會用，他們叫做“巴洛克化”，巴洛克是歐洲過去只重視外部裝飾的建築風格。廣告、包裝、信息等，是否也有功能過剩？

人的才能類似材料的性能，人要盡其才，屈才也是一種浪費。才能和用才都有恰如其分問題，避免“過猶不及”。有一位拿了博士學位的人，在美國半年找不到工作。他隱瞞了這個高學位，只報碩士，很快找到工作；過去老板看到他的履歷表是博士學位，不能用他，老板説：這個職位，具有碩士學位的人就够了。老板主要擔心是留不住這種才能過剩的人才。

3.5 結語

(1) 前面三節從人文、社科及科技三方面，列舉了十類問題，論述了在和平發展的當代，“爲了適，應該中 ” 即“適中” 的判據。

(2) 治理13億多中國人民的大事 —— 中國的政治，要遵循中國特色社會主義制度下的“三個有利于” 的根本判斷標準；把這些標準運用到這個巨系統，應該從我國的國情(人力、財力、資源、能源、文化等) 出發，全面地分析，做出適中的決策。例如，科研有三個類型 —— 基礎、應用和開發，對這三者的投資間的分配，爲了適中的決策，就會有所選擇，即：“有所不爲，有所爲。” 對國外的高新技術，也會有所選擇，即：“有所不跟，有所跟。”

(3) 治理過熱，需冷静分析。這種經濟和技術問題，涉及兩步：“計算” 與“算計。” 第一個“計” 是算法，在正確算法的指導下，進行具體的運算；在這種運算結果的基礎上，提出計劃、計謀等。

本章的處事三論：

(1) 生態是從20世紀90年代以后，人類强調的問題。

(2) 算計是技術問題，有争奪和競争的人類社會，求勝必循。兩千多年前的孫武，已有很好的總結 ——《孫子兵法》。

(3) 適中是和平發展當代的主調 ——“爲了適，應該中”。

參考文獻

A 肖紀美著或編著的學術著作

1 金屬材料學的原理和應用.包頭:包鋼科技編輯部,1996
2 金屬材料的腐蝕問題——腐蝕金屬學.北京:中國工業出版社,1962
3 高速鋼的金屬學問題.北京:冶金工業出版社,1976(1978 再版)
4 金屬的韌性與韌化.上海:上海科學技術出版社,1980(1982 再版)
5 不銹鋼的金屬學問題.北京:冶金工業出版社,1983
6 合金能量學.上海:上海科學技術出版社,1985
(獲 1988 年全國高校優秀教材獎)
7 合金相及相變.北京:冶金工業出版社,1987
(獲 1992 年全國高校優秀教材獎,合作者田中卓,杜國維,高配鈺)
8 材料的應用與發展.北京:宇航出版社,1988(1990,1992 再版)
(獲 1990 年全國優秀科技圖書二等獎)
9 應力下的金屬腐蝕.北京:化學工業出版社,1990
10 腐蝕總論.北京:化學工業出版社,1994
11 材料學的方法論.北京:冶金工業出版社,1994
(獲 1995 年全國優秀科技圖書二等獎)
12 材料能量學.上海:上海科學技術出版社,1999
(獲 2000 年華東地區優秀科技圖書一等獎,合作者朱逢吾)
13 士心集.廣州:廣東教育出版社,1999
14 院士科普書系:問題分析方法.北京:清華大學出版社,2000
15 材料學方法論的應用——拾貝與貝雕.北京:冶金工業出版社,2000
(獲 2001 年全國優秀科技圖書二等獎)
16 Iron and Steel. In:Li J C M,ed. Microstructure and Properties of Materials. Singapore: World Scientific, 2000,2:179 ~ 334
17 學習與學術經歷——紀念肖紀美院士八十壽辰文選.北京:科學出版社,2000
18 治學體會漫談.北京:冶金工業出版社,2002
19 材料腐蝕學原理.北京:化學工業出版社,2002
(合作者曹楚南)

B　肖紀美的材料宏觀問題論文

1980—1984

1 合金的能量與過程.儀表材料,1980,11(5):1～11

2 材料科學與工程的方法論.湖北金屬學會,1983(11):1～58

3 新産業革命與材料科學技術.昆明市科協,1984(4):1～10

1985—1989

4 從材料科學與工程看新技術革命.材料科學與工程(MSE),1985,4(2):1～10

5 材料論與系統論.中國機械學會材料學會第一屆年會,1986

6 材料的環境,結構和性能.大自然探索,1987,6(2):2～11

7 材料性能分析方法.MSE,1987,6(3):8～15

8 材料學的發展與展望,面向未來.見:高新技術講座.北京:中國友誼出版公司,1987.61～90

9 材料的科研與展望.宇航材料與工藝,1988(1):1～10;1988(2):1～6

10 詩二首:材料與人才;奇迹.科協通訊,1989(2):30

11 材料的失效分析,性能預測和結構設計.兵器工業科學與工程,1989(1):1～94

1990—1994

12 序·見:李健明編著.磨損金屬學.北京:冶金工業出版社,1990.Ⅱ～Ⅴ

13 理性認識在實際與認識過程中升華.見:中國基礎研究百例.北京:能源出版社,1990.425～429

14 材料學的結構論.中國機械學會材料學會第二屆年會,1990

15 稀土在鋼中應用的幾點分析.中國稀土學會第二屆學術年會,1990

16 序·見:楊道明編著.金屬力學性能與失效分析.北京:冶金工業出版社,1991

17 材料學海拾貝.MSE,1993,11(1)

18 熱處理與韌化.金屬熱處理(增刊),1994(8):5～15

19 稀土科技事業的二十字方針.中國機械學會材料學會第三屆年會,1994

20 學會與學科.見:中國腐蝕與防護學會 15 周年紀念文集,1994.2～11

1995—1999

1995

21 通論材料的性能.結構和工藝,MSE,1995,13(1):1～11

22 不宜鼓勵轎車進入家庭.科技日報,1995-03-01

23 立足國情走自强不息的道路.中國科學報,1995-04-24

24 材料學者的機械强度觀.機械强度,1995,17(2):62～67
25 簡易材料論.北京科技大學學報,1995,17(4):303～314
26 材料工作者學習宏觀事物的思考.世界科技研究與發展(WSTRD),1995(4):3～8
27 試從生產力結構論科教興國的知與行.WSTRD,1995,17(5):1～3
28 類比與交叉,WSTRD,1995,17(6):9～14

1996

29 腐蝕廣論(詩十首).WSTRD,1996,18(1):77～78
30 科技研究與開發的類型與選題.WSRTD,1996,18(2):36～39
31 智能材料的來龍去脉.WSTRD,1996,18(3/4):120～125
32 對聯二首:評家與學人;材料與人才.WSTRD,1996,18(3/4):172
33 人文素質教育.WSTRD,1996,18(5):21～25
34 環境,材料與發展.WSTRD,1996,18(6):25～31
(合作者萬發榮)

1997

35 計算與算計.WSTRD,1997,19(1):52～54
36 論學習.WSTRD,1997,19(2):35～40
37 抗斷裂的材料設計.紀念《金屬學報》創刊 40 周年專輯,1997,33(2):113～125
38 慶香港回歸祖國·南鄉子·WSTRD,1997,19(3):14
39 材料學與生物學的類比與交叉.WSTRD,1997,19(4):51～55
40 應用學科的宏觀問題和分支.WSTRD,1997,19(5):56～62
41 經濟結構和功能.WSTRD,1997,19(6):62～67
42 環境與材料.材料科學與工程,1997,15(2):1～9

1998

43 生態材料論.WSTRD,1998,20(2):57～62
44 十五年大局和兩個熱門話題——知識經濟和生態在十五年大局中的作用.WSTRD,1998,20(4):76～80
45 簡易材料觀.WSTRD,1998,20(5):84～88

1999

46 環境斷裂機理及控制措施.腐蝕與防護,1999,20(1):5～8
47 適中論.國務院發展研究中心,國際技術經濟研究(GJJY),1999,2(1):1～8
48 材料能量學的結構.材料科學與工程,1999,17(1):1～6
49 再論類比與交叉.WSTRD,1999,21(4):19～23

50 對材料學科和產業的一些思議.中國科技月報,1999(12):8～9
51 腐蝕與防護.第 14 屆國際腐蝕會議(ICC)的學術論文綜述,1999,20(12):531～532

2000—2002

2000

52 宏觀材料學的結構——技術科學分支的思考.GJJY,2000,3(1):1～14
53 漫談功能過剩.科技潮,2000(2):78～79
54 材料學各分支的結構探討.MSE,2000,20(1):2～9
55 微觀材料學的兩個基本方程和三個基礎概念.MSE,2000,18(2):1～8
56 鐵路車軸鋼 50 與 40 的對比.材料導報,2000,14(6):8～9
57 新經濟初探.GJJY,2000,3(4):1～7
58 材料物理教學體會.北京科技大學學報,2000,22(5):389～395

2001

59 材料學術著作的閱讀性.MSE,2001,19(1):1～6
60 明辨材料的"性質"與"性能".WSTRD,2001,23(2):4～6
61 問題分析方法.機械工程材料,2001,25(7):1～6
62 對納米晶體材料的思考.MSE,2001,19(3):10～14

2002

63 "三"與"二"——豐富多彩與多變創新.MSE,2002,20(1):1～4
64 利用腐蝕的有益作用.第三屆海峽兩岸材料腐蝕與防護研討會(大會報告),2002

C　其他文獻

1 [清]阮元校刻.十三經注疏.北京:中華書局,1983
2 高亨.老子注釋.鄭州:河南人民出版社,1982
3《孫子兵法》注釋小組.孫子兵法新注.北京:中華書局,1981
4 愛因斯坦 A,英費爾德 L.物理學的進化.周肇威譯.上海:上海科學技術出版社,1962
5 進化論與倫理學.釋譯組譯.北京:科學出版社,1973
6 培根論説文集.水天同譯.北京:商務印書館,1958
7 梁啓超.中國歷史研究法.北京:商務印書館,1923
8 維納 N 著.控制論(或關于在動物和機器中控制和通訊的科學).郝季仁譯.北京:科學出版社,1962

9 許慎.説文解字.北京:中華書局,1963
10 金岳霖主編.形式邏輯.北京:人民出版社,1979
11 Losee J.科學哲學歷史導論.邱仁宗等譯.武漢:華中工學院出版社,1982
12 恩格斯.自然辯證法.北京:人民出版社,1971
13 恩格斯.反杜林論.北京:人民出版社,1971
14 Pauling L. Theory of Alloy Phases. ASM,1956
15 張沛主編.辯證邏輯基礎.長沙:湖南人民出版社,1982
16 梁慶迎.辯證邏輯學.長沙:中山大學出版社,1988
17 郭啓宏.模仿與超越.光明日報,1997-03-05
18 蘅塘退士編.唐詩三百首.北京:中華書局,1959
19 Yamamoto R. Advanced Materials'93,V18A—Ecomaterials. Elsevier,1994
20 簡明大不列顛百科全書.第 7 卷.北京:中國大百科全書出版社,1986
21 江澤民.高舉鄧小平理論偉大旗幟,把建設有中國特色的社會主義事業全面推向二十一世紀.光明日報,1997-09-22
22 田夫,王興成主編.科學學教程.北京:科學出版社,1983
23 張培剛,厲以寧.微觀宏觀經濟學的産生和發展.長沙:湖南人民出版社,1986
24 茅于軾.擇優分配原理.成都:四川人民出版社,1985
25 鹽澤由典著.數理經濟學基礎.張强等譯.杭州:浙江人民出版社,1984
26 趙震江主編.科技法學.北京:北京大學出版社,1998
27 中國科學技術培訓中心.迎接交叉科學的時代.北京:光明日報出版社,1986
28 Beveridge W I B. 科學研究的藝術.陳捷譯.北京:科學出版社,1979
29 曹日昌主編.普通心理學.北京:人民教育出版社,1980
30 Sawrey J N, Telford C W. 教育心理學.高覺敷等譯.北京:人民教育出版社,1982
31 毛澤東選集(一卷本).北京:人民出版社,1966
32 Searbright L H. The Selection and Hardening of Tool Steels. New York: McGraw-Hill Book Co.,1950
33 Metals Handbook. 8th Ed., ASM. 1961,1
34 Busch J V. Primary Fabrication Methods and Costs in Polymer Processing for Automotive Application: [Dissertation]. Massachnsetts: MIT,1983
35 Tersine R J, Campbell J H. Modern Materials Management. New York: Northholland, 1977
36 Clark J P, Fleming M C. Advanced Materials and the Economy. Scientific Ameri-

can, 1986,255(4):50

37 秦麟征.預測科學.貴陽:貴州人民出版社,1985

38 Claassen R S, Girifalco L A. Materials for Energy Utilization. Scientific American, 1986, 255(4):103

39 田中良平.向極限挑戰的金屬材料.陳彰男等譯.北京:冶金工業出版社, 1986

40 Materials for Economic Growth. Scientific American, 1986,25(4)

41 Koch C C, Suryanarayana C. Microstructure and Properties of Materials. Singapore: World Scientific, 2000,2(2):360 ~ 403

42 Development and Prospect of Nano Technique. Special Annual Issue of Business Week. Spring,2002

43 Come Soon: Nano Technique Times. The Futurist, 2002(3 ~ 4)

44 大仲馬.基督山伯爵.蔣學模譯.北京:人民文學出版社,1986

圖目録

第Ⅰ篇　總論

第Ⅱ篇　分論

第Ⅲ篇 結論

表目録

第Ⅰ篇　總論

第Ⅱ篇　分論

第Ⅲ篇　結論

國家圖書館出版品預行編目(CIP)資料

宏觀材料學導論 / 肖紀美著. -- 初版. -- 臺北市 : 崧燁文化, 2018.04

面 ; 公分

978-957-9339-89-6(平裝)

1.材料科學

440.2 107006719

作者：肖紀美

發行人：黃振庭

出版者 ：崧燁出版事業有限公司

發行者 ：崧燁文化事業有限公司

E-mail：sonbookservice@gmail.com

粉絲頁 網址 :http://sonbook.net

地址：台北市中正區重慶南路一段六十一號八樓 815 室

8F.-815, No.61, Sec. 1, Chongqing S. Rd., Zhongzheng Dist., Taipei City 100, Taiwan (R.O.C.)

電 話：(02)2370-3310 傳 真：(02) 2370-3210

總經銷：紅螞蟻圖書有限公司

地址：台北市內湖區舊宗路二段 121 巷 19 號

電話 :02-2795-3656 傳真 :02-2795-4100 網址：

印 刷 ：京峯彩色印刷有限公司（京峰數位）

定價：300 元

發行日期：2018 年 4 月第一版